高等学校通信工程专业"十二五"规划教材

通信工程专业导论

王国才　施荣华　主编

中国铁道出版社有限公司

CHINA RAILWAY PUBLISHING HOUSE CO., LTD.

内 容 简 介

本书较系统地讲述了通信工程专业的基本内容。全书共分为 7 章，主要内容包括：通信的应用、通信的发展、现代通信理论与技术，通信系统与通信工程、通信业概况、通信工程专业的发展、通信工程专业的教学等，每章后均附有习题。

本书从通信的应用开始，力求浅显、简明、全面地介绍有关通信工程专业的基本内容，条理清楚，便于对通信工程专业的全貌进行了解。

本书适合作为高等院校通信工程专业本科生的教材，也可作为通信工程和通信技术爱好者的入门读物。

图书在版编目(CIP)数据

通信工程专业导论 / 王国才，施荣华主编. —— 北京：
中国铁道出版社，2016.5 (2020.9 重印)
高等学校通信工程专业"十二五"规划教材
ISBN 978 - 7 - 113 - 14560 - 6

Ⅰ. ①通… Ⅱ. ①王… ②施… Ⅲ. ①通信工程 - 高等
学校 - 教材 Ⅳ. ①TN91

中国版本图书馆 CIP 数据核字(2016)第 064328 号

书　　名：**通信工程专业导论**
作　　者：王国才　　施荣华

策　　划：曹莉群　周海燕　　　编辑部电话：(010) 63549501
责任编辑：周海燕　彭立辉
封面设计：一克米工作室
责任校对：王　杰
责任印制：樊启鹏

出版发行：中国铁道出版社有限公司(100054，北京市西城区右安门西街 8 号)
网　　址：http://www.tdpress.com/51eds/
印　　刷：三河市宏盛印务有限公司
版　　次：2016 年 5 月第 1 版　2020 年 9 月第 5 次印刷
开　　本：787 mm × 1 092 mm　1/16　印张：12.75　字数：293 千
书　　号：ISBN 978 - 7 - 113 - 14560 - 6
定　　价：42.00 元

版权所有　侵权必究

凡购买铁道版图书，如有印制质量问题，请与本社教材图书营销部联系调换。电话：(010)63550836
打击盗版举报电话：(010) 63549461

高等学校通信工程专业"十二五"规划教材

编审委员会

主　任：施荣华　李　宏

副主任：王国才　彭　军

主　审：邹逢兴

委　员：（按姓氏笔画排序）

王　玮　王　浩　石金晶　李　尹

李曦柯　杨政宇　张晓勇　赵亚湘

郭丽梅　康松林　梁建武　彭春华

董　健　蒋　富　雷文太

在社会信息化的进程中，信息已成为社会发展的重要资源，现代通信技术作为信息社会的支柱之一，在促进社会发展、经济建设方面，起着重要的核心作用。信息的传输与交换的技术即通信技术是信息科学技术发展迅速并极具活力的一个领域，尤其是数字移动通信、光纤通信、射频通信、Internet 网络通信使人们在传递信息和获得信息方面达到了前所未有的便捷程度。通信技术在国民经济各部门和国防工业以及日常生活中得到了广泛的应用，通信产业正在蓬勃发展。随着通信产业的快速发展和通信技术的广泛应用，社会对通信人才的需求在不断增加。通信工程(也作电信工程，旧称远距离通信工程、弱电工程)是电子工程的一个重要分支，电子信息类子专业，同时也是其中一个基础学科。该学科关注的是通信过程中的信息传输和信号处理的原理和应用。本专业学习通信技术、通信系统和通信网等方面的知识，能在通信领域中从事研究、设计、制造、运营及在国民经济各部门和国防工业中从事开发、应用通信技术与设备的相关工作。

社会经济发展不仅对通信工程专业人才有十分强大的需求，同样通信工程专业的建设与发展也对社会经济发展产生重要影响。通信技术发展的国际化，将推动通信技术人才培养的国际化。目前，世界上有 3 项关于工程教育学历互认的国际性协议，签署时间最早、缔约方最多的是《华盛顿协议》，也是世界范围知名度最高的工程教育国际认证协议。2013 年 6 月 19 日，在韩国首尔召开的国际工程联盟大会上，《华盛顿协议》全会一致通过接纳中国为该协议签约成员，中国成为该协议组织第 21个成员，标志着中国的工程教育与国际接轨。通信工程专业积极采用国际化的标准，吸收先进的理念和质量保障文化，对通信工程教育改革发展、专业建设，进一步提高通信工程教育的国际化水平，持续提升通信工程教育人才培养质量具有重要意义。

为此，中南大学信息科学与工程学院启动了通信工程专业的教学改革和课程建设，以及 2016 版通信工程专业培养方案，与中国铁道出版社在近期联合组织了一系列通信工程专业的教材研讨活动。他们以严谨负责的态度，认真组织教学一线的教师、专家、学者和编辑，共同研讨通信工程专业的教育方法和课程体系，并在总结长期的通信工程专业教学工作的基础上，启动了"高等学校通信工程专业系列教材"的编写工作，成立了高等学校通信工程专业系列教材编委会，由中南大学信息科学与工程学院主管教学的副院长施荣华教授、中南大学信息科学与工程学院电子与通信工程系李宏教授担任主任，邀请国家教学名师、国防科技大学邹逢兴教授担任主审，力图编写一套通信工程专业的知识结构简明完整的、符合工程认证教育的教材，相信可以对全国的高等院校通信工程专业的建设起到很好的促进作用。

本系列教材拟分为三期，覆盖通信工程专业的专业基础课程和专业核心课程。教材内容覆盖和知识点的取舍本着全面系统、科学合理、注重基础、注重实用、知识宽泛、关注发展的原则，比较完整地构建通信工程专业的课程教材体系。第一期包括以下教材：

《信号与系统》《信息论与编码》《网络测量》《现代通信网》《通信工程导论》《通信网络安全》《北斗卫星通信》《射频通信系统》《数字图像处理》《嵌入式通信系统》《通信原理》《通信工程应用数学》《电磁场与电磁波》《现代通信网络管理》《微机原理与接口技术》《微机原理与接口技术实验指导》。

本套教材如有不足之处，请各位专家、老师和广大读者不吝指正。希望通过本套教材的不断完善和出版，为我国信息与通信工程教育事业的发展和人才培养做出更大贡献。

高等学校通信工程专业"十二五"规划教材编委会

2015.7

　　在社会信息化的进程中，信息已成为社会发展的重要资源，通信技术得到了快速发展，社会对通信人才的需求在不断增加。通信工程专业的低年级学生迫切需要对通信工程的全貌有全面的了解。

　　本书共分为7章，第1章通信的应用，介绍日常生活中的通信应用和工农业生产等各个领域中的若干典型的通信应用；第2章通信的发展，介绍通信技术发展的一些主要事件；第3章现代通信理论与技术，介绍信息与信号、信道和噪声、信号变换、信息编码、通信网络等通信的基本概念；第4章通信系统与通信工程，介绍一些基本通信系统和常见的网络系统组成，以及通信工程的基本概念；第5章通信行业概况，介绍通信行业的概貌，包括典型企业、典型岗位；第6章通信工程专业的发展，介绍国内外通信工程专业的发展和工程认证要求；第7章通信工程专业的教学，介绍培养目标、培养要求和主要课程的基本内容。附录A介绍了电子信息与电气工程类专业、计算机科学与技术类专业、电气工程及自动化类专业等其他信息类专业的培养目标和基本课程设置等。

　　本书具有以下特点：以通信的应用为起点，力求浅显、简明、全面地介绍通信工程专业的基本内容，条理清楚，便于对通信工程专业全貌进行了解。本书适合作为高等院校通信工程专业本科生的教材，也可作为通信工程和通信技术爱好者的入门读物。

　　本书由中南大学王国才、施荣华主编，国防科技大学邹逢兴教授主审。通信工程系列教材编委会对本书的编写提供了很多宝贵建议；中国铁道出版社的有关负责同志对本书的出版给予了大力支持，并提出了很多宝贵意见；在本书编写过程中参考了大量国内外计算机网络文献资料。在此，谨向这些著作者，以及为本书出版付出辛勤劳动的同志深表感谢。

　　由于编者水平所限，书中难免存在疏漏与不妥之处，殷切希望广大读者批评指正。

编者

2016 年 1 月

目　录

第❶章 通信的应用

人类社会是建立在信息交流的基础上的，通信是推动人类文明、进步与发展的巨大动力。特别是当今世界已进入信息时代，通信渗透到的社会各个领域，通信产品随处可见，通信应用无处不在。本章通过对一些比较重要的通信应用事例的介绍，说明通信的重要性和应用的广泛性。

1.1　通信应用概述

通信，一般是指信息的传输与交换。信息可以是语音、文字、符号、音乐、图像等。而现代的通信一般是指电信，国际上称为远程通信。在当代社会，通信为人们的生活带来了很多便利。例如，要与远方的朋友进行联系，可以给他打电话，将语音通过电话传送给他。如果要看到对方，还可以用可视电话。

电话，是一种可以传送与接收声音的远程通信设备。电话一词译自英语 Telephone，音译德律风。顺便指出，通信方面，有很多外来的事物。除电话外，在人们的日常生活中，还有很多的事情与通信有关。

电视，也是一种常见的通信应用设备。它与电话有两点不同：①它不是双向通信的，而是单向通信的；②电视利用人眼的视觉残留效应显现一帧帧渐变的静止图像，形成视觉上的活动图像。电视台的发送端把景物的各个微细部分按亮度和色度转换为电信号后，顺序传送。在接收端按相应的几何位置显现各微细部分的亮度和色度来重现整幅原始图像。

网络聊天，也是一种现在常见的通信应用。参加聊天的各方在联入因特网的计算机或手机上运行即时通信(IM)软件，通过该软件将输入的信息发送到其他各方。常用的即时通信软件有 QQ 等。QQ 是深圳市腾讯计算机系统有限公司开发的一款基于 Internet 的即时通信(IM)软件。腾讯 QQ 支持在线聊天、视频电话、多人语音会议、点对点传送文件、共享文件、网络硬盘、QQ 邮箱等多种功能。

微信，是腾讯公司推出的即时通信服务的免费聊天软件。用户可以通过手机、平板计算机、网页快速发送语音、视频、图片和文字。微信提供公众平台、朋友圈、消息推送等功能，用户可以通过摇一摇、搜索号码、附近的人、扫二维码方式添加好友和关注公众平台，同时用微信可以将内容分享给好友并将用户看到的精彩内容分享到微信朋友圈。

其他的通信应用方式还有传真、网络资料查询、电子邮件、电视会议、远程医疗、网络购物、远程教学，等等。通信的应用，不断地融入人们的生活，给人们带来便利。

除了日常生活中应用通信，工业、农业、商业、交通、军事等各方面都需要应用通信。

1.2　通信应用举例

在社会信息化的进程中，信息已成为社会发展的重要资源，人与人之间、人与机器之间、机器与机器之间需要信息交换，信息交换的应用过程就是通信的应用过程。

1.2.1　生产调度中的通信应用

现代的工厂大多分为不同的部门科室，每个部门生产某个产品的一部分。为了使各个部门进行配合，需要使用通信来进行调度。例如，每个部门安装一台电话机，调度中心安装一台小型交换机，调度员可以通过该交换机的控制台传送调度命令。交换机通常有以下功能：

（1）点呼：调度员摘机后无须手动拨打所要呼叫的电话号码，只需单击控制台界面上某科室对应的图标，即可实现一键式呼叫。

（2）群呼：调度员根据实际需要，可动态地选择所要呼叫的组员，组员选定后，单击即可实现一键式群呼。

某单位应用的群呼主界面如图 1-1 所示。操作员选中所要呼叫的分机，单击"确定"按钮即可实现对选定电话的一键式群呼，实现广播式呼叫，被呼叫分机只能听到总调室分机的语音，其他分机之间无法互相通话。群呼适用于上级传递命令给下级或广播通知等。

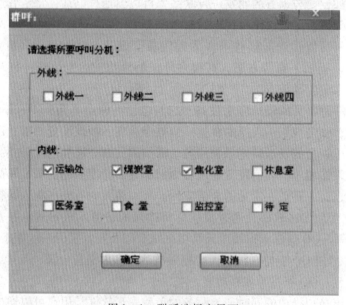

图 1-1　群呼选择主界面

（3）强插：调度员可将要插入的第三方通话一键式插入正在进行的双方通话，实现三方通话功能。

（4）强拆：调度员可强行拆除正在进行的双方通话。

（5）呼叫转移：调度员可对集团内各个电话进行呼叫转移设置，有遇忙转移和立即转移两种方式来实现调度。

在实际生产中由于某科室的工作人员临时有事离开，无法及时接听电话，操作员可实现设定每部电话的呼叫转移情况，主要为遇忙转移和立即转移两种情况，如图 1-2 所示。呼叫转移使电话调度更加人性化，避免重要电话无法通知。

图 1-2　呼叫转移设置界面

1.2.2　自动化领域的通信应用

自动化技术的研究、应用和推广，对人类的生产、生活等方式将产生深远影响。例如，空调、冰箱、电热水器是一个温度自动调节的自动控制系统。生产过程自动化和办公室自动化可极大地提高社会生产率和工作效率，节约能源和原材料消耗，保证产品质量，改善劳动条件，改进生产工艺和管理体制，加速社会产业结构的变革和社会信息化的进程。大型的自动化系统需要通信技术的支持。

作为一个系统工程，自动化由 5 个单元组成：

(1)程序单元：决定做什么和如何做。

(2)作用单元：施加能量和定位。

(3)传感单元：检测过程的性能和状态。

(4)制定单元：对传感单元送来的信息进行比较，制定和发出指令信号。指令信号的传送需要应用通信。

(5)控制单元：进行制定并调节作用单元的机构。什么叫控制呢？为了"改善"某个或某些受控对象的功能或发展，需要获得并使用信息，以这种信息为基础对于该对象的调节、操纵、管理、指挥、监督的过程和作用，叫作控制。

自动化的研究内容主要有自动控制和信息处理两方面，包括理论、方法、硬件和软件等。从应用观点来看，研究内容有过程自动化、机械制造自动化、管理自动化、实验室自动化和家庭自动化等。整个控制过程是一个信息流通的过程，控制是通过信息的传输、变换、加工、处理来实现的。大型的自动化系统各单元相距较远，传感单元送来的信息、制定单元发出的指令信号，需要应用通信技术来传送。

1.2.3 呼叫中心

呼叫中心(Call Center，又称客户服务中心)就是在一个相对集中的场所，由一批服务人员组成的服务机构，通常利用计算机通信技术，处理来自企业、顾客的电话垂询，具备同时处理大量来话的能力。此外，它还具备主叫号码显示功能，可将来电自动分配给具备相应技能的人员处理，并能记录和存储所有来话信息。一个典型的以客户服务为主的呼叫中心可以兼具呼入与呼出功能，当处理顾客的信息查询、咨询、投诉等业务的同时，可以进行顾客回访、满意度调查等呼出业务。

呼叫中心起源于发达国家对服务质量的需求，其主旨是通过电话、传真等形式为客户提供迅速、准确的咨询信息，以及业务受理和投诉等服务，通过程控交换机的智能呼叫分配、计算机电话集成、自动应答系统等高效的手段和有经验的人工座席，最大限度地提高客户的满意度，同时使企业与客户的关系更加紧密，是提高企业竞争力的重要手段。随着近年来通信和计算机技术的发展和融合，呼叫中心已被赋予了新的内容：分布式技术的引入使人工座席代表不必再集中于一个地方工作；自动语音应答设备的出现不仅在很大程度上替代了人工座席代表的工作，而且使呼叫中心能 24 h 不间断运行；Internet 和通信方式的变革更使呼叫中心不仅能处理电话，还能处理传真、电子函件、Web 访问，甚至是基于 Internet 的电话和视频会议。因此，现在的呼叫中心已远远超出了过去的定义范围，成为以信息技术为核心，通过多种现代通信手段为客户提供交互式服务的组织。

呼叫中心是维护客户忠诚度的中心。客户的忠诚度往往和售后服务成正比，例如快速回应客户的抱怨、协助解决客户的困扰，并让客户感受贴心的服务。此时，呼叫中心担负起维护客户忠诚度的重大责任，解决疑难杂症。除此之外，还可以推荐其他适用的产品，满足客户其他的需求，增加销售额。因为忠诚的客户可以买得更多或愿意购买更高价的产品，并且服务成本更低。忠诚的客户也可能免费为公司宣传，或推荐他的亲戚朋友来购买或了解，增加更多的新客户。

1.2.4 鱼塘水质监控

随着信息技术的发展，农业信息化技术正在改变着农业产业结构，农业现场相关参数的准确及时获取是农业信息化的重要基础。

近些年，在世界范围内不断出现了食品安全事件。环境污染中的水污染，也使得水产品安全问题十分严峻。健康养殖信息化是改造传统水产养殖业、促进水产养殖业发展的客观需要，是切实提高农村综合生产效率、促进农民增收的需要。

从实际需求和部署现场实际情况出发，鱼塘水质监控具备以下基本功能：通过传感设备 7×24 h 的感知溶氧值、pH 值、水温值等水质信息，采集、传输和存储水质数据，并提供历史数据查询、报表生成和绘制分析曲线功能；对各水质参数设定了阈值，并且某些参数阈值可随季节或地点的不同重新设定，系统能及时对数据进行处理，当监测到超出阈值的数据时，可通过短信发送预警信息给养殖户；系统还有合理的权限控制，对不同的用户

通信工程专业导论

提供不同的服务，保证系统的安全性；系统具有良好的可扩展性，如图 1-3 所示。各层次之间，硬件与软件之间相对独立，便于代码复用和敏捷开发以实现不同的应用。

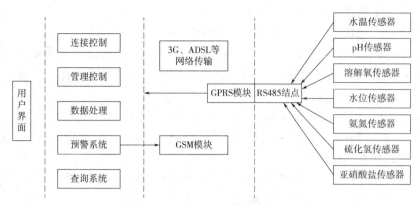

图 1-3　鱼塘水质监控系统功能组成图

图 1-3 中每个传感器探头对应一个采集参数，它们都与数据采集模块和 RS485 结点相连。数据采集模块将采集数据汇总后交给 GPRS（通信分组无线服务技术）数传设备通过移动无线网络及互联网最终到达服务器。服务器将监测数据进行数据融合和处理，若有异常将及时产生预警信息，通过短信发送预警短信到养殖户的手机上。

1.2.5　农产品物流监控

农产品的运输与仓储过程的管理，是农产品物流的两个关键结点，涉及众多运输车辆、中转仓库。由冷藏运输车辆与冷藏集装箱、普通卡车，冷库、普通仓库，实现运输网络与种植户、产地物流中心的冷链衔接，成本较高；普遍采用的自然物流，虽然成本低，物流过程中农产品的损失有时很大，很大部分原因是天气环境的变化，例如气温的升高，引起农产品变质。据统计，物流损失率大约为 25%。

除了物流组织管理、物流成本控制需要应用农产品运输与仓储过程的监测信息，消费者对农产品品质要求的提高，比如产地溯源、物流环境溯源的要求，也需要提供农产品运输与仓储过程的监测信息化。

农产品的运输与仓储过程的监控管理系统组成如图 1-4 所示，该系统总体分为物流终端与系统监控中心两大部分。物流终端包括运输车辆车载终端与农产品低温冷库的仓库终端。物流终端主要依托物联网温湿度传感器、RFID（无线射频识别）标签及手工录入等信息通过网络传输到监控中心，为实现信息的监控与查询提供基础数据。系统监控中心主要对运行中的系统进行图像展示、数据处理、远程维护等。

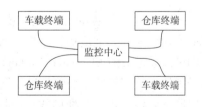

图 1-4　农产品物流监控管理系统组成

车辆车载终端通过主机内的 GPS 芯片接收天空的 GPS（全球定位系统）卫星群的信号，通过计算之后得到位置、时间等信息；通过 RFID 阅读器获取农产品的编码信息；通过传感器获取车辆内的温度、湿度参数信息；通过主机内置的手机 SIM 卡模块，利用移动通信技术，通过 GPRS 网络把信息传输到移动的网络中心机房，再利用移动网络中心的 Internet 出口，通过 Internet 把信息传输到车辆监控管理中心。仓库终端与车载终端不同，不需要 GPS 设备，但可以连接仓库内的物联网。

车载终端主要包含数据采集、数据传输及数据展示 3 个功能模块：

（1）数据采集：该模块主要利用传感器、标签、条码设备等采集设备采集物流过程中的基础数据。主要包括温湿度信息、GPS 信息、产品信息、车辆信息、上游产业数据接口等。

（2）数据展示：该模块主要为便于监控中心与车辆、冷库管理人员进行沟通，车辆、冷库管理人员的实时查询、操作，将数据采集信息进行显示，便于物流过程中温控环境、车辆、冷链运行状态实时调控。

（3）数据传输：该模块利用 GPRS 技术、网络技术等通信手段将数据采集信息传输到监控中心，并接收监控中心数据，对系统下达的指令进行响应。

监控中心功能模块包括信息处理、数据监控和安全管理 3 个模块：

（1）信息处理：该模块通过物联网传感器和系统手动录入传输的各类数据进行格式校验与存储，并对数据库已存储信息进行更新等。

（2）数据监控：该模块通过调用数据库存储数据进行软件系统的界面化展示，并通过具体应用需求进行操作功能实现。具体主要包括界面展示、数据查询、数据更新、远程维护等功能。

（3）数据安全管理：该模块主要对系统传输的数据进行监控。主要包括数据传输格式校验、数据加密解密、用户校验等。数据安全管理可根据不同用户、不同环境的数据进行校验、格式转换，保障数据库数据的有效性和安全性。

信息管理部分是系统管理者对于人员车辆信息及一些固定信息的管理，其中固定信息包括最短路径的选择方案，配载原则等信息内置到基本信息中，管理者可以根据业务需求进行选择分配。车辆信息主要包括公司自营车辆档案资料信息，其中有车辆类型、牌号、种类等信息。人员管理，即人员档案信息，包括驾龄、驾照号、姓名、出生日期等信息。用户管理则主要是对系统进行增、删、改等处理，按用户分工的不同赋予相应权限。

1.2.6 网络商城

网络商城是指在 Internet 通信技术和其他电子化通信技术的基础上，通过一组动态的 Web 应用程序和其他应用程序把交易的买卖双方集成在一起的虚拟交易环境。众多交易主体则可以通过 EM（Electronic Market）中提供的电子化交易信息和交易工具或自己的电话、电子邮件、管理信息系统等程度不同的电子化工具建立起点到点和一对多的交易通道。

网络商城主要有两种形式：一种是有自己独立的网络服务器（Web 服务器）构成的商业站点；另一种是集中在某一"购物中心"或"商业街"中的商家网站，这是规模较小的商家租用别人的 Web 服务器，在上面开设主页，类似于传统商业街上开设的一个店面。网络商城经营的商品与传统商场没有什么区别，有生活必需品，如食品、服装，也有学习用具、计算机硬软件、电器设备及图书、工艺品等。电子市场同传统商场的主要区别是：网络商城中没有实际货物，是一个虚拟商店，有关商品的各种信息均存储在服务器上，消费者通过网络浏览这些服务器就可了解各种商品信息。若对某种商品有购买要求，通过电子订购单发出购物请求，然后输入信用卡号码或采用其他支付方式，厂商托运货物或送货上门。网上购物的优点在于大大缩短了销售周期、提高销售人员的工作效率，而且可降低展销、销售、结算、发货等环节的费用，比传统的零售店、专卖店、连锁店、超市和仓储商场有更强的竞争力。值得指出的是，厂商建立的网络商城或网店只需一个就行了，没有传统连锁商业横向扩张的分店投资和风险，但业务却不局限于一个城市、一个省或一个国家，可以面向全球。

1.2.7 地铁监控与运行管理

为了提高对地铁进行监控与运行管理的自动化程度，需要传递调度人员的语音、站场、线路、车辆的图像等各种信息，即需要通信。整个地铁专用通信系统，包括传输系统、公务电话系统、专用电话系统、专用无线系统、视频监控系统、广播系统、时钟系统、乘客信息系统、电源系统、集中告警系统。

传输系统是基于光纤的宽带综合业务数字传输网络，为地铁业务提供信息通道；公务电话系统是公网市话的地铁系统接入，向地铁用户提供语音、传真等通信服务；专用电话系统为列车运营、电力供应、日常维修、防灾救护、票务管理提供指挥和调度命令的有线通信工具；专用无线系统为列车运营、电力供应、日常维修、防灾救护、票务管理提供指挥和调度命令的无线通信工具；视频监控系统提供列车运行、防灾救灾、旅客疏导等方面的视觉信息；广播、乘客信息系统为乘客提供列车停靠、进出站信息、安全提示和向导、音乐，以及向工作人员播发通知等语音和视频信息；时钟系统提供统一的标准时间信息，为其他系统提供统一的时间信号；电源系统为地铁专用通信系统提供动力保障；集中告警系统是综合各子系统网管信息的工具。

1.2.8 民航飞机联络与管理

民航飞机联络与管理应用民航飞机专用通信系统来进行。民航飞机专用通信系统的主要用途是使飞机在飞行的各阶段中和地面的航行管制人员、签派、维修等相关人员保持双向的语音和信号联系，当然这个系统也提供了飞机内部人员之间和与旅客联络服务。飞机上的通信与地面的通信相比还是有所不同的。

当地面呼叫一架飞机时，飞机上的取舍呼叫系统以灯光和音响告诉机组有人呼叫，从而进行联络，避免了驾驶员长时间等待呼叫或是由于疏漏而不能接通联系。对每架飞机的呼叫必须有一个特定的4位字母代码，机上的通信系统都调在指定的频率上，当地面的高频或甚高频系统发出呼叫脉冲时，其中包括着特定代码，飞机收到这个呼叫信号后输入译码器，如果呼叫的特定代码与飞机代码相符，则译码器把驾驶舱信号灯和音响器接通，通知驾驶员进行通话。

飞机内部的通话系统，如机组人员之间的通话系统、对旅客的播送和电视等娱乐设施，以及飞机在地面时机组和地面维护人员之间的通话系统都是有所不同的，叫作音频综合系统（AIS），它分为飞行内话系统、勤务内话系统、客舱广播及娱乐系统、呼唤系统。

飞行内话系统的主要功能是使驾驶员使用音频选择盒，把话筒衔接到所选择的通信系统，向外发射信号，同时使这个系统的音频信号输入驾驶员的耳机或扬声器中，也可以用这个系统选择接收从各种导航设备来的音频信号或利用相连的线路进行机组成员之间的通话。

勤务内话系统是指在飞机上各个服务站位，包含驾驶舱、客舱、乘务员、地面服务维修人员站位上安装的话筒或插孔组成的通话系统，机组人员之间和机组与地面服务人员之间应用它进行联系，如地面保护服务站位一般是安装在前起落架上方，地面人员将发话器接头插入插孔就可进行通话。

客舱广播及娱乐系统是机内向旅客广播通知和放送音乐的系统。各种客机的旅客娱乐系统差别较大。

呼唤系统与内话系统相配合，由各站位上的召唤灯协调音器及呼唤按钮组成，各内话站位上的人员按下要通话的站位按钮，站位的扬声器发出声音或接通指示灯，以呼唤对方接通电话。呼唤系统还包括旅客座椅上呼唤乘务员的按钮和乘务员站位的指示灯。

为了提高飞行的安全性，还需要配置增强型近地警告系统、机载防撞系统、黑匣子——飞行信息记录系统、盲降——仪表着陆系统，这些都需要用到通信技术。

1.2.9 野外探测与空间探测

石油物探、林业、电力、地质勘探、公安消防、电信、旅游探险、自驾车穿越等远离城镇的场合，需要进行数据传输、人员联系，不能应用电话、因特网，这时应用卫星通信，可以完成数据传输、视频会议、传真、网络电话，以及车辆跟踪监测，等等。

空间探测需要应用空间通信。空间通信是航天器、天体与地球站等的无线电联系。通信用来完成地面人员与航天器上的航天员通话，将航天器拍摄的图像送回地面，地面向航天器进行遥测或发送指令信息等。

地球与载人航天器之间的话音通信大多使用甚高频和超高频频段。文字、图形、相片等图像信息传输分为电视图像传输和数字图像传输。航天中的电视一般采用窄带和低速扫描，也有用快速扫描、高分辨率的电视线路的。数字图像传输把光学、红外或者微波成像器所拍摄的图像以数字数据的形式传给地球站。高分辨率图像多采用数字图像通信方式。在国防军事方面，通常叫作"卫星侦察"，侦察是为了弄清敌情、地形，以及其他有关作战情况而进行的活动。

航天器与地球站的遥测数据或指令传输是空间通信的一个重要方面。例如，航天器内的科学实验数据、各系统的性能和工作状态数据和各种试验结果数据，以及各种遥控指令等的传输。某卫星通信系统由两个分系统组成：宽带数据系统和卫星遥测系统。前者用来传输图像数据，工作在 Ku 波段、X 波段和 S 波段；后者工作在 S 波段，用于跟踪、指令和工程遥测。遥测系统由多用途模块组成，与跟踪和数据中继卫星系统通信时，使用高增益天线；与地球站通信时使用两副全向天线。卫星上的计算机用于控制卫星的功能和遥测工作方式并存储指令。

1.2.10 智能家居

智能家居最终目的是让家庭更舒适、更方便、更安全，更符合环保。例如，通过家用电子监控系统和手机连接，在外面也可以看见家里的一切。可以用手机控制家里的机器人做饭，下班回家就可以吃可口的饭菜了。

随着人类消费需求和住宅智能化的不断发展，智能家居系统将拥有更加丰富的内容。

智能家居包括网络接入系统、防盗报警系统、消防报警系统、电视对讲门禁系统、煤气泄漏探测系统、远程抄表(水表、电表、煤气表)系统、紧急求助系统、远程医疗诊断及护理系统、室内电器自动控制管理及开发系统、集中供冷热系统、网上购物系统、语音与传真、电子邮件服务系统、网上教育系统、股票操作系统、视频点播系统、付费电视系统、有线电视系统等。各种新鲜的名词逐渐成为智能家居中的组成部分。

目前,智能家居一般要求有三大功能单元:第一,要求有一个家庭布线系统;第二,必须有一个兼容性强的智能家居中央处理平台(家庭信息平台);第三,真正的智能家庭生活至少需要3种网络的支持——宽带互联网、家庭互联网和家庭控制网络。这些都需要通信网络技术进行连接。

1.2.11　自然保护区数字化监测与管护

主要设备是保护区中部高山山顶塔架及其高清摄像机、云台、线路、电源、无线传输信号接收中继塔,监测方式以高清摄像机 24 h 监控,无线传输信号到中继塔,中继塔传信号到机房,再以光缆传输信号到保护区管理处,实现实时动态监测。

利用自然保护区数字化监测与管护平台,可全面提高保护区的信息化监测与管理水平,实现对保护区内野生动植物、人员进出流动、森林防火监控、资源保护管理的实时动态监测,形成保护区监测的动态化、可视化、网络化和智能化,大大提高保护区资源管护和巡护的效率,为数字化保护区建设迈出坚实的步伐。

1.3　通信的重要性

通信技术作为交流、联系、沟通、协调的手段,已经成为加速世界经济、社会、文化、科技等发展的技术基础。世界某一个角落发生的事情,通过网络通信几秒钟就可以传遍全球。在决策和行动上,管理者开始以"秒"来计划,形象地说"以光的速度行事"。不但规划和行事的时间单位在发生变化,而且同一时间单位里,信息交流总量急剧膨胀,随之带来的经济、社会、文化、科技的发展规模也在急剧扩张。人们迫不及待地用各种字眼来形容新的境界:信息社会、信息经济、信息时代、后工业时代等。

尽管不同的角度会引起不同的评价和争议,但有一个公认的事实:通信技术的发展在不断地提高世界各部分之间交流的规模、联系的速度、沟通的质量和协调的水平,通信技术的应用促进了全球化。通信技术影响社会发展的方式有加速信息与思想的传播、扩展人际网络、更好地交换信息、实现低成本的信息传递、跨越社会和文化界限的互动、提高透明度、有助于提高工作效率。

通信技术可以为信息的传输,并为缓解、减少或消除发展的不确定性提供积极的技术手段。科技和经济的发展离不开这样的技术基础,人类进步和社会生活离不开这样的技术基础。毫无疑问,通信技术将持续获得世界各国的需求而迅速发展,因此对于通信技术的整体发展应持乐观态度。但是有个情况值得注意:建立在计算机和网络等通信技术基础上的社会,当其健康运行时将强大无比,当其重病运行时也将脆弱无比。有一个环节出现灾难性的障碍,就会殃及整个网络,致使系统、机构、区域、国家,甚至世界多国处于危机状态。所以,通信技术在推广和应用过程中面临的基本问题是如何适用、安全、健康、有效地使用。"适用"问题在于明确目标，为目的服务，不盲从搬用。"安全"问题在于防止各种侵害因素的干扰，保证整个网络系统的正常运行，尤其需要具有对灾难性后果的恢复能力。"健康"问题在于使用这种技术的过程要保护人类的正常生活，不损害人的健康。"有效"问题在于通信技术能有成效地推动事物的进步、发展，并增强效率、保证质量。

除了日常生活中通信的应用，工业、农业、商业、交通等各方面都需要应用通信。通信的应用已经进入到社会经济的各个领域。社会的发展离不开人们之间的交流与合作，也离不开社会各个部门的信息交流，显然，交流与沟通离不开通信技术的应用，因此通信技术的发展也就与社会的进步息息相关了。如果将这个社会比作人的身体，通信就是这个社会机体的神经系统。

通信技术持续、快速发展，正在重构人类社会生产和生活的各种图景，已经成为"撬动"人类社会发展和世界进步的关键杠杆。它不仅是人们突破时间和空间限制保持沟通与连接的关键工具，也是企业技术创新、管理变革和商业重构的驱动利器，更是各国发展经济、抢占未来产业革命制高点和提升国家综合国力的重要手段。作为通信工作者，既感到自豪，责任也重大。

习　　题

1. 简述通信应用的广泛性。
2. 简述通信应用的重要性。
3. 如何应对短时间内的通信缺失？
4. 试分析"互联网＋"中的通信技术的作用。

第❷章 通信的发展

自从人类存在开始，通信就已经存在，通信的目的一直没有发生过改变，变化的只是通信的方式。古代的人们就寻求各种方法实现信息的传输。通信技术的发展是随着科技的发展和社会的发展而逐步发展的。本章介绍通信发展过程中的一些主要事件，说明从事通信研究也是很快乐和有意义的。

2.1　古　代　通　信

人类的通信从远古时代就已经开始。人与人之间的语言、肢体交流就是最早出现的通信。通信的发展历史则可以分为古代通信和近现代通信。从通信形式方面，可以分为文书通信、信号通信、保密通信等。

2.1.1　文书通信

1. 域外邮驿

埃及在第十二王朝(约前1991—前1786)时期，已有关于通信活动的记载。公元前10世纪，亚述帝国以本部为中心建筑石砌驿道，加强对各地区的控制。驿道遗迹至今犹存。

波斯帝国在居鲁士(前590/前580—约前529)统治时期的邮驿，由骑兵担任传递。大流士(前558—前486)在亚述帝国驿道的基础上修筑驿道。驿道四通八达，沿途设有驿馆，以便调遣军队和传达政令。

罗马在公元前2世纪以后，征服了地中海区域，建立行省制度。公元前1世纪后期开始的罗马帝国，疆域广大，经济繁荣，交通发达，邮驿已成为军事和行政机构的一部分。《后汉书·西域传》记载：罗马"地方数千里，有四百余城。小国役属者数十。以石为城郭。列置邮亭，皆垩塈之(用白土粉饰屋顶)。……邻国使到其界首者，乘驿诣王都，……"《汉书》说："十里一亭，三十里一置"。这些话说明当时中国对罗马邮驿的情形已有所了解。

公元476年，西罗马帝国灭亡。有些新建立的国家，仍采用罗马的邮驿制度，如东哥特王国的狄奥多里克统治亚平宁半岛期间(493—526)，在其统治区内保持了罗马邮驿制度的主要部分。东罗马帝国邮驿制度基本上沿用罗马旧制，后来成为阿拉伯邮驿制度的基础。

阿拉伯帝国阿拔斯王朝(750—1258)在中央设有管理驿递的部门，在各省设置驿馆900多处，并广开驿道。驿道干线以巴格达为中心，东达锡尔河，东南到波斯湾，北通摩苏尔，西通叙利亚，干线两侧设有若干支路。

14世纪时，中亚地区曾出现过一个强大而又短暂的帖木儿帝国，是由蒙古人的后裔建立的，控制着包括现在的印度、阿富汗、伊朗等地的广大地区。帖木儿帝国制订了严格的邮驿制度，规定驿使每天必须走500里路程，而且还赐予驿使一项特权，行路中需要换马时，不论是皇亲国戚，还是寻常百姓，只要驿使提出换马的要求，都要用自己的马和驿使交换，如果拒绝就有杀头之罪。在一段时期内帖木儿的大军开疆拓土，屡战屡胜，与邮驿制度健全、信息灵通是分不开的。

日本在大化革新(646年开始)时期，仿照中国唐朝的邮驿制度开始建立邮驿。日本邮驿制度一直延续到1871年建立近代邮政时才被废除。

2. 中国古代邮驿

据《周礼》记载，中国周代就在交通要道上设置馆舍，为过往官员和驿使提供食宿，邮驿历史长达3 000多年，但留存的遗址文物并不多。中国古代邮驿有邮、置、遽、传、驲等不同名称，汉朝始称邮驿，元朝称站赤，明清两代通称驿站。自周朝起至清光绪二十二年(1896)建立大清邮政、清末裁驿归邮止，中国古代邮驿存在了约3 000年。

关于周朝以前的邮驿尚未发现直接史料，但从殷墟出土的甲骨文中，可以推测商代已经有了有组织的通信活动。考古学家认为甲骨文中有两个字都是指传递情报的人。

邮驿是官府的通信组织，只许传送官府的文件，而不允许传送私人信件。由于生产的发展和生活的需要，人们对通信的要求越来越迫切，出外经商的、做工的，以及战乱年代被迫出征的战士和远离家乡逃荒避难的人们，都需要和家人亲友通信。特别是各地商人，为了互相交流商情、商谈贸易、寄递账单等都迫切需要通信，于是民间传递信件的业务应运而生。大约在唐朝的时候，长安、洛阳之间就有了专门为商人服务的"驿驴"。当时还有一种叫飞钱的办法，就是各地商人可以把在长安贩卖货物挣的钱存入各地方官府驻长安的机构。这些机构发给商人存钱的收据，商人拿着收据回到地方后，再凭收据到各地方官府取钱，这样就免除了路上被强盗抢走钱财的风险。明朝初年，在西南地区出现了叫"麻乡约"的民邮机构。那时候许多外省人移居到地广人稀、土地肥沃的四川省，尤以湖北省孝感的人最多，他们虽然定居在四川，但仍很想念家乡的亲人，所以每年都定期举行集会，并推举代表，回乡探亲，同时也帮助同乡捎带书信和包裹，天长日久，就成了传统。于是人们干脆就成立了叫"麻乡约"的商行，专门负责替人传递包裹和信件，兼营货物运输。到了明朝永乐年间，民间出现了专业民邮机构——民信局。民信局的出现是民间贸易、民间交往日益发展的必然结果。民信局首先出现在著名的港口城市——宁波。那里工商业发达，是水陆交通的重镇，当地有许多人外出经商做官。当时的宁波绍兴一带人士遍布全国各地，他们之间的书信往来非常频繁，但托人转带非常不便，一封信要经过很长时间才能到达收信人手中。在这种背景下，民信局产生了。由于适应了形势的需要，所以民信局发展很快。不久，在全国各地尤其是大城市和一些沿海口岸相继建立了许多家民信局。这些民信局一般都有一定的管辖范围，路途遥远的邮件常常需要几个民信局互相合作，才能把邮件传递到目的地。当时的民信局经营范围很广，既能传递信件、包裹，也能汇兑银钱，甚至还能托运一些大件物品。民信局在清咸丰同治年间发展到了鼎盛时期，全国大小民信局多达数千家。在广东、福建的沿海地区还出现了专门为海外侨胞服务的民信局——侨批局。那时候许多穷苦百姓为生活所迫不得不飘洋过海到异国他乡去谋生。虽然身在海外，

通信工程专业导论

但仍心系故土，需要和家乡的亲人通信联系，也需要给家人寄回金钱和物品。民信局为了满足这些人的需要，成立了专门为侨胞办理通信和汇款业务的机构，只是因为福建方言中把"信"说成"批"，所以才叫"侨批局"。

3. 邮票与邮政

邮票始于英国，1840 年 5 月 6 日，英国发行了世界上第一枚邮票——"一便士黑票，如图 2 – 1 所示"；1861 年英国亨利·比绍普创制和使用第一个有日期的邮戳。

关于黑便士邮票的故事对于以后通信业务的设计仍然有启迪。

19 世纪 30 年代的某一天，伦敦一个中学的校长罗兰·希尔正在街上散步，他看到一位邮递员把一封信交给一个姑娘。姑娘接过信，匆匆瞟了一眼，马上又把信还给了邮递员，不肯收下。希尔十分纳闷，邮递员走后，他好奇地问姑娘为何不收信，姑娘羞怯地告诉他，信是她远方的未婚夫寄来的，因为邮资昂贵，她支付不起，所以不能收，不过，她已从信封上了解了对方的情况。原来，他们约好在信封上作一种只有他俩才懂得的暗记，这样，用不着看信的内容就互通音讯了。希尔深感邮政制度给人们带来的不便，决心进行改革。

图 2 – 1　黑便士邮票图片

那时，英国的邮政制度十分烦琐，除了国会议员享受免费邮寄信件的特权外，其他人寄信都是由邮递员根据路程远近、信纸页数的多少向收信人收费，邮资昂贵，一封普通国内信件的邮资竟高达 6 便士，最高的收到了 17 便士，而当时英国一个普通工人一个月的工资大约是 18 便士。因此，拒付费用、拒收来信的争执时常发生。

在进行了一系列调查、分析、计算和创新后，罗兰·希尔提出了"降低邮资、统一收费标准、简化邮递手续"的思路。1837 年 1 月，他以上述观点为基础写成了一本题为《邮政改革：重要性及实用性》的小册子，呈递给当时的财政大臣，不料受到冷落。出于无奈，他只得将小册子修改后公开发表。他提出了三项建议：由寄信人在邮局付现金；通过对信封、信纸收费的办法统一邮资；使用"一片只要盖上邮戳即可的纸片，在其背面涂上黏液。这样，其持有者将纸片浸湿后，可将它贴在信封之上"。

这三项建议在朝野上下引起了强烈的反响，在这种情况下，1839 年 8 月，维多利亚女王签署法令，决定正式采纳希尔的建议，并调希尔进入财政部负责实施这一计划。1839 年 9 月 6 日向全国公开征集"标签"（当时尚不叫邮票），在收到的 2 600 多封应征图案中，5 位作者的 4 份作品获奖。罗兰·希尔根据这 4 份作品，以威廉·维恩所做的维多利亚女王肖像的纪念章作原画，用绘画颜料画了两幅邮票画稿，交查尔斯和费雷德里克·希思父子雕刻，邮票由帕金斯·倍根公司承印，以黑色为基调，下方印有"一便士"字样，故称为"黑便士"。

原定于 1840 年 1 月 1 日启用的邮票因设计的延误，1840 年 5 月 6 日正式开始使用，与"黑便士"同时使用的还有"蓝便士"（面值两便士的蓝色邮票）。从此，邮票在世界上诞生了。

"黑便士"邮票使邮政工作大大前进了一步，标志着世界近代邮政的产生，具有划时代的意义。"黑便士"是颜色和面值的合称。它采用黑色雕刻版印刷的无齿孔，不标国名，只有女王的肖像，当时世界上还无邮票，英国是世界上第一个发行邮票的国家，至今英国仍然是世界上唯一的一个邮票上无国名的国家。图案上方有"邮资"（POSTAGE）字样，下方是表示面值的"一便士"（ONE PENNY）的字样，一便士为黑色的，印张每行由 12 枚邮票组成，共 20 行，每张 240 枚。这是因为英国当时币制为 1 镑 = 20 先令 = 240 便士，一行 12 枚正好是一先令（12 便士），一个全印张正好一英镑。特别有趣的是邮票的下面两角都各有一个英文字母，同一行上的每枚邮票图案左下角的字母相同。第一行 A，第二行是 B，以下按字母顺序类推；在图案的右下角的字母则表示邮票印在张中的位置，从左向右按字母的顺序排列，如第一横排从左至右为 AA、AB、AC 直至 AL，第二横排依次为 BA、BB、BC、直至 BL……这样安排的目的是为了防止仿造。尽管 1840 年的邮票现存数量相当可观，但要复原原来的一个完整的印张却是非常困难的。由于邮票刚刚问世，人们还不大懂得邮票是什么，所以每整张"黑便士"的纸边上都印有说明文字："每一枚邮票是一便士，每行 12 枚售一先令，每全张售一英镑。把邮票贴在收信地址右上方，涂湿标签时，请勿擦掉背胶。"

此外，当时还发行了专门供政府官员用的黑便士，与上面的黑便士的区别就是将上边左右两角的"星星射线"图案改为了左上角为字母"V"，右上角为字母"R"，而下边左右两角为"英文字母"不变。

在中国，具有现代意义的邮政局——大清邮政是于 1896 年正式成立的。它是由当时霸占我国海关税务大权的英国人赫德一手创办的。他的目的并不是要帮助我国发展邮政通信事业，而是为了进一步掠夺中国的财富。以后几十年，从英国人赫德到法国人制黎、铁士兰，帝国主义列强一直控制着中国的邮政，并从中榨取了不尽的财富。但是当他们迫不得已将这项主权交还中国政府的时候，却声称中国政府反欠他们 184 万余两白银。当时，帝国主义国家侵犯我国邮政主权的另一方式是他们纷纷在中国开办叫"客邮"的机构。这些机构名义上是为在华的英、法、美、德、俄、日等国的侨民提供邮政服务，但实际上却是他们用以搜集政治、军事、经济、文化等方面情报的情报网。在帝国主义的排挤、压制下，我国的民邮组织逐渐被削弱了，并最终于 1935 年停办。

1949 年后，我国邮政业务的覆盖面得到了迅速扩大。不论是在城市还是在乡村，都能看到邮递使者为我们送信送报的身影，即使是最僻远的山区，也都留下了邮递员的足迹。另一方面，我国的邮政设备也在不断更新，汽车、火车、轮船、飞机都成了邮政运输工具，许多邮政局都安装了诸如自动分拣机、条形码识别机、报纸零售机等现代化设备。1998 年，邮政和电信拆分，邮政局独立。

4. 飞鸽传书

古代的交通是很不发达的，在平原地区还好些，在多山地区通信就是一个比较令人头痛的问题。人们非常羡慕天空中自由自在飞翔的鸟类，如果能让鸟类成为人类的邮递员，通信自然要快捷多了。鸽子是人类最早驯养的善于长途飞行的飞禽，其记忆力非常好，就是把它带到几千里以外，它也能跨越高山大川、森林和海洋，飞回自己的家。据记载，1980 年一个葡萄牙人将一只南非鸽带到葡萄牙的里斯本，但这只信鸽从里斯本出发，经过 7 个月的飞行，飞越了地中海和整个非洲大陆，最后还是返回了它在南非比勒陀利亚的家，行程达9 000 km。信鸽在长途飞行中不会迷路，源于它所特有的一种功能，即可以通过感受磁力与纬度来辨别方向。据科学家研究，鸽子的大脑对地球的磁场分布非常敏感，它能通过对磁场的辨别找到飞回家的路线。鸽子是一种非常能吃苦耐劳的鸟类，尽管一路上风餐露宿，天气又变化莫测，时而朔风呼啸，时而大雨滂沱，但它仍能一往直前，不达目的誓不罢休。有时由于自然条件太恶劣，送信的鸽子一路上水米未进，但仍会拼尽最后一点力气飞到终点。当主人拿到信件的时候鸽子也常因劳累过度而死去。

飞鸽传书就是将信息捆绑在鸽子腿上，通过信鸽将信息传送到目的地。信鸽传书确切的开始时间，现在还没有一个明确的说法，但早在唐代，信鸽传书就已经很普遍。历史记载中最早的信鸽通信是在公元前43年，古罗马将军安东尼带兵围攻穆廷城。当时罗马大军里三层外三层将穆廷城围得风雨不透，困守在城内的守军根本无法派人和城外的援军取得联系。这时守军指挥官白鲁特想到了鸽子。他把告急信绑在鸽子腿上，让鸽子从空中飞过敌人的重围而把消息传送给援军。援军得到了确切的情报，终于和城内的守军里应外合，打退了安东尼的军队。

早在唐代，信鸽传书就已经很普遍了。五代王仁裕《开元天宝遗事》一书中有"传书鸽"的记载："张九龄少年时，家养群鸽。每与亲知书信往来，只以书系鸽足上，依所教之处，飞往投之……"张九龄是唐朝政治家和诗人，他不但用信鸽来传递书信，还给信鸽起了一个美丽的名字——"飞奴"。此后的宋、元、明、清诸朝，信鸽传书一直在人们的通信生活中发挥着重要作用。

国外，信鸽传书也有不少记载：

普法战争期间（1870—1871），士气旺盛的普鲁士士兵一度包围了法国首都巴黎。巴黎守军放出信鸽，向邻近部队告急，援军及时赶到。从此，法国人深爱信鸽，无论城乡，饲养成风，故法国有"鸽子王国"之称。

1897年，日本东京市郊八王子处发生大火灾。东京各报馆记者纷纷前往采访。因通信和交通断绝，众多记者采写的稿子无法发出。唯有朝日新闻社的记者利用信鸽迅速将新闻稿传回报社。该社也因此成为此次火灾报道的领先者。

1942年，一艘英国潜艇被德国施放的深水炸弹击中，沉入海底。水兵们用一个特制的密封舱将一对信鸽保护好，用鱼雷发射器投放到水面。鸽子带着写有紧急呼救信号"SOS"和潜艇方位的情报飞向基地。有一只鸽子成功飞抵目的地，使潜艇乘员得救。为表彰这只信鸽，英国建了一座信鸽纪念碑。

1943年11月18日，英国第56皇家步兵旅为迅速突破德军防线，计划施行空中火力支援。计划即将实施时，英军意外顺利地突入德军的封锁地带。此时再以火力打击，势必自相残杀。千钧一发之际，一只名叫"格久"的信鸽带着文件，几分钟飞行二十余英里抵达目的地，防止了悲剧的发生，一千多名官兵安然无恙。"格久"因此被授予金质勋章。

1944年末，滇缅战场，一支美军被日军包围。美军因电台遭破坏，无法与上级联络。紧急之际，美士兵将腿上绑有情报的一只名叫"浅雨点"的雌鸽放出。"浅雨点"用约9个小时飞行510 km，安抵目的地。盟军司令部随即派兵击溃日军。战后，"浅雨点"获"缅甸皇后"荣誉称号。

中国从1951年开始征调信鸽入伍，列入军事编制，广泛用于边（海）防线上。

现在还有信鸽协会，并常常举办长距离的信鸽飞行比赛。

不仅是鸽子，大雁也能传递书信，现在还常常把送信的邮递员称为"鸿雁"。汉朝时有一个非常有趣的鸿雁传书的故事。公元100年，汉朝大臣苏武出使匈奴，匈奴单于很欣赏苏武的才能，想迫使苏武投降匈奴，被苏武严词拒绝。于是单于便将苏武扣下，随后把他流放到荒无人烟的北海（今贝加尔湖）去牧羊，对他说什么时候公羊生了小羊，什么时候就放他归汉。苏武在北海一带放牧19年，虽含辛茹苦，但始终不曾向单于屈服。后来汉昭帝与匈奴和亲，出使匈奴的汉朝使者问起苏武之事，单于撒谎说苏武已经死了，但这位使者私下里打听到苏武仍然在北海牧羊，于是回去后就把这个情况报告了汉昭帝。当时的霍光想出了一个计谋，又派去一个使者并对单于说："大汉天子喜欢打猎，有一次射下一只大雁，雁腿上系着一封信，是苏武的亲笔信，上面写着苏武还活着，现在北海牧羊。"单于听后，见无法抵赖，只好放回了苏武。虽然这只是霍光的一个计谋，但可以想象，当时一定有人已经在利用大雁传书了，否则这个故事就缺乏根据，霍光也不会想到这样的计谋，单于也不会轻信。

2.1.2　古代信号通信

古代信号通信是利用自然界的基本规律和人的基础感官（视觉，听觉等）可达性建立通信系统，是人类基于需求的最原始的信号通信方式。

在我国和非洲古代，击鼓传信是最早、最方便的办法，非洲人用圆木特制的大鼓可传声至三四公里远。

我国古代战争中，两军交兵，往往要用声音来传递命令，如击鼓进兵，鸣金收兵等。这是因为打仗时敌我双方混战在一起，人员交错，靠人来传递命令是很困难的，而战鼓一响却可以一呼百应。在现代的军队中，仍能看到利用声音来传递信号的情形。比如，进攻时由号手吹响嘹亮的冲锋号，夜晚睡觉时吹熄灯号，早晨吹起床号等。

靠人来传递信息速度是很有限的，即使骑马最多也只不过60 km/h，声音的传播距离也不能太远，所以在通信方式上进行变革是必然的趋势。早在3 000多年前，我国中原地区的人们为了防范和抵御西北边陲少数民族的骚扰，就建造了世界上最早的烟火报警通信装置——烽火台。烽火台是用石块垒成的十多米高的石堡，上面堆有柴草和狼粪，时刻都有士兵在上面值勤观察和瞭望。一旦发现敌情，夜间点燃柴草，使火光冲天；白天则点燃狼粪，因为粪燃烧时其烟垂直向上，很远的地方都能看到，故而将烽火又称为狼烟（到今天还有成语"狼烟四起"）。烽火通信系统是由许多个烽火台一个接一个串联组成，每个之间有一定间隔。每当出现紧急情况便点燃烽火，后一个烽火台看到前面的烽火信号便也跟着点燃烽火，以便通知下一个，这样从前到后依次传递，警报很快就从边关传到了内地，中原人民也就可以早早地做好抗敌准备。烽火不仅能表示警报，而且还能反映出一定的信息，比如利用燃放烟火堆数的不同，每道烟火的时间间隔的不同等就可以大致表示出来犯敌人的数目、方位等内容。只要事先规定好每种组合的定义，烽火就能传送一定量的警报信息。

"烽火"是我国古代用以传递边疆军事情报的一种通信方法，始于商周，延至明清，相习几千年之久，其中尤以汉代的烽火组织规模为大，而今天看到的万里长城最为壮观。长城不仅是抵御北方游牧民族侵略的屏障，也是一个烽火通信系统，长城上每隔200 m左右就修建了一座烽火台。高台上有驻军守候，发现敌人入侵，白天燃烧柴草以"燔烟"报警，夜间燃烧薪柴以"举烽"（火光）报警。一台燃起烽烟，邻台见之也相继举火，逐台传递，须臾千里，以达到报告敌情、调兵遣将、求得援兵、克敌制胜的目的。可以想象，当年烽火在雄伟的古长城上传递时，绵延不断、横贯千里的情景一定蔚为壮观。唐诗中有这样的句子："孤山几处看烽火，壮士连营候鼓鼙"。秦始皇建造了万里长城后，各朝各代都在长城一线上派驻了大批军队，并且多次对长城进行维修，最后一次大规模重修在明代。今天，长城已经失去了原有的作用，但它仍然具有象征意义，一座座烽火台就像一座座丰碑展示着我国发达的古代文明，也展示了我国古代人民的勤劳与智慧。

在我国的历史上，还有一个为了讨得美人欢心而随意点燃烽火，最终导致亡国的"烽火戏诸侯"的故事。

除了烽火通信方式，古代传递信息的方式还有"天灯""旗语"。天灯的代表是三国时期的孔明灯的使用，发展到后期热气球成为其延伸。孔明灯成为现代的一种娱乐项目，如图2-2所示。旗语在古代是一种主要的通信方式，现在是世界各国海军通用的语言。不同的旗子，不同的旗组表达着不同的意思。这些古代传递信息的方式，或者是广播式，或者是可视化的、无连接的。

图 2-2　2014 年长沙湘江西岸刚刚放飞的孔明灯

2.1.3　古代的保密通信

公元前 5 世纪斯巴达人使用一种叫"天书"的器械。它用一根木棍，将羊皮条紧紧缠在木棒上，密信自上而下写在羊皮条上，然后将羊皮条解开送出。除非把羊皮条重新缠在一根同样直径的木棍上，才能把密信的内容读出来。这是最早的保密通信。

公元前 2 世纪，希腊历史学家波利比乌斯（Polybius）想出一种信号通信方法。他把字母排列在一个方表内，并把各横行和纵行标上数字，每个字母用它在横行的数字和它在纵行的数字代表，这些数字可用火把传送，右手举的火把数表示字母的第一个代码，左手举的火把数表示字母的第二个代码。这种方法可以把信号传送较远的距离。

2.2　近现代通信

近现代通信以电磁技术为起始，是电磁通信和数字时代的开始。

2.2.1　电报与电话

19 世纪中叶以后，随着电报、电话的发明，电磁波的发现，人类通信领域产生了根本性的巨大变革。从此，人类的信息传递可以脱离常规的视听觉方式，用电信号作为新的载体，带来了一系列的技术革新，开始了人类通信的新时代。利用电和磁的技术，来实现通信的目的，是近代通信起始的标志，但真正现代意义上的通信始于 1837 年莫尔斯（Samuel Morse，1791—1872）发明的电报，开创了利用电信号传递信息的新时代。代表性事件如下：

1837 年，美国雕塑家、画家、科学爱好者塞缪乐·莫尔斯成功地研制出世界上第一台电磁式（有线）电报机。他发明了莫尔斯电码，电码符号由两种基本信号和不同的间隔时间组成：短促的点信号"．"，读"的"（Di）；保持一定时间的长信号"一"，读"答"（Da）。利用"点""画"和"间隔"，可将信息转换成一串或长或短的电脉冲传向目的地，再转换为原来的信息。莫尔斯电码如图 2 - 3 所示。1844 年 5 月 24 日，莫尔斯在国会大厦联邦最高法院会议厅用"莫尔斯电码"发出了人类历史上的第一份电报，从华盛顿向 40 英里外的巴尔的摩城拍发了世界上第一份长途有线电报，从而实现了长途电报通信。人类社会电通信的时代，便从此开始了。

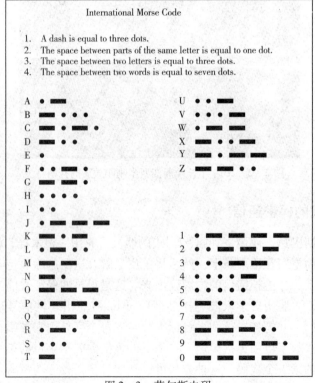

图 2 - 3　莫尔斯电码

1843 年，美国物理学家亚历山大·贝思（Alexander Bain）根据钟摆原理发明了传真。传真（fax，是 facsimile 的简写形式，有时也叫 telecopying）是指用电话线路传输经扫描的印刷材料（文本或图像）。传真机将需要发送的原件按照规定的顺序，通过光学扫描系统分解成许多微小单元（称为像素），然后将这些微小单元的亮度信息由光电变换器件顺序转变成电信号，经放大、编码或调制后送至信道。接收机将收到的信号放大、解码或解调后，按照与发送机相同的扫描速度和顺序，以记录形式复制出原件的副本。

1850 年美国的弗·贝克韦尔（Frederick Bakewell）开始采用"滚筒和丝杆"装置代替了亚历山大·贝思的钟摆方式，使传真技术前进了一步。1865 年，伊朗人阿巴卡捷里根据贝恩和贝克韦尔提出的原理，制造出实用的传真机，并在法国的巴黎、里昂和马赛等城市之间进行了传真通信实验。

1875 年，苏格兰青年亚历山大·贝尔（A. G. Bell，1847—1922）发明了世界上第一台电话机。其发明具有戏剧性。

贝尔出生在英国一个声学世家，后移居美国。在波士顿曾开办过聋哑人教师的学校。由于职业上的原因，他研究过听和说的生理功能。后受聘为波士顿大学声音生理学教授。在莫尔斯电报发明后的 20 多年中无数科学家试图直接用电流传递语音，贝尔也把发明电话作为自己义不容辞的责任。但由于电话是传递连续的信号而不是电报那样不连续的通断信号，在当时的难度好比登天。他曾试图用连续振动的曲线来使聋哑人看出"话"来，没有成功。1873 年，贝尔和他的助手在波士顿研究多工电报机，它们分别在两个屋子联合试验时，沃森看管的一台电报机上的一根弹簧突然被粘在磁铁上。沃特森把粘住的弹簧拉开，这时贝尔发现另一个屋子里的电报机上的弹簧开始颤动起来并发出类似于莫尔斯电码的"滴答"声。正是这一振动产生的波动电流沿着导线传到另一屋子里。这引起贝尔大胆的设想：如果能用电流强度模拟出声音的变化不就可以用电流传递语音了吗？贝尔由此得到启发，他想，假如对铁片讲话，声音就会引起铁片的振动，在铁片后面放有绕着导线的磁铁，铁片振动时，就会在导线中产生大小变化的电流，这样一方的话音就会传到另一方去。随后的两年内贝尔刻苦用功掌握了电学，再加上他扎实的语言学知识，使他如同插上了翅膀。他辞去了教授职务，一心扎入发明电话的试验中。两年后，经过无数次失败后他们终于制成了两台粗糙的样机：圆筒底部的薄膜中央连接着插入硫酸的碳棒，人说话时薄膜振动改变电阻使电流变化，在接收处再利用电磁原理将电信号变回语音。但不幸的是试验失败了，说话的声音是通过公寓的天花板而不是通过机器互相传递的。

正在他们冥思苦想之时，窗外吉他的声音提醒了他们：送话器和受话器的灵敏度太低了。他们连续两天两夜自制了音箱、改进了机器。然后开始实验，刚开始沃特森只从受话器里听到嘶嘶的电流声，终于他听到了贝尔清晰的声音"沃特森先生，快来呀！我需要你？"1875 年 6 月 2 日傍晚，当时贝尔 28 岁，沃特森 21 岁。他们趁热打铁，几经改进，半年后终于制成了世界上第一台实用的电话机。1876 年 3 月 3 日（贝尔的 29 岁生日），贝尔的专利申请被批准。其实，在贝尔申请电话专利的同一天几小时后，另一位杰出的发明家艾利沙·格雷也为他的电话申请专利。由于这几个小时之差，美国最高法院裁定贝尔为电话的发明者。

回到波士顿后贝尔继续对它进行改进，同时抓住一切时机进行宣传。1878 年，贝尔在波士顿和沃特森在相距 300 多公里的纽约之间首次进行了长途电话实验。与 34 年前莫尔斯一样取得了成功。所不同的是他们举行的是科普宣传会，双方的现场听众可以互相交谈。中途出了个小小的问题：表演最后节目的歌手听到远方贝尔的声音后紧张得出不了声，急中生智的贝尔让沃特森代替，沃特森鼓足勇气的歌声使双方的听众不时传来阵阵掌声和欢笑声，试验圆满成功。图2-4所示为1880年的贝尔电话。

图2-4 1880年的贝尔电话

还有一种说法是"电话之父"不是贝尔。据《每日电讯报》报道，最新解密的文件披露，其实世界上第一部电话的发明者根本不是贝尔，而是一名叫作菲利浦·雷斯的德国科学教师。英国电话公司在50年前就发现了这个秘密，但为了商业利益却一直守口如瓶。据伦敦科学博物馆馆长约翰·利芬称，这个秘密是他在博物馆中的故纸堆中发现的。新发现的文件显示，早在1947年第二次世界大战刚刚结束后不久，为了平息"电话之父"的争论，英国标准电话电报公司的工程师们就对一系列古老的电话机进行了测试，其中一些电话机的发明时间远在"电话之父"贝尔发明第一台电话之前。实验结果显示，一部由德国科学教师菲利浦·雷斯发明的电话设备完全可以使用，而这部电话机发明于1863年，比贝尔的第一部电话问世还要早13年。科学家们发现，尽管这部电话传递的语音非常微弱，但它能够工作。所以，最早的电话发明者不是贝尔，也不是爱迪生。

但是对究竟谁是真正的电话发明人，现在的学术界还有争论，很多书籍都记载着是这个叫贝尔的人，在1876年的3月10日把用电流传递声音变成了现实，从此，人类有了第一部电话。

1877年，也就是贝尔发明电话后的第二年，在波士顿设的第一条电话线路开通了，这沟通了查尔斯·威廉斯先生的各工厂和他在萨默维尔私人住宅之间的联系。也就在这一年，有人第一次用电话给《波士顿环球报》发送了新闻消息，从此开始了公众使用电话的时代。

美国的另一位伟大的发明家托马斯·爱迪生于1877年发明了炭精送话器，炭精送话器加手柄、呼叫设备（电铃）、手摇发电机、干电池组成磁石式电话机，电话机的通话质量有了明显提高。图2-5所示为一种磁力电话机。

如果仅有电话机，还只能满足两个人之间的通话，而且无法与第三个人之间进行通话。将多个用户连接起来进行通话，不仅需要连线非常多而导致造价极高，而且两个用户进行通话时，所连接的其他用户无法进行隔离。要解决这个问题，交换机产生了。第一台交换机于1878年安装在美国，当时共有21个用户。这种交换机依靠接线员为用户接线。过了40年，美国建成第一条横贯国土东西的长途电话线。这条线路的修建，足足耗费了2 960吨铜和13万根电线杆。

1864年，麦克斯韦（Maxwell）建立了光的电磁波

图2-5 一种磁力电话机

理论并预言了电磁波的存在。1887年赫兹（Hertz）首次通过实验证明了无线电波的存在。这为现代的无线电通信提供了理论根据。无线电波可以在大气媒质中传播这一理论的创立大大推动了通信技术的发展。

1878年，美国在纽黑文开通了世界上最早的磁石式电话总机（也称交换机），预示磁石电话和人工电话交换机诞生。

1882年，出现了共电式电话机（没有手摇发电机和干电池，通话所用电源由交换机供给），通过二线制模拟用户线与本地交换机接通。

1881年，英籍电气技师皮晓浦在上海十六铺沿街架起一对露天电话，付36文钱可通话一次。（中国土地上的第一部电话）

1882年2月，丹麦大北电报公司在上海外滩扬于天路开办第一个电话局，用户有25家。

1882年6月，皮晓浦以"上海电话互助协会"名义开办了第二个电话局，用户有30余家。

同年，英商"东洋德律风"公司兼并上述两电话局经营，用户仅有300多家。

1889，安徽省安庆州候补知州彭名保，自行设计、制造了五六十种大小零件，造出了中国的第一部电话机。

1885年，发明步进式交换机。

1892年，由美国人 A. B. 史端乔（Almon B. Strowger）发明世界上第一部自动交换机，这是第一台步进式 IPM 电话交换机；1893年，步进制的交换机问世，它标志着交换技术从人工时代迈入机电自动交换时代。

电报和电话开启了近代通信历史，但是都是小范围的应用，更大规模，更快速度的应用在第一次世界大战后，得到迅猛发展。现在在关于第二次世界大战的影视节目中看到是号码盘电话机，用到的拨号盘是1896年美国人爱立克森发明的旋转式电话拨号盘。按键式电话机则是20世纪70年代大规模集成电路出现后的成果。图2-6所示为1930年的号码盘电话。

图 2-6　1930 年的号码盘电话

2.2.2　无线电通信

人类发明了电报和电话后，信息传播的速度不知比以往快了多少倍。电报、电话的出现缩短了各大洲、各国家人民之间的距离感。但是，当初的电报、电话都是靠电流在导线内传输信号的，这使通信受到很大的局限。譬如，要通信首先要有线路，而架设线路受到客观条件的限制。高山、大河、海洋均给线路的建造和维护带来很大的困难。况且，极需要通信联络的海上船舶，以及后来发明的飞机，因它们都是会移动的交通工具，所以无法用有线方式与地面上的人联络。1901年，意大利工程师马可尼（Marconi，1874—1937）发明火花隙无线电发报机，第一次在无线传输中用莫尔斯码从船上与岸边通信（30 km），成功发射穿越大西洋的长波无线电信号；标志无线电通信的开始。

马可尼（Marconi，1874—1937）自幼心中崇拜二位先驱，其一是美国开国元勋兼科学家的富兰克林（Benjamin Franklin, 1706—1790），他以用风筝引电而著名；第二位是英国电磁学先驱法拉第（Michael Farady, 1791—1867），现今电容器的单位，就是以他的名字来命名的。由于此二人的影响，马可尼非常喜欢电磁学及其实验。图 2-7 所示为马可尼的照片。

图 2-7　伽利尔摩·马可尼

直到 1894 年，马可尼的试验才有了突破性的发展，当时他尚不足 20 岁，和他长兄一道去阿尔卑斯山（Alps）度假时，读到德国物理学家赫兹（Heinrich Hertz, 1857—1894）的一篇重要论文，该文详细描述了证明英国科学家麦克斯韦（James C. Maxwell, 1831—1879）所说的电磁波确实存在的实验方法，电磁波以光波速度前进，可以穿透真空、空气、液体和固体。

年轻聪明的马可尼立即领悟到，这个电磁波可以作为传递信息之用。随即匆匆结束假期，赶回家中的实验室，动脑筋设法将这构想付诸实施。他的第一步骤是重复赫兹的实验，虽然也经过多次失败，最后终于成功了，这带给他莫大的鼓励，虽然通信距离只有二三厘米而已。

赫兹的实验用到电波产生（发射）机和电波接收机。发射机是利用诱导线圈产生高电压，在火花隙之间产生火花。接收机则简单到只用一根金属线弯成一圆环，两端不相接而仅留一小间隙。当发射机产生火花时，接收机也会产生一个较弱的火花。发射机与接收机之间除空气外，没有任何东西相连。

这对收发机经马可尼不断地改良，通信距离增加到隔壁的房间，再从楼上到楼下，并可按响电铃和启动用于有线电报的莫尔斯电码印码机。

下一步便是将接收机移至室外，马可尼在阁楼上发，他的二哥阿方索则在外面收。距离越来越远，只好挥动小旗表示收到信号；后来距离远至隔一小山，只得用枪声来表示收到信号。

1906 年，美国物理学家费森登成功地研究出无线电广播。

1906 年之后的一段时间里，军用和商用船舶很快采用了无线电技术，1912 年在泰坦尼克号邮轮沉船事件中拯救了 700 多个生命而备受称赞。

2.2.3　电视

1922 年，16 岁的美国中学生菲罗·法恩斯沃斯设计出第一幅电视传真原理图，1929 年申请了发明专利，被裁定为发明电视机的第一人。

1924 年，第一条短波通信线路在瑞恩和布宜诺斯艾利斯之间建立，1933 年法国人克拉维尔建立了英法之间和第一第商用微波无线电线路，推动了无线电技术的进一步发展。

1928 年，美国西屋电器公司的兹沃尔金发明了光电显像管，并同工程师范瓦斯合作，实现了电子扫描方式的电视发送和传输。

1928 年，美国底特律警察局率先使用装备贝茨发明的能适应移动车辆振动影响的无线电收发信机——超外差 AM 接收机的警用车辆无线电移动系统（单向），标志移动通信开始。

1930 年，发明超短波通信；1931 年利用超短波跨越英吉利海峡通话获得成功。1934

通信工程专业导论

年，在英国和意大利开始利用超短波频段进行多路(6～7路)通信。1940年，德国首先应用超短波中继通信。中国于1946年开始用超短波中继电路，开通4路电话。

19世纪末，少数先驱开始研究设计传送图像的技术。1904年，英国人贝尔威尔和德国人柯隆发明了一次电传一张照片的电视技术，每传一张照片需要10 min。1924年，英国和德国科学家几乎同时运用机械扫描方式成功地传出了静止图像。但有线机械电视传播的距离和范围非常有限，图像也相当粗糙。

1923年，俄裔美国科学家兹沃里金申请到光电显像管、电视发射器及电视接收器的专利，他首次采用全面性的"电子电视"发收系统，成为现代电视技术的先驱。电子技术在电视上的应用，使电视开始走出实验室，进入公众生活之中，1925年，英国科学家研制成功电视机。1928年，美国纽约31家广播电台进行了世界上第一次电视广播试验，由于显像管技术尚未完全过关，整个试验只持续了30 min，收看的电视机也只有十多台，此举宣告了作为社会公共事业的电视艺术的问世，是电视发展史上划时代的事件。

1929年，美国科学家伊夫斯在纽约和华盛顿之间播送50行的彩色电视图像，发明了彩色电视机。

1933年，兹沃里金又研制成功可供电视摄像用的摄像管和显像管。完成了使电视摄像与显像完全电子化的过程，至此，现代电视系统基本成型。今天电视摄影机和电视接收的成像原理与器具，就是根据他的发明改进而来。

1936年11月2日，英国广播公司在伦敦郊外的亚历山大宫，播出了一场颇具规模的歌舞节目，并首次开办每天2 h的电视广播。全伦敦只有200多台收视电视机，但它标志着世界电视事业开始发迹。对当年柏林奥林匹克运动会的报道，更是年轻的电视事业的一次大亮相。当时共使用了4台摄像机拍摄比赛情况，其中最引人注目的是全电子摄像机。这台机器体积庞大，它的一个1.6 m焦距的镜头就重45 kg，长2.2 m，被人们戏称为电视大炮。此后，价格相当昂贵的电视在英国中上层家庭开始有所普及。

1937年，该公司播映英王乔治五世的加冕大典时，英国已有5万观众在观看电视。1939年，第二次世界大战爆发时，英国约有两万家庭拥有了电视机。

1939年4月30日，美国无线电公司通过帝国大厦屋顶的发射机，传送了罗斯福总统在世界博览会上致开幕词和纽约市市长带领群众游行的电视节目。成千上万的人拥入百货商店排队观看这个新鲜场面。二战结束时，美国约有7 000台电视机；二战前开办电视的还有德国、法国、意大利等国。

第二次世界大战后美国电视事业发展超过英国：从1949年到1951年，电视机数目从一百万台跃升为一千多万台，1960年全美电视台高达780座，电视机近三千万台，约有87%的家庭至少拥有一台电视机。同时期英国只有190万台电视机，法国3万台，加拿大2万台，日本4 000台。1993年底，美国98%的家庭至少拥有一台电视机，其中99%为彩色电视机。

20世纪二三十年代电视技术有了脱胎换骨的变革：二战以后广播电视的雏形基本建立，英、德、美、法电视节目播放开始商业化。

1935年，在德国每周播送3次电视节目。

1936年，新建成的"保罗·尼普科"电视台播送柏林奥运会图像。

1939年，国际博览会开幕，通过电视向全世界播送了罗斯福总统的欢迎致辞。

1949年，美国广播公司开发出全电子的彩色电视。

1953 年，英国女王伊丽莎白二世加冕仪式实况转播。

1969 年 7 月，全世界 5 亿多观众看到了人类第一次登上月球的画面。

1958 年，我国第一家电视台，中央电视台前身北京电视台诞生。

1958 年，我国第一台黑白电视机北京牌 14 英寸黑白电视机在天津 712 厂诞生。

1970 年 12 月 26 日，我国第一台彩色电视机在同一地点诞生，从此拉开了中国彩电生产的序幕。

1973 年我国播出彩色电视节目。电视技术、电信技术、卫星传播等科技的融合化，使传统电视媒体在技术革命的推动下变得更加丰富多彩。

1978 年，国家批准引进第一条彩电生产线，定点在原上海电视机厂即现在的上广电集团。

1982 年 10 月，国内第一个彩管厂咸阳彩虹厂成立。这期间我国彩电业迅速升温，并很快形成规模，全国引进大大小小彩电生产线 100 多条，并涌现熊猫、金星、牡丹、飞跃等一大批国产品牌。

1985 年，中国电视机产量已达 1 663 万台，超过了美国，仅次于日本，成为世界第二的电视机生产大国。

1987 年，我国电视机产量已达 1 934 万台，超过了日本，成为世界最大的电视机生产国。

1985—1993 年，中国彩电市场实现了大规模从黑白电视替换到彩色电视的升级换代。

1996 年第 51 届联合国大会通过决议，宣布每年的 11 月 21 日为世界电视日。

自我国第一台黑白电视机诞生以来，电视事业在我国取得了长足的进步。1958 年 3 月 17 日，我国第一台黑白电视机诞生，半年后我国第一家电视台——北京电视台正式开播，它也是现在中央电视台的前身，而当时全国只有约 20 台黑白电视机。

1958 年中国电视刚刚起步时，每周播出 4 次黑白电视节目，每次仅 2 ~ 3 h。而今天仅中央电视台就开办了 15 套卫星电视节目，400 多档知名电视栏目，内容几乎涵盖了社会生活的各个领域。中央电视台拥有近 40 万小时的节目资源，日播出量近 400 h，全国人口覆盖率达 90%，观众超过 11 亿人。

2.2.4　通信理论和技术的突破

20 世纪 30 年代后，信息论、调制论、预测论、统计论等都获得了一系列的突破，促进了通信理论和技术的突破。主要的事件有：

1935 年，发明频分复用技术。

1938 年，纵横制（Cross Bar）交换机被发明，相对于步进制交换机，提高了可靠性和接续速度。

1946 年，第一个公共移动电话系统在美国的 5 个城市建立。

1946 年，美国宾夕法尼亚大学的埃克特和莫希里研制出世界上第一台电子计算机 ENIAC，高速计算能力成为现实。此后二进制的广泛应用触发了更高级别的通信机制——"数字通信"，加速了通信技术的发展和应用。

1947 年，发明大容量微波接力通信；第一个连接纽约和波士顿的微波中继系统开始运行。

1948年克劳德·艾尔伍德·香农（Claude Elwood Shannon，1916—2001）（见图2-8）于1940年在普林斯顿高级研究所期间开始思考信息论与有效通信系统的问题。经过8年的努力，在《贝尔系统技术杂志》上发表《通信的数学理论》。1949年在《贝尔系统技术杂志》上发表《噪声下的通信》。这两篇文章成了现在信息论的奠基著作：阐明了通信的基本问题，提出了通信系统的模型，给出了信息量的数学表达式，解决了信源统计特性、信道容量、信源编码、信道编码等有关精确地传送通信符号的基本技术问题。

图2-8　艾尔伍德·香农

1956年，建设欧美长途海底电话电缆传输系统。

1957年，发明电话线数据传输。

1958年，美国宇航局（NASA）发射第一颗通信卫星，第一次通过卫星实现语音通信，无线通信进入了新时代。

1959年，美国的基尔比和诺伊斯发明了集成电路，从此微电子技术诞生了。

2.2.5　通信大发展

20世纪50年代以后，元件、光纤、收音机、电视机、计算机、广播电视、数字通信业都有极大发展。

1950—1960年，贝尔实验室和全世界其他的通信公司一起发展了蜂窝无线电话的原理和技术。

1960年，美国科学家梅曼（Meiman）发明了第一个红宝石激光器（见图2-9），并证明了激光是一种理想的光载波。因此，激光器的出现使光波通信进入了一个崭新的阶段。

1962年，地球同步卫星（见图2-10）发射成功。

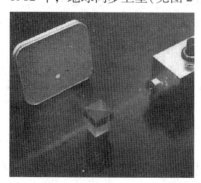

图2-9　红宝石激光器

图2-10　地球同步卫星

1964年，美国Tand公司Baran提出无连接操作寻址技术，目的是在战争残存的通信网中，不考虑实验限制，尽可能可靠地传递数据报。

美国贝尔公司于1965年生产了世界上第一台商用存储程序控制的电子交换机（No.1 ESS），这一成果标志着电话交换机从机电时代跃入电子时代。

1966 年，英籍华人高锟博士首次利用无线电波导通信原理，提出了低损耗的光导纤维（简称光纤）概念。

1967 年，大规模集成电路诞生了，一块米粒般大小的硅晶片上可以集成 1 000 多个晶体管的线路。

1969 年，ARPAnet 问世，其成员如图 2 - 11 所示。

图 2 - 11　ARPAnet 的研究者

1970 年，法国开通了世界上第一个程控数字交换系统 E10，标志着交换技术从传统的模拟交换进入数字交换时代。

1970 年，美国首次研制成功损耗为 20 dB/km 的石英光纤，它是一种理想的传输介质。同年，贝尔实验室研制成功室温下连续振荡的半导体激光器（LD）。从此，开始了光纤（见图 2 - 12）通信迅速发展的时代，因此人们把 1970 年称为光纤通信的元年。目前作为国家信息高速公路干线的传输速率已经达到 40 Gbit/s 以上，而且随着密集波分复用（Dense Wave Division Multiplexing，DWDM）技术的发展，将会出现更大传输容量的光纤通信系统。

1972 年以前，只存在一种基本网络形态，这就是基于模拟传输，采用确认服务，面向链接和同步转移模式（STM）的公众交换电话网（PSTN）网络形态。这种技术体系和网络形态现在仍在使用。

图 2 - 12　光纤

1972 年，CCITT（ITU 的前身）通过 G. 711 建议书（话音频率的脉冲编码调制，PCM）和 G. 712 建议书（PCM 信道音频四线接口见的性能特征），电信网络开始进入数字化发展历程。

1973 年，美国摩托罗拉公司的马丁·库帕博士发明第一台便携式蜂窝电话，也就是通常所说的"大哥大"，如图 2 - 13 所示。一直到 1985 年，才诞生出第一台现代意义上的、真正可以移动的电话，即"肩背电话"。

1972—1980 年，国际电信界集中研究电信设备数字化，这一进程，提高了电信设备性能，降低了电信设备成本，并改善了电信业务质量。最终，在模拟 PSTN 形态基础上，形

通信工程专业导论

成了综合数字网（IDN）网络形态，在此过程中有一系列成就值得关注：

（1）统一了话音信号数字编码标准。

（2）用数字传输系统代替模拟传输系统。

（3）用数字复用器代替载波机。

（4）用数字电子交换机代替模拟机电交换机。

（5）发明了分组交换机。

1977 年美国、日本科学家制成超大规模集成电路，30 mm² 的硅晶片上集成了 13 万个晶体管。

1977 年 7 月 15 日，美国联邦信息处理标准生效，成为事实上的国际商用数据加密标准。

1979 年，发明局域网。

模拟蜂窝系统：1979 年，第一个具有大的覆盖范围和自动交换功能的系统由爱立信公司推出，并建立北欧移动电话系统（NMT）。不久，高级移动电话服务（AMPS）于 1983 年在北美建立。

图 2 – 13　第一个蜂窝移动电话

中国在这个时期开始改革开放。同时，也让中国开始追赶世界通信发展的步伐，并逐渐拉近差距。

2.3　当代通信

当代通信是移动通信和互联网通信时代。

这个时代的特征是，在全球范围内，形成数字传输、程控电话交换通信为主，其他通信为辅的综合电信通信系统；电话网向移动方向延伸，并日益与计算机、电视等技术融合。

1982 年，发明了第二代蜂窝移动通信系统，分别是欧洲标准的 GSM，美国标准的 DAMPS 和日本标准的 D – NTT。

1983 年，TCP/IP 协议成为 ARPAnet 的唯一正式协议，伯克利大学提出内涵 TCP/IP 的 UNIX 软件协议。

20 世纪 80 年代末，多媒体技术的兴起，使计算机具备了综合处理文字、声音、图像、影视等各种形式信息的能力，日益成为信息处理最重要和必不可少的工具。

我国于 1987 年在广州引入了英国的 TACS 第一代模拟移动通信系统。于 2001 年底已经全部关闭了商用模拟移动通信服务。

1988 年，成立"欧洲电信标准协会"（ETSI）。数字蜂窝系统：1988 年，第一个数字蜂窝系统在欧洲建立，称为全球移动通信系统（GSM）。最初打算提供一个泛欧标准来取代当时大量运行的不兼容模拟系统，GSM 之后很快就出现了北美 IS – 54 数字标准。

1989 年，原子能研究组织（CERN）发明万维网（WWW）。

20 世纪 90 年代爆发的互联网，更是彻底改变了人们的工作方式和生活习惯。

1990 年 GSM 标准完成。

1991 年，欧洲开通了第一个 GSM 系统，移动运营者为该系统设计和注册了满足市场要求的商标，将 GSM 更名为"全球移动通信系统（GSM）"。虽然 GSM 作为一种起源于欧洲的第二代移动通信技术标准，但它的研发初衷就是让全球共同使用一个移动电话网络标准，让用户拥有一部手机就能走遍天下。GSM 也是国内著名移动业务品牌"全球通"这一名称的本源。

我国于 1993 年开始引入 GSM 系统，GSM 移动通信业务由中国电信（移动业务后来从中国电信分离，成立现在的中国移动）和中国联通两家公司运营。联通公司于 2000 年在国内又引入了 IS-95 CDMA 移动通信系统，至此我国境内就出现了两种第二代移动通信体制并存的局面。

1994 年，中国联入因特网。

1996 年 9 月，美国的 Web TV 公司首先提出发展网络电视的构想，网络电视又称 IPTV（Interactive Personality TV），它将电视机、个人计算机及手持设备作为显示终端，通过机顶盒或计算机接入宽带网络，实现数字电视、时移电视、互动电视等服务，网络电视的出现给人们带来了一种全新的电视观看方法，它改变了以往被动的电视观看模式，实现了电视以网络为基础按需观看、随看随停的便捷方式。1997 年上半年，万维网电视正式推向市场；1999 年 1 月 1 日，中央电视台正式开通网站后，《新闻联播》节目当晚就可以上网观看；2000 年底，北京中关村地区推出了中关村网络电视台；2003 年 9 月 15 日，中国电信：互联星空开始全面商用；2004 年 5 月 31 日，中国最大的网络视频运营商——中视网络开始对外服务。

2000 年，提出第三代多媒体蜂窝移动通信系统标准，其中包括欧洲的 WCDMA、美国的 CDMA 2000 和中国的 TD-SCDMA，中国的第一次电信体制改革完成。

2007 年，ITU 将 WIMAX 补选为第三代移动通信标准。

现在，只要打开计算机、手机、PDA、车载 GPS，很容易就能实现彼此之间的联系，人们生活更加便利。

随着数据通信与多媒体业务需求的发展，适应移动数据、移动计算及移动多媒体运作需要的第四代移动通信开始兴起，4G 是第四代通信技术的简称。4G 系统能够以 100Mbit/s 的速度下载，并几乎能够满足所有用户对于无线服务的要求。而在用户最为关注的价格方面，4G 与固定宽带网络在价格方面不相上下，而且计费方式更加灵活机动，用户完全可以根据自身的需求确定所需的服务。此外，4G 可以在 DSL 和有线电视调制解调器没有覆盖的地方部署，然后再扩展到整个地区。2012 年，ITU 正式审议通过了 4G（IMT-Advanced）标准，即 LTE-Advanced：LTE（Long Term Evolution，长期演进）的后续研究标准；WirelessMAN-Advanced（802.16m）：WiMAX 的后续研究标准。2013 年 12 月，工业和信息化部正式发放 4G 牌照，宣告我国通信行业进入 4G 时代。

另外，目前国内外不少机构和运营商确实抢先公布了 5G 网络计划细节，主要方式是计划通过使用大量的天线元件来实现高频带宽的信号传输，相对 4G 来说，5G 网络将会比 4G 快 100 倍。此前，华为、三星、爱立信等企业均提出过 5G 网络初步设想，而实际能够开花结果的时间，多数预测为 2020 年。

2.4 未来通信展望

未来的世界将是一个全连接的世界，全连接世界的未来将深刻地影响到每一个人、每一个组织、每一个行业。人类的过去、现在、未来，都在致力于不断突破时间和空间的限制而保持连接，这永恒的动力发源于情感沟通的人性需要，发展与效能提升的理性追求。未来通信将让人与物、物与物更广泛地连接起来。现代通信技术的发展方向是朝着理想的通信方式迈进，从技术、服务及人性化三方面来看理想的通信方式，可以用5W、5A、5H来描述，如图2-14所示。

图 2-14　理想的通信方式的 5W5A5H

具体技术体现在数字化、综合化、个人化、宽带化、网络化、智能化等方面。未来通信是大融合时代。

1996年，专家们提出了全球信息基础设施总体构思方法，电信网络发展进入网络融合发展的历程。随后，以思科为代表的设备制造商推出了"统一通信"的理念，未来的通信可能沿着融合2G、3G、4G、5G和WLAN、宽带网络的方向发展，但是不管如何，绝不会脱离现在科学技术的发展。依照其内在规律来发展，期待着未来移动与宽带等的统一、融合及演进。

习　　题

1. 从马可尼发明火花隙无线电发报机的故事中受到什么启迪？
2. 如何理解未来通信的5W、5A、5H？
3. 邮票的出现对通信业务的发展有何意义？
4. 谈一谈你对"电话之父"争论事件的看法。

第❸章 现代通信理论与技术

通信的发展离不开坚实的理论基础和技术支持。本章以信息与通信的基本概念为起点，介绍现代通信理论与技术的基本概念和基本问题，为以后学习通信工程专业的知识建立一个基本轮廓。

3.1 现代通信的基本概念

3.1.1 信息与通信

1. "信息"的概念

什么是信息？对于信息的定义非常多，在中国国家标准 GB/T 4894—2009 中关于信息的定义是：信息是物质存在的一种方式、形态或运动状态，也是事物的一种普遍属性，一般指数据、消息中所包含的意义，可以使消息中所描述事件的不定性减少。在信息科学中，信息是指事物运动的状态和方式，是对客观事物运动状态和主观思维活动的状态或存在方式的不确定性的描述。正因为其不确定性，即包含了新的知识。在日常生活中的，从信息的实用意义来表述信息，把一切包含新的知识内容的消息、情报、知识、情况、数据、图像等概括为信息。

文字、书信、电报、电话、广播、电视、遥控、遥测等，这些都是消息传递的方式或信息交流的手段，用于表达信息。但是这些语言、文字、数据或图像本身不是信息而是信息的感觉媒体。

什么是媒体？媒体即媒质，媒质即"介质"，当一种物质存在于另一种物质内部时，后者就是前者的介质。在通信信息技术领域，将媒体分为五大类：感觉媒体、表示媒体、表现媒体、存储媒体和传输媒体 5 种。感觉媒体指的是能直接作用于人们的感觉器官，从而能使人产生直接感觉的媒体，如文字、数据、声音、图形、图像等。在多媒体通信应用中，人们所说的媒体一般指的是感觉媒体。表示媒体指的是为了传输感觉媒体而人为研究出来的媒体，借助于此种媒体，能有效地存储感觉媒体或将感觉媒体从一个地方传送到另一个地方，如语言编码、电报码、条形码等。表现媒体又称显示媒体，指的是用于通信中使电信号和感觉媒体之间产生转换用的媒体，如输入/输出设备，包括键盘、鼠标器、显示器、扫描仪、打印机、数字化仪等。存储媒体指的是用于存放表示媒体的媒体，如纸张、磁带、磁盘、光盘等。传输媒体指的用于传输某种媒体的物理媒体。在通信中所指的媒质通常是能传输信息的渠道，如有线介质、无线介质。其中，铜介质、光纤介质等属于有线介质，而空气则属于无线介质。图 3-1 所示为 3 种有线介质外观。

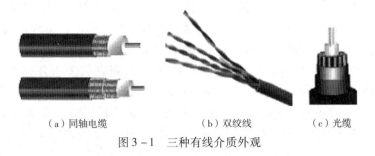

（a）同轴电缆　　　　　　　（b）双绞线　　　　　（c）光缆

图 3-1　三种有线介质外观

2. 信息的表示

信息是消息中所包含的人们原来不知而待知的内容。因此，通信的根本目的在于传输含有信息的消息，否则，就失去了通信的意义。基于这种认识，"通信"也就是"信息传输"或"消息传输"。

为了描述事物运动的状态和方式，人们用数据、文字、符号、图像、语音、物理参量等来描述。信息表现媒体是携带信息的载体，信息隐含于信息的表现媒体中。例如，数据、文字、符号、图像、语音、物理参量，人们（或机器）通过记录和表现信息的媒体获取信息、识别信息、理解信息、使用信息。

为了便于交流，数据、文字、符号、图像、语音、物理参量等都有一些标准的表示方法，例如，二进制数字、ASCII 码、汉字交换码、jpg、TTL 电平。

3. 信息的主要特性

信息是资源，是财富。信息主要具有普遍性、不完全性、时效性、可存储性、可共享性、依附性。此外，它还有无限性、传递性（传播性）、转化性、价值性（实用性）、可压缩性等特征，具有新颖性、差别性、不确定性等特性。

4. 信息量

通信的根本目的是传输消息中所包含的信息。消息是信息的物理表现形式，信息是内涵。信息是对客观事物运动状态和主观思维活动的状态或存在方式的不定性的描述。信息表现媒体的内容并不都是信息，信息量（以比特为单位）是对信息表现媒体的新颖性、差别性、不确定性的程度的量度。

香农（C. E. Shannon）认为"通信的基本问题就是在一点重新准确地或近似地再现另一点所选择的消息"。香农应用概率来描述不确定性。信息是用不确定性的量度定义的。一个消息的可能性越小，其信息越多；而消息的可能性越大，则其信息越少。事件出现的概率小，不确定性越多，信息量就大，反之则少。

具体地说，所谓信息量是指从 N 个可能事件中选出一个事件所需要的信息度量或含量，也就是在辨识 N 个事件中特定的一个事件的过程中所需要提问"是或否"的最少次数。在数学上，所传输的消息是其出现概率的单调下降函数。例如，从 64 个数中选定某一个数，提问："是否大于 32？"，则不论回答是与否，都消去了半数的可能事件，如此下去，只要问 6 次这类问题，就可以从 64 个数中选定一个数。用二进制的 6 个位来记录这一过程，就可以得到这条信息。

如何计算信息量的多少？在日常生活中，极少发生的事件一旦发生是容易引起人们关注的，而司空见惯的事不会引起注意，也就是说，极少见的事件所带来的信息量多。如果用统计学的术语来描述，就是出现概率小的事件信息量多。因此，事件出现的概率越小，信息量越大。即信息量的多少是与事件发生频繁（即概率大小）成反比。

如果已知事件 X 已发生[其发生的概率是 $P(X_i)$]，则表示 X 所含有或所提供的信息量 $H(X) = -\log_a P(X)$。例如，若估计在某一次国际象棋比赛中某人获得冠军的可能性为 0.1（记为事件 A），而在另一次国际象棋比赛中他得到冠军的可能性为 0.9（记为事件 B）。试分别计算得知他获得冠军时，从这两个事件中获得的信息量各为多少。

$$H(A) = -\log_2 P(0.1) \approx 3.32（比特）$$
$$H(B) = -\log_2 P(0.9) \approx 0.152（比特）$$

5. 获取信息的手段

把信息从一个地方传送到另一个地方的过程叫作通信。通信的目的是由一个地方向另一个地方传递信息，以实现人与人之间、人与机器之间或机器与机器之间的信息交换。接收者获得从发送者发送来的信息。

3.1.2　信号与通信

1. 现代通信的内涵

实现通信的方式很多，随着社会的需求、生产力的发展和科学技术的进步，目前的通信越来越依赖利用"电"来传递消息的电通信方式。由于电通信迅速、准确、可靠且不受时间、地点、距离的限制，因而近百年来得到了迅速的发展和广泛的应用。当今，在自然科学领域涉及"通信"这一术语时，一般均是指"电通信"，通过电磁波来进行通信。国际上称为远程通信。广义来讲，光通信也属于电通信，因为光也是一种电磁波。但是，在实现上还是有很大的区别，因为运载信息的信号频率是不同的。

电通信是用"电信号"运载信息的通信方式。光通信是用"光信号"运载信息的通信方式。

现代通信发展是随着数学和物理科学的发展而发展的。

2. 信号的概念

通信是通过某种媒质进行信息传递。"信号"是信息的表现形式，"信息"则是信号的具体内容。通信的实质是信号通过某种媒质进行传递。广义地讲，信号是用声、光、电、磁或空间位置等物理量记录与表现事物运动、变化和状态信息的时间函数或空间函数。

3. 信号分为模拟信号与数字信号两类

（1）模拟信号：指在时间和幅值上都连续变化的信号。其特点是幅度连续（连续的含义是在某一取值范围内可以取无限多个数值），如常见的正弦波信号，如图 3-2 所示。

（2）数字信号：指在幅值和时间两方面都离散的信号。其特点是幅值离散（离散的含义是在某一取值范围内可以取有限多个数值），如常见的脉冲信号，如图 3-3 所示。

4. 模拟信号转换成数字信号的步骤

数字信号在性能方面优于模拟信号，但是很多原始信号产生时是模拟信号，所以要想使用数字信号实现通信就需要先将模拟信号转换成数字信号。最常见的模/数信号转换方法就是脉冲编码调制技术(PCM)。PCM 信号的形成是模拟信号经过"抽样、量化、编码"3个步骤实现的。

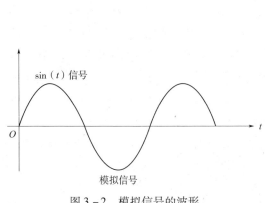

图 3-2　模拟信号的波形

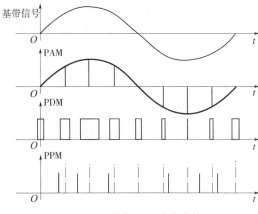

图 3-3　基带信号及其脉冲信号

(1)抽样：所谓抽样就是每隔一定的时间间隔 T 抽取模拟信号的一个瞬时幅度值(样值)。抽样频率 f_s 取多大合适呢？应满足抽样定理。

抽样定理：如果一个连续信号 $f(t)$ 所含有的最高频率不超过 f_h，则当抽样频率 $f_s \geq 2f_h$ 时，抽样后得到的离散信号就包含了原信号的全部信息。

因此，f_s 不是越高越好，目前最常见的抽样频率是每秒 8 000 次，抽取的样值为每秒 8 000 个抽样值。

(2)量化：量化的意思是将时间域上幅度连续的样值序列变换为时间域上幅度离散的样值序列信号(即量化值)。量化分为均匀量化和非均匀量化两种。若量化间隔是均匀的，称为均匀量化；还有一种是量化间隔不均匀的非均匀量化，其量化间隔随信号幅度的大小不同而相应调整。非均匀量化克服了均匀量化的缺点。

目前，非均匀量化中的直接非均匀编解码法使用较多，量化级数共有 256 个。

(3)编码：编码即是将量化后的信号抽样幅值以二进制数值来表示。编码最多需要的二进制位数为 $\log_2 N$ 位，N 是量化等级数。例如每个量化级别可编码为 8 个二进制数字信号，即 8 bit。

PCM 的编码指的是根据 A 律 13 折线(具体方法将在通信原理课程中学习)非均匀量化间隔的划分直接对样值编码，称为非均匀编码，接收端再进行非均匀解码，即直接非均匀编解码法。

一路模拟信号在经过上述的抽样、量化、编码以后所形成的 PCM 数字信号带宽为：

8 000 个抽样值/s × 8 bit/个抽样值 = 64 kbit/s

5. 带宽

带宽通常指信号所占据的频带宽度；在被用来描述信道时，带宽是指能够有效通过该信道的信号的最大频带宽度。带宽在信息论、无线电、通信、信号处理和波谱学等领域都是一个核心概念。

对于模拟信号而言，带宽又称频宽，以赫兹(Hz)为单位。例如，模拟语音电话的信号带宽为 3 400 Hz。

对于数字信号而言，带宽是指单位时间内链路能够通过的数据量。例如，网络的带宽为 10 Mbit/s。由于数字信号的传输是通过模拟信号的调制完成的，为了与模拟带宽进行区分，数字信道的带宽一般直接用波特率或符号率来描述。

严格来说，网络的带宽应使用波特率来表示（Bd），表示每秒的脉冲数。而比特是信息单位，由于数字设备使用二进制，则每位电平所承载的信息量是 1（以 2 为底 2 的对数）。因此，在数值上，波特与比特是相同的。通常使用比特率来表示速率。需要注意的是，如果是四进制，则是以 2 为底的 4 的对数，每位电平所承载的信息量为 2。

描述带宽的进制采用千进制。

$$1\ 000\ bit/s = 1\ kbit/s$$
$$1\ 000\ kbit/s = 1\ Mbit/s$$
$$1\ 000\ Mbit/s = 1\ Gbit/s$$

口语中描述带宽时常把 bit/s 省略。例如，1 M，这里的 1 M 是指 1 Mbit/s，转换成字节就是 $(1\ 000 \times 1\ 000)/8 = 125\ 000\ B/s = 125\ KB/s$。

6. 通信系统中信号的功用

任何通信，其目的都是要把信息借一定形式的（电的或非电的）信号从一个地方传递到另一个地方。

在现代通信中信息的传递主要借助于电信号和光信号，以实现任意通信距离上信息迅速及时、可靠而有效的传递。

信息信号作为待传递信息的表现形式，是运载信息的工具。

7. 通信信号的属性

电信号一般指随时间变化的电压或电流，也可以是电容的电荷、线圈的磁通及空间的电磁波等。电信号与非电信号可以比较方便地相互转换。在实际应用中常常将各种物理量、非电信号转换成电信号以利于传输，经传输后在接收端再将电信号还原为人们所需要的信号形式。

信源发出的消息经过非电/电变换获得的电信号称为基带信号。基带信号通常具有低通型频谱，频谱从零频（直流）附近开始（也可能包括零频）到几兆赫兹。例如，音频（电）信号频率范围：20 ~ 20 000 Hz；视频（电）信号频率范围：0 ~ 6 MHz。

基带信号经过调制后的信号称为带通信号，其频谱将变换到某个载波频率附近。数学上可描述为：

$$S(t) = a(t)\cos[w_c t + \theta(t)]$$

式中：w_c——载波角频率；

$a(t)$——带通信号的振幅、振幅调制分量；

$\theta(t)$——带通信号的相位、相位调制分量。

如果信号带宽远小于载波角频率，则该带通信号称为窄带带通信号。

在通信系统中，一般将携带了待传递信息的电信号称为信息信号，它包括经非电/电变换而得到的基带信息信号，也包括基带信号经调制而得到的带通信息信号。信息信号作为待传递信息的表现形式，是运载信息的工具。

8. 信号分析基础

信号的描述可以用：

（1）信号的时间函数和波形：$S(t)$、$S(x, y, t)$。

（2）信号的频谱分析：$S(f)$ 或 $S(\omega)$、$S(U, V, f)$，$\omega = 2\pi f$。

例如，设 $f(t)$ 为一连续时间周期信号，其周期为 T，角频率 $\omega = 2\pi/T$，将 $f(t)$ 展开为傅里叶级数，有

$$
\begin{aligned}
f(t) &= a_0 + a_1\cos(\omega t) + a_2\cos(2\omega t) + \cdots + a_n\cos(n\omega t) + \\
&\quad b_1\sin(\omega t) + b_2\sin(2\omega t) + \cdots + b_n\sin(n\omega t) \\
&= a_0 + \sum_{n=1}^{+\infty}\left[a_n\cos(n\omega t) + b_n\sin(n\omega t)\right]
\end{aligned}
$$

其中：

余弦分量系数

$$
a_n = \frac{2}{T}\int_0^T f(t)\cos n\omega t\,\mathrm{d}t
$$

正弦分量系数

$$
b_n = \frac{2}{T}\int_0^T f(t)\sin n\omega t\,\mathrm{d}t
$$

直流分量

$$
a_0 = \frac{1}{T}\int_0^T f(t)\,\mathrm{d}t
$$

傅里叶变换也是常用的，将信号从时域变换到频域，其变换公式为

$$
F[f(t)] = \int_{-\infty}^{+\infty} f(t)\,\mathrm{e}^{-j\omega t}\,\mathrm{d}t = F(\omega)
$$

反变换公式为

$$
F^{-1}[F(\omega)] = \frac{1}{2\pi}\int_{-\infty}^{+\infty} F(\omega)\,\mathrm{e}^{j\omega t}\,\mathrm{d}\omega = f(t)
$$

还可以应用其他数学变换和物理特性对信号进行进一步的分析和处理，将在《信号与系统》、《数字信号处理》课程中学习。

9. 信息表现媒体的种类与通信方式

信息表现媒体的种类与通信方式如表 3 − 1 所示。

表 3 − 1　信息表现媒体的种类与通信方式

信息表现媒体	数据、文字、符号	（静止/运动）图像	语声（话音、音乐、声音）	物理参数
通信方式	数据通信 计算机通信 电报 短信 E − mail	图像通信 传真 工业电视 电视 彩信	有线电话 移动电话 广播	雷达 导航 遥测遥控

10. 现代通信的某些特征

（1）有线通信和无线通信、固定通信和移动通信高度有机结合在一起。

（2）电通信与光通信高度有机结合在一起。

（3）通信与计算机和微处理器的高度有机结合，彻底改变了信息交换方式和通信设备的功能。

（4）通信网络化，出现了高度发达的现代通信网。

（5）信息表示、传输数字化。

（6）多媒体通信，话音业务与非话音业务的高度综合。

（7）软件无线电技术与微电子技术和计算机技术的结合使通信终端高度集成，并依靠软件加载实现各种通信功能和智能。

11. 支持 21 世纪通信的主要技术

现代通信基础技术：微电子技术、光子技术、计算机技术、软件技术、终端技术。

通信领域中的核心技术：下一代通信网络技术（NGN）、光通信技术、无线与移动通信技术（3G/4G/5G 移动通信、卫星通信、个人通信技术）。

3.1.3 通信系统与通信网

传递信息所需的一切技术设备的总和称为通信系统。

1. 通信系统的一般模型

通信系统的一般模型如图 3-4 所示。发信者将信息传送给发信机后，发信机将信息变成信号发送到信道上，收信机收到后，传送给收信者。

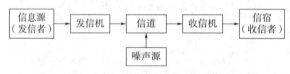

图 3-4　通信系统的一般模型

2. 通信网

点到点的通信方式仅能满足与一个用户终端进行通信的最简单的通信需求。如果要与多个用户通信，如果仍然采用点到点的通信方式，就需要用通信线路将多个用户终端两两相连，设有 N 个终端，则有 $N(N-1)/2$ 个的点到点线路，每个终端通信时还需要从 N 条线路中选择一条。显然，当 N 比较大时，这种通信已经没有实现的可能性了。

为了实现多个用户之间的通信，并且避免线路建设和选择的困难，引入了交换的概念，各个用户之间不再是两两直连的，而是分别由一条通信线路连接到交换设备上。一个交换设备可以连接多个用户终端，也可以与其他交换设备连接。交换设备之间可以直接相连，或通过其他汇接交换结点相连，或通过其他相关传输设备相连，构成多种多样的网络形态。

交换设备与其他交换设备的连接线路叫作中继线。用户终端与交换设备之间的连接线路叫作用户线。

通信网是一种使用交换设备、传输设备，将地理上分散用户终端设备互连起来实现通信和信息交换的系统。通信最基本的形式是在点与点之间建立通信系统，但这不能称为通信网。只有将许多通信系统(传输系统)通过交换系统按一定拓扑结构组合在一起才能称为通信。也就是说，有了交换系统才能使某一地区内任意两个终端用户相互接续，才能组成通信网。通信网由用户终端设备、交换设备和传输设备组成。交换设备间的传输设备称为中继线路(简称中继线)，用户终端设备至交换设备的传输设备称为用户路线(简称用户线)。一种典型的通信网络结构如图3－5所示。

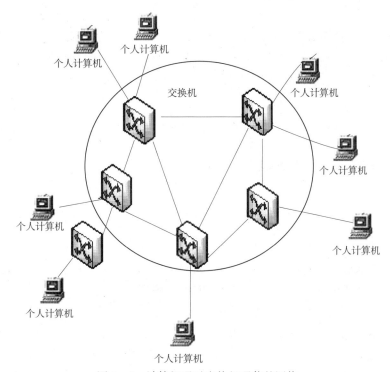

图3－5　计算机通过交换机通信的网络

通信网理论是以通信网这样一个大系统为对象，在统筹兼顾的原则下根据客观条件进行择优的理论。它吸取系统工程中的概念、原理和方法，从20世纪50年代开始经过不断开拓，理论渐趋完整。通信网理论一般借助数学模型来考虑问题。采用数学模型应尽量借鉴已有的适合于特定问题的标准模型，特别是运筹学中的数学模型。

3.2　现代通信的基本理论与技术

通信系统的根本任务是有效和可靠地传输信息，而传输信息又总是以某种信号作为运载工具，因此信息传输主要表现为携带信息的信号的变换、处理、传输、交换和存储过程。通信系统中信息信号的变换、处理、传输、交换和存储过程的理论与技术，构成了全部通信理论与技术。

3.2.1　现代通信研究的基本问题

通信是通过某种信号在某种媒质进行信息传递的过程。通信系统的模型如图3－6所示。从图中可以理解现代通信研究的基本问题：信源编码、加密编码、信道编码等，详见3.2.2节。

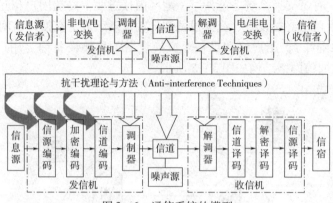

图3-6 通信系统的模型

3.2.2 数字通信中的编码技术

1. 信源编码

信源编码是为了减少信源输出符号序列中的剩余度、提高符号的平均信息量，对信源输出的符号序列所施行的变换。具体来说，就是针对信源输出符号序列的统计特性来寻找某种方法，把信源输出符号序列变换为最短的码字序列，使后者的各码元所载荷的平均信息量最大，同时又能保证无失真地恢复原来的符号序列。

（1）格式变换：目的是信源消息数字化、比特化，以适应后续的数据压缩、加密编码和信道编码等基于比特流的数字信号处理。包括：模拟信号数字化、数据格式变换。

（2）数据压缩：目的是提高通信的有效性，用尽可能少的比特数表述信源的输出信息，用比较简单的办法降低数码率，并在信源译码器中能准确地或以一定的质量损失为容限再现信源信息。

2. 加密编码

加密编码的目的是对信息进行保密，不让非授权者了解。

3. 信道编码

信道编码的主要任务：完成差错控制，因此又被称为差错控制编码，亦称检错纠错编码。

信道编码的目的：为了使接收端能对接收到的码元序列进行检错和纠错，以降低错误率，提高通信的可靠性。

实现方法：在发送端利用信道编码器，按照一定的规则在信息码字中增加一些监督码元，接收端的信道译码器利用监督码元和信息码元之间的监督关系来检验接收到的码字，以发现错误或纠正错误。

差错控制编码提高通信的可靠性是以降低通信的有效性为代价的。

差错控制编码的类型有检错码和纠错码。检错码有奇偶检验码、行列奇偶检验码、恒比码、循环冗余检错码（CRC）：CRC-12、CRC-16、CRC-32、CRC-CCITT、BCH码

通信工程专业导论

等。纠错码有线性分组码、循环码、卷积码、级联码、Turbo 码、LDPC 码、交织编码。

信道编码中的差错控制方式有以下 3 种：

（1）检错重发：在这种方式中，发送端发送的是具有一定检错能力的检错码，接收端在接收的码字中一旦检测出错误，就通过反馈信道通知发送端重发该码字，直到正确接收为止。

（2）前向纠错：又称自动纠错。在这种方式中，发送端发送的是具有一定纠错能力的纠错码，接收端对接收码字中不超过纠错能力范围的差错自动进行纠正。其优点是不需要反馈信道，但如果要纠正大量错误，必然要求编码时插入较多的监督码元，因此编码效率低，译码电路复杂。

（3）混合纠错：检错重发与前向纠错的结合。

3.2.3 传输理论

现代通信中的传输可分为基带传输与调制传输。

（1）基带传输：基带传输是将未经调制的基带信息信号直接送往信道传输的信息传输方式。

（2）调制传输：调制传输是指用信息信号调制正弦载波或脉冲载波的参数形成已调信号后再送往信道传输的信息传输方式的总称。

为什么要进行调制传输？①调制是有效辐射电磁波的唯一手段；②无相互干扰地同时传送多路信号的手段之一就是利用调制技术实现的频分多路复用；③选择适当的调制形式可以抑制不希望的信号的影响，改善通信系统的性能。

与调制有关的术语：

①载波：在调制理论中，通常把不含信息的高频信号，它可能是正弦波，也可能是脉冲序列，称之为载波（Carrier）。

②调制信号：携带信息并且需要传输的基带信号（或低频信号）称之为调制信号（Modulating Signal）。

③调制：按调制信号的变化规律去改变载波的某个或某些参数的过程称为调制（Modulation）。

④已调信号：用调制信号改变载波的某个或某些参数所形成的携带信息的带通信号称之为已调信号（Modulated Signal），多数情况下已调信号是一个窄带带通信号。

⑤解调：将携带信息的带通信号变回到基带信息信号的过程称为解调（Demodulation）。

⑥连续波调制：用正弦波作载波的调制称为连续波调制。正弦波的函数形式 $A\cos(2\pi f + \theta)$，其中 A 是幅度，f 是频率，θ 是相位。连续波调制就是通过改变其幅度或频率或相位来实现。连续波调制的类型如图 3 - 7 所示。

其中：

AM：幅度调制，是一种广泛使用的模拟调制方式。正弦载波幅度随调制信号而变化的调制，叫作正弦波幅度调制，简称调幅（AM）。

DSB（双边带调制）、SSB（单边带调制）：双边带调制波的上下边带包含的信息相同，两个边带发射是多余的，为节省频带，提高系统的功率和频带的利用率，常采用单边带调制系统。

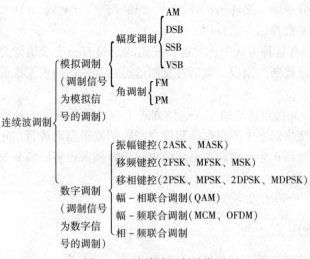

连续波调制 {
  模拟调制（调制信号为模拟信号的调制）{
    幅度调制 {
      AM
      DSB
      SSB
      VSB
    }
    角调制 {
      FM
      PM
    }
  }
  数字调制（调制信号为数字信号的调制）{
    振幅键控(2ASK、MASK)
    移频键控(2FSK、MFSK、MSK)
    移相键控(2PSK、MPSK、2DPSK、MDPSK)
    幅－相联合调制(QAM)
    幅－频联合调制(MCM、OFDM)
    相－频联合调制
  }
}

图 3-7　连续波调制的类型

VSB：残留边带调制。VSB 是介于 SSB 和 DSB 的一种折中的调制方式，它不像 SSB 那样完全抑制 DSB 信号的一个边带，而是逐渐切割，使其残留一小部分。

FM（频率调制）、PM（相位调制）：FM 是频率调制（调频），是载波的频率随时间变化；PM 是相位调制（调相），是载波的相位随时间变化。由于这两种调制过程中，载波的幅度保持恒定不变，而频率和相位的变化都表现为载波瞬时相位的变化，所以把调频和调相统称为角度调制或调角。

ASK（振幅键控）、FSK（频移键控）、PSK（相移键控）、DPSK（差分相移键控）：ASK 是利用载波的幅度变化来传递数字信息，而且频率和初始相位保持不变；FSK 是利用载波的频率的变化来传递数字信息；PSK 是利用载波的相位变化来传递数字信息；DPSK 是利用前后码元的载波相对相位变化传递数字信息，所以又称为相对相移键控。

2ASK：二进制振幅键控。振幅键控是正弦载波的幅度随数字基带信号而变化的数字调制．当数字基带信号为二进制时，则为二进制振幅键控。MASK，多进制数字振幅调制。类似地，有 2FSK、MFSK、MSK、2PSK、MPSK、MDPSK。

QAM：正交振幅调制。QAM 是数字信号的一种调制方式，在调制过程中，同时以载波信号的幅度和相位来代表不同的数字比特编码，把多进制与正交载波技术结合起来，进一步提高频带利用率。

MCM（多载波调制）、OFDM（正交频分复用技术）：实际上 OFDM 是 MCM 的一种。在通信系统中，信道所能提供的带宽通常比传送一路信号所需的带宽要宽得多。如果一个信道只传送一路信号是非常浪费的，为了能够充分利用信道的带宽，就可以采用频分复用的方法。它是"第四代移动通信技术"的其核心技术。

OFDM 主要思想：将信道分成若干正交子信道，将高速数据信号转换成并行的低速子数据流，调制到在每个子信道上进行传输。正交信号可以通过在接收端采用相关技术来分开，这样可以减少子信道之间的相互干扰（ISI）。每个子信道上的信号带宽小于信道的相关带宽，因此每个子信道上可以看成平坦性衰落，从而可以消除码间串扰，而且由于每个子信道的带宽仅仅是原信道带宽的一小部分，信道均衡变得相对容易。

3.2.4 信道

1. 有线通信和无线通信

(1)有线通信：①光纤通信；②电缆通信。光纤通信是有线通信中的一次革命性变革。它是以光波为载频，以光导纤维为传输介质的通信方式，具有频带宽、容量大、中继距离长、抗电磁干扰、保密性强、成本低、传输质量高、节省大量有色金属等许多优点。

(2)无线通信：①无线光通信：用自由空间传播的光波来传递信息的通信方式。②无线电通信：用自由空间传播的电磁波来传递信息的通信方式。

(3)电波传播的方式有 3 种。①地面波：靠近地面传播，$f < 3$ MHz。②天波：依靠距地面 100 km 的空间电离层的反射完成传播，3 MHz $< f < 30$ MHz。存在多径效应。③空间波：在空间两点间直线传播，$f > 30$ MHz。

(4)无线电通信的主要方式有 3 种：

①微波中继通信：微波是指波长为 1 m ~ 1 mm，或频率为 300 MHz ~ 300 GHz 范围内的电磁波。微波中继通信是利用微波波段的电磁波在视距范围内以微波接力形式传输信息的通信方式，具有频带宽、容量大的优点。

②卫星通信：卫星通信是利用人造地球卫星作为中继站转发无线电信号，在多个地球站之间进行的通信。它实际是微波中继通信的一种特殊形式，将中继站搬到人造地球卫星上。它的特点是通信距离远，覆盖面积大，不受地形条件限制，传输容量大，可靠性高。卫星通信包括同步卫星通信(离地面 35 860 km)、低轨道地球卫星移动通信和平流层天星通信。平流层天星通信是在平流层(离地面 17 ~ 22 km)使用稳定常驻平台作为信息天星与地面控制设备、网关接口设备，以及多种无线用户构成通信系统。

③移动通信：指通信双方至少有一方是在移动中进行信息交换的通信方式。现在，移动通信融有线通信、无线通信为一体，固定通信和移动通信互连成全国通信网络，在整个通信产业中占据着重要地位。

移动通信组网技术的研究内容：多址技术；区域覆盖技术；网络结构；移动性管理；网络控制；与其他网络的互连。

多址技术解决有限的信道资源与用户容量的矛盾。

区域覆盖技术既解决有限的频率资源与用户容量的矛盾，又解决移动台和基站之间可靠通信的问题。

网络结构研究移动通信网的组成，无线网与有线网的连接方式，从而实现移动用户与移动用户、移动用户与有线用户之间互连互通。

移动性管理位置登记与越区信道切换。

网络控制如何在用户与移动网络之间、移动网络与固定网络之间交换控制信息，从而对呼叫过程、移动性管理过程和网络互连过程进行控制，以保证网络有序的运行，需要在网络中采用什么样的信令。移动通信综合了各种通信技术。

移动通信的发展历程如图 3 - 8 所示。

(5)3G：实现第三代移动通信的 4 种标准有：WCDMA、CDMA 2000、TD - SCDMA、WiMAX。三大主流技术标准：WCDMA、CDMA 2000、TD - SCDMA。

WCDMA：采用国家为欧洲和日本，继承基础为 GSM；中国联通公司于 2009 年 10 月 1 日正式商用 WCDMA。

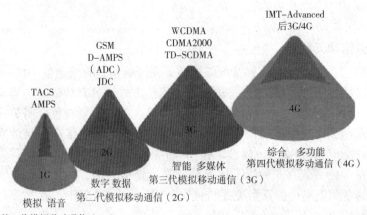

图 3 - 8　移动通信的发展历程

CDMA 2000：采用国家为美国和日本，继承基础为窄带 CDMA；中国电信于 2009 年起开始运营 CDMA2000。

TD - SCDMA：采用国家为中国，继承基础为 GSM；TD - SCDMA 标准是由中国大陆独自制定的 3G 标准，1999 年 6 月 29 日，中国原邮电部电信科学技术研究院（大唐电信）向 ITU 提出。TD - SCDMA 由中国移动于 2009 年 6 月建成并投入商业化运营。

WiMAX 2004 年初 IEEE 802.16 系列标准（WiMAX）提出，IEEE 802.16 标准工作于 2 ~ 66 GHz，覆盖范围可高达 50 km，主要应用于城域网。

3G 这种无线技术提供了：信道带宽——5 MHz；小区半径，分别小于 0.1 km、1 km、20 km；数据速率——2 Mbit/s（WCDMA R99）、14.4 Mbit/s（HSDPA R5）；时延——不大于 100 ms。

第三代合作伙伴计划（3GPP）和第三代合作伙伴计划 2（3GPP2）分别在 2004 年底和 2005 年初开始 3G 演进技术（E3G）的标准化工作，促进移动业务的宽带化。

（6）4G：3G 时代（包括之前的 2G 时代）完成了从固定到移动的革命，但依旧没能解决网速慢、客户体验差的问题，这也成为研究 4G 的原因。事实上，国际电信联盟对 4G 的定义比较简单，4G 是一种提供高速移动网络宽带的服务，最大传输速率需达到 100 Mbit/s。按照这个简单的定义可知，高速是 4G 时代最核心的特色，即使是考虑同时上网人数的影响，4G 网速依旧能 10 倍于现存的 WCDMA 或者 CDMA2000 等 3G 技术。

工业和信息化部根据相关企业申请，依据《中华人民共和国电信条例》，本着"客观、及时、透明和非歧视"原则，按照《电信业务经营许可管理办法》，对企业申请进行审核，于 2013 年 12 月 4 日向中国移动通信集团公司、中国电信集团公司和中国联合网络通信集团有限公司颁发"LTE/第四代数字蜂窝移动通信业务（TD - LTE）"经营许可。在 2013 年 11 月举行的"TD - LTE 技术与频谱研讨会"上，工业和信息化部对 TDD 频谱规划使用做了详细说明。具体如下：

中国移动共获得 130 MHz，中国联通获得 40 MHz，中国电信获得 40 MHz。

（7）5G：5G 是一个通俗称法，官方名称为移动通信系统 IMT - 2020。5G 技术主要具备 5 大特征："无与伦比地快""人多也不怕""什么都能通信""最佳体验如影随形""超实时、超可靠"。其中，"无与伦比地快"是 5G 技术最凸显的特征。

相比 3G、4G 网络，5G 网络在数据容量和连接速度上将会是一项质的飞跃，是 3G 升级 4G 无法比拟的。测试证明，手机在 5G 网络下载速度最快可达 3.6 Gbit/s，比 4G 网络下载快出 10 倍。具体来说，使用 5G 网络，上网不会出现延迟、数据加载进度条等。

对于 5G 网络速度，很多人会联想到 3G 和 4G 网速。众所周知，目前 3G 和 4G 网络速度深受宽带资源的制约，很多人担心 5G 网络也是如此。但是，事实证明 5G 网络不会重蹈覆辙。5G 网络的提速主要基于提高无线电信号的无线传输和接收技术的进步，借此提高效率。换言之，5G 技术是一项不同于 3G 和 4G 的新技术。这项新技术具体可称之为一种"新的无线访问协议"。

关于 5G 的网络愿景，我国官方 5G 研发工作平台 IMT - 2020 推进组表示，5G 将为用户提供"光纤般"接入速率、"零"时延的使用体验、千亿设备的连接能力、超高流量密度、超高连接数密度和超高移动性等多场景的一致服务，业务及用户感知的智能优化，同时将为网络带来超百倍能效提升和超百倍的比特成本降低，实现"信息随心至，万物触手及"。

按照全球进程，2015 年底正式开始 5G 候选技术标准的征集与评估工作，到 2018 年底完成标准化工作，2019 年开始进行试商用。如果达成相关的标准技术规范，大公司将会开始慢慢升级他们在世界各地的蜂窝数据设施，而且 5G 设备也会开始推出。

从目前 5G 在全球各个地区活跃程度来看，亚太区的参与活跃程度比较高，这得益于政府的强力推动。

从具体国家来看，韩国 5G 研发技术最快，其次为英国。早在 2012 年末，由英国政府资助，萨里大学牵头，联合多家企业，包括沃达丰、英国电信、华为、富士通、三星等创立了 5G 创新中心，致力于未来用户需求、5G 网络关键性能指标、核心技术的研究与评估验证。

从国内来看，我国相关机构和多家企业都在加大力度，辛苦耕耘。2013 年初，我国工业和信息化部、国家发改委、科技部等部门联合发起成立了 IMT - 2020 推进组。未来，IMT - 2020 推进组极有可能代表中国提出 5G 全球标准。根据可靠消息，预计到 2018 年，华为将投入 6 亿美元用于 5G 网络技术研发。同时，华为与英国运营商沃达丰签署了 5 年协议，未来 5 年沃达丰在欧洲的电信设施升级换代将由华为来完成。

2. 通信方式

前述通信系统是单向通信系统，但在多数场合下，信源兼为信宿，需要双向通信，电话就是一个最好的例子，这时通信双方都要有发送和接收设备，并需要各自的传输媒质。如果通信双方共用一个信道，就必须用频率或时间分割的方法来共享信道。因此，通信过程中涉及通信方式与信道共享问题。

对于点与点之间的通信，按消息传递的方向与时间关系，通信方式可分为单工、半双工及全双工通信 3 种。如果只按信息信号传送的方向，通信的工作方式可分为单向通信和双向通信。双向通信包括全双工和半双工两种通信方式，如图 3 - 9 所示。

在数字通信中，按数字信号代码排列的顺序可分为并行传输和串行传输。

图 3-9 单工、半双工与全双工通信方式

（1）单向通信：在单向通信方式中，信息只能向一个方向传送，任何时候都不能改变传输方向。

（2）双工通信：通信双方都能同时收发信息，进行双向传输的工作方式。

（3）单工（Simplex）通信：数据信号只能沿着一个方向传输，发送方只能发送不能接收，接收方只能接收而不能发送，任何时候都不能改变信号传输的方向。例如，无线电广播和电视广播。

（4）半双工（Half-Duplex）通信：数据信号可以沿两个方向传输，但两个方向不能同时发送数据，必须交替进行。半双工通信适用于会话式通信，例如警察使用的"对讲机"和军队使用的"步话机"。

（5）全双工通信：通信双方可同时进行收发消息的工作方式，一般情况全双工通信的信道必须是双向信道。数据信号可以同时沿两个方向传输，两个方向可以同时进行发送和接收。普通电话、手机都是最常见的全双工通信方式，计算机之间的高速数据通信也是这种方式。

双工通信的实现方式有：频分双工（FDD）、时分双工（TDD）。

频分双工：用不同的发送频率和接收频率实现双工通信的工作方式。收发频率之差称为双工频率间隔。在 FDMA 系统中，收发频段是分开的，所有移动台均使用相同的接收和发送频段，因而移动台到移动台之间不能直接通信，必须经过基站中转。

频分双工需要两个独立的信道。频分双工实现全双工通信。

时分双工也称为半双工，只需要一个信道。收发双方传送信息都采用这同一个信道。因为发射机和接收机不会同时操作，它们之间不可能产生干扰。

（6）并行传输：也叫并行通信，如图 3-10（a）所示。将代表信息的数字序列以成组的方式在两条或两条以上的并行信道上同时传输，优点是节省传输时间，但需要的传输信道多，设备复杂，成本高，故一般适用于计算机和其他高速数字系统，特别适用于设备之间的近距离通信。

（7）串行传输：也叫串行通信，如图 3-10（b）所示。数字序列以串行方式一个接一个地在一条信道上传输，通常，一般的远距离数字通信都采用这种传输方式。

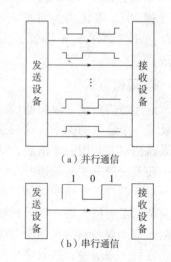

图 3-10 并行通信与串行通信

通信工程专业导论

3.2.5 通信网络技术

现代通信不限于两个用户之间的点对点通信，还要实现多用户之间任意两个用户之间的点对点通信，以及多点对多点的通信和一点对多点的广播式通信。

在通信点很多的场合，由于通信对象是不固定的，需要将众多的用户组成一个通信网，在这个通信网中实现用户与网中任何其他用户的点对点、一点对多点或多点对多点的选址通信。

通信网是一种按照通信标准和协议，使用交换设备和传输设备，将地理位置分散的用户终端设备互连起来，实现任意用户之间的信息传输与交换的通信系统。

常见的网络有电信网、广播电视网、计算机网三大类。电信网包括公用电话网 PSTN、蜂窝式移动电话网、分组交换网、数字数据网 DDN、综合业务数字网 ISDN。广播电视网包括无线广播电视网、有线电视网。计算机网分为局域网 LAN、城域网 MAN、广域网 WAN、个域网 PAN、因特网。

网络融合：三网合一是指电信网、广播电视网、计算机网融合通信。

通信网络技术主要有通信组网技术、多路复用、多址接入技术、数字交换技术、通信同步技术。

1. 通信组网技术

通信组网技术解决通信网的网络结构（拓扑结构即物理连接、组成结构、体系结构、无线网的区域覆盖方式）、网络接入与选址技术、网络控制和管理、通信网的业务与服务质量保证（QoS）。

（1）通信网拓扑结构：主要类型如图 3-11 所示。

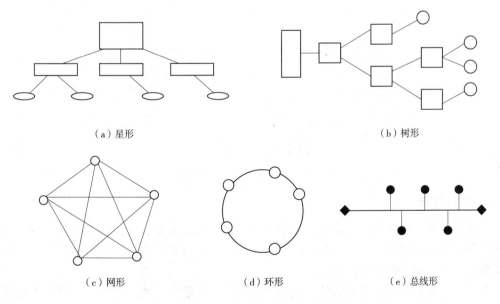

（a）星形　　　　　　　　　　　　　（b）树形

（c）网形　　　　　　（d）环形　　　　　　（e）总线形

图 3-11　拓扑结构主要类型

（2）通信网的组成结构：一般将网络分成干线网和接入网，如图 3-12 所示。

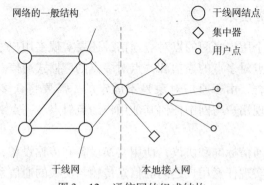

图 3-12　通信网的组成结构

干线网是网络中的主要线路组成的网络。接入网是接入用户设备的网络。

（3）通信网的分层结构通常按纵向分层的观点划分，纵向按功能分层如图 3-13 所示，纵向按通信协议分层如图 3-14 所示。

图 3-13　纵向按功能分层结构

图 3-14　纵向按通信协议分层结构

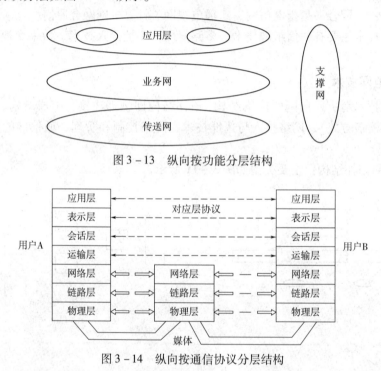

2. 多路复用

多路复用通常表示在一个信道上传输多路信号或数据流的过程和技术。因为多路复用能够将多个低速信道整合到一个高速信道进行传输，从而有效地利用了高速信道。多个基带信息流用户复用一个宽带信道。

在发送端将若干个独立无关的分支信号合并为一个复合信号，然后送入同一个信道内传输，接收端再将复合信号分解开，恢复原来的各分支信号，称为多路复用。

最常用的多路复用技术是频分多路复用和时分多路复用，另外还有统计时分多路复用和波分多路复用技术。

频分多路复用(FDM)是把线路的频带资源分成多个子频带，分别分配给用户形成数据传输子通路，每个用户终端的数据通过专门分配给它的子通路传输，当该用户没有数据传输时，别的用户不能使用，此通路保持空闲状态。FDM 主要适用于传输模拟信号的频分制信道，主要用于电话、电报和电缆电视(CATV)。在数据通信中，需要和调制解调技术结合使用。频分多路复用的优点：多个用户共享一条传输线路资源。频分多路复用的缺点：给每个用户预分配好子频带，各用户独占子频带，使得线路的传输功能不能充分利用。

时分多路复用(TDM)采用固定时隙分配方式，即一条物理信道按时间分成若干个时间片(称为"时隙")，轮流地分配给多个信号使用，使得它们在时间上不重叠。每一时间片由复用的一个信号占有，利用每个信号在时间上的轮流传输，在一条物理信道上传输多个数字信号。通过时分多路复用技术，多路低速数字信号可复用到一条高速数据传输速率的信道。时分多路复用的优点：多路低速数字信号可共享一条传输线路资源。时分多路复用的缺点：时隙是预先分配的，且是固定的，每个用户独占时隙，时隙的利用率较低，线路的传输能力不能充分利用。

统计时分多路复用(STDM)根据用户实际需要动态地分配线路资源，因此也叫动态时分多路复用或异步时分多路复用。也就是当某一路用户有数据要传输时才给它分配资源，若用户暂停发送数据时，就不给其分配线路资源，线路的传输能力可用于为其他用户传输更多的数据，从而提高了线路利用率。这种根据用户的实际需要分配线路资源的方法称为统计时分多路复用。统计时分多路复用的优点：线路传输的利用率高。这种方式特别适合于计算机通信中突发性或断续性的数据传输。

波分多路复用(WDM)是在一根光纤中同时传输多个波长光信号的一项技术。其基本原理是在发送端将不同波长的光信号组合起来(复用)，送入到光缆线路上的同一根光纤中进行传输，在接收端又将组合波长的光信号分开(解复用)，恢复出原信号后送入不同的终端。

WDM 系统按工作波长的波段不同可以分为两类：一类是在整个长波段内信道间隔较大的复用，称为粗波分复用(CWDM)；另一类是在 1 550 nm 波段的密集波分复用(DWDM)。

WDM 系统基本构成主要有两种形式：即双纤单向传输和单纤双向传输。WDM 技术的主要优点如下：充分利用了光纤的巨大带宽资源，使一根光纤的传输容量比单波长传输增加几倍至几十倍；各波长相互独立，可传输特性不同的信号，完成各种业务信号的综合和分离，实现多媒体信号的混合传输；WDM 技术使 N 个波长复用起来在单根光纤中传输，并且可以实现单根光纤的双向传输，以节省大量的线路投资；WDM 技术可降低对一些器件在性能上的极高要求，同时又可实现大容量传输；充分利用成熟的 TDM 技术，且对光纤色散无过高要求；WDM 的信道对数据格式是透明的，是理想的扩容手段；可实现组网的灵活性、经济性和可靠性，并可组成全光网。

3. 多址接入

多址接入是指通信网络具有多个用户通过公共的信道接入到网络的能力。多个射频用户复用一个射频信道，也称为射频复用。

无线多址通信和无线多路复用技术有相似之处，多址通信和多路复用技术的理论基础都是信号的正交分割原理。但无线多址通信是指多个电台或通信站的射频信号在射频频道上的复用，以达到各站、台之间同一时间、同一方向的用户间的多边通信；多路复用通信是指一个站内的多路低频信号在群频信道上的复用，以达到两个台、站之间双边点对点的多用户通信。

选址通信的方式分为：有线选址和无线选址。

（1）有线选址：指有线电话的每个用户都有一对用户线与本地交换机相连，人们在打自动电话时，可以自由地任意拨号呼叫电话网中的某一用户，而电话局允许在其服务范围内的各个电话通过交换机的交换接续，使本区内所有用户互相通话，互不影响，这就是有线选址通信方式。

（2）无线选址：解决许多电台共用一个宽带射频信道，任意两个电台之间可以通话，而且还不影响其他用户。

采用信号正交分割原理可以实现多路复用与多址接入，如图 3 – 15 所示。基本布置如下：

①发送端进行信号正交化设计：$\{x_k(t)，k=1，2，\cdots，N\}$

②多路信号复合：$s(t) = \sum\limits_{k=1}^{N} x_k(t)$

③接收端进行信号正交化分离：$\int_a^b \sum\limits_{k=1}^{N} [x_k(t)] x_j(t) \mathrm{d}t = \begin{cases} 1，j = k \\ 0，j \neq k \end{cases}$

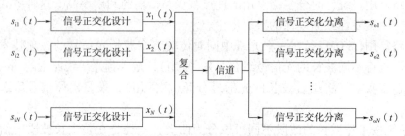

图 3 – 15　采用信号正交分割原理与多址接入

无线多址技术主要有：频分多址（FDMA）、时分多址（TDMA）、码分多址（CDMA）、空分多址（SDMA）、极化分割多址（PDMA），以及它们的组合方式。

①频分多址（FDMA）：将给定的频率资源划分为若干个等间隔的频道供不同的用户使用。在 FDMA 中，信道指的是频道。频分多址系统通常采用频分双工方式实现双工通信。

②时分多址（TDMA）：把时间分割成互不重叠的周期性的帧，每一帧再分割成若干个互不重叠的时隙，用户在指定的时隙内进行通信。

在 TDMA 中，时隙就是信道。

在 TDMA 系统中实现双工通信既可采用 FDD 方式，也可采用 TDD 方式。

③码分多址（CDMA）：以扩频技术为基础，利用不同码型实现不同用户的信息传输。

在 CDMA 系统中，码型代表信道。CDMA 系统中多址方式有 FH – CDMA 和 DS – CDMA。

④空分多址（SDMA）：通过空间的分割来区分不同的用户。

在移动通信中，能实现空间分割的基本技术就是采用自适应阵列天线，在不同的用户方向上形成不同的波束，不同的波束可采用相同的频率和相同的多址方式，也可采用不同的频率和不同的多址方式。

在 SDMA 系统中，波束代表信道。

⑤极化分割分多址（PDMA）：使用分离天线，每个天线使用不同的极化方式且后接分离的接收机，实现频带再利用。

4. 数字复接

数字复接就是指将两个或多个低速数字流合并成一个高速率数字流的过程、方法或技术。它是进一步提高线路利用率、扩大数字通信容量的一种有效方法。

比如对 30 路电话进行 PCM 复用（采用 8 位编码）后，通信系统的信息传输速率为 $8\,000 \times 8 \times 32 = 2.048$ Mbit/s，即形成速率 2 048 kbit/s 的数字流（比特流）。现在要对 120 路电话进行时分复用，即把 4 个这样的 2 048 kbit/s 的数字流合成为一个高速数字流，就必须采用数字复接技术才能完成。

不论是准同步数字体系（PDH）还是同步数字体系（SDH），都是以 2.048 Mbit/s（E1）为基础群。

5. 数字交换技术

（1）信息交换方式

信息交换指信息在不同线路、终端或网络之间的切换过程或分发过程。

信息交换主要有电路交换、报文交换、分组交换、异步转移模式（ATM）、IP 交换、MPLS 等基本方式。

（2）交换设备

交换设备在通信网中的地位：通信网由用户终端设备、传输设备、交换设备和通信软件与协议组成。它由交换设备完成接续，使网内任一用户可与另一用户进行通信。

交换设备的发展方向：人工电话交换机→步进制交换机→纵横制交换机→程控数字交换机→软交换、光交换机。

（3）程控数字交换机

程控数字交换机就是用计算机存储程序控制的、采用脉冲编码调制（绝大多数情况下）时分多路复用技术进行时隙交换的全电子式自动交换机。

在程控数字交换机中，交换的控制方式是计算机存储程序控制。预先编好的程序存储在计算机内，时刻不停地监视收集交换对象的连接需求，实时地做出响应，以存储程序的指令实行智能控制，完成通话接续、呼叫处理。此外，存储程序控制具有很高的智能，能提供多样化的用户服务性能、交换机运转维护性能和电话网的网络管理功能，增改性能也只需修改或输入新程序即可实现。

（4）软交换

软交换的概念最早起源于美国。当时在企业网络环境下，用户采用基于以太网的电话，通过一套基于 PC 服务器的呼叫控制软件，实现 PBX 功能（IP PBX）。对于这样一套设备，系统不需单独铺设网络，而只通过与局域网共享就可实现管理与维护的统一，综合成本远低于传统的 PBX。由于企业网环境对设备的可靠性、计费和管理要求不高，主要用于满足通信需求，设备门槛低，许多设备商都可提供此类解决方案，因此 IP PBX 应用获得了巨大成功。受到 IP PBX 成功的启发，为了提高网络综合运营效益，网络的发展更加趋于合理、开放，更好地服务于用户。业界提出了这样一种思想：将传统的交换设备部件化，分为呼叫控制与媒体处理，二者之间采用标准协议(例如 MGCP、H. 248)且主要使用纯软件进行处理，于是，SoftSwitch(软交换)技术应运而生。

软交换概念一经提出，很快便得到了业界的广泛认同和重视。根据国际 SoftSwitch 论坛 ISC 的定义，软交换是基于分组网利用程控软件提供呼叫控制功能和媒体处理相分离的设备和系统。因此，软交换的基本含义就是将呼叫控制功能从媒体网关(传输层)中分离出来，通过软件实现基本呼叫控制功能，从而实现呼叫传输与呼叫控制的分离，为控制、交换和软件可编程功能建立分离的平面。软交换主要提供连接控制、翻译和选路、网关管理、呼叫控制、带宽管理、信令、安全性和呼叫详细记录等功能。与此同时，软交换还将网络资源、网络能力封装起来，通过标准开放的业务接口和业务应用层相连，可方便地在网络上快速提供新的业务。

随着计算机和通信技术的不断发展，通过在一个公共的分组网络中承载话音，数据，图像已经被越来越多的运营商和设备制造商所认同。

(5)光交换

现在还未有一种普遍认可的光交换技术，因而相互竞争的技术种类繁多。

光交换机、光交叉连接矩阵和光路由器等名词常常混用，但在业内人士看来有所差别。

光交换是对链路中用户信道之间光信号做实时通断和换接处理，涉及大量用户信道且交换频繁；光交叉连接则实现通信网络中的光信号在不同链路间建立连接或切换路由。

全光交换是通信发展历程上的必由之路，但只能是一个逐步演进的过程，交换结点将长期保持半透明，而在网络边缘仍将采用电的复用方案，或者说 OXC 和电域 IP 路由器相结合的方案。

6. 通信同步技术

(1)载波同步

接收机中相干解调需要再生出一个与接收载波同频同相的本地相干载波。

(2)码位同步

接收端复制出来的码元序列与发送端发送的码元序列在重复频率和相位上保持一致。

(3)码字同步

将接收端复制出来的码元序列区分为码字，对时分多路复用来说，指能将接收到的各路信息信号区分出来。

(4)帧同步

将接收端复制出来的每个码字的序号区分出来，多路通信中就是把第几路信号区分出来。

(5)网同步

在通信网中为了保证网内各用户之间的可靠通信，必须在网内建立起一个统一的时间标准。

3.2.6　通信对抗与抗干扰技术

通信对抗是现代电子战的重要组成部分。它是在军事无线电通信中，对敌方无线电通信进行侦察，测定其技术参数，据此采用适当的无线电干扰手段，破坏和扰乱敌方的无线电通信，从而破坏敌方的指挥与控制系统的一种手段。通信对抗包括通信侦察和通信干扰两部分。

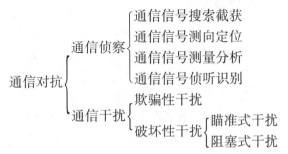

1. 通信对抗

通信对抗系统由多种侦察、测向和干扰等电子设备合理组合成统一协调的整体，能在通信信号密集环境下对敌方通信全面实施侦察、测向定位和干扰。

（1）通信侦察

通信侦察使用电子侦察测向设备，对敌无线电通信信号进行搜索截获，测量分析和测向定位，以获取信号频率、电平、通信方式、调制制式和电台位置等参数，对其截听判别，以确定信号的属性。通信侦察是通信干扰的支援措施，用以保障通信干扰的有效进行。一般包括信号搜索截获、信号测向定位、信号测量分析、信号侦听、信号识别判断等侦察过程。

（2）通信干扰

通信干扰根据通信侦察获得的敌方通信有关情况，运用电子干扰设备发射适当的干扰信号，破坏和扰乱敌方的无线电通信。通信干扰可分为欺骗性干扰和破坏性干扰两类。欺骗性干扰与敌方通信信号的特征吻合，使通信接收方误认为干扰为信号。破坏性干扰在敌方通信时使用干扰发射机发出干扰电磁波破坏敌方通信联络，使其获得的有用信息量减少，甚至全遭破坏而无法通信。按干扰的频谱宽度，通信干扰可分为瞄准式干扰和阻塞式干扰。瞄准式干扰是压制敌方一个确定信道的通信干扰，干扰频谱宽度仅占一个信道频宽，准确地与信号频谱重合，干扰能量可全部用于压制这一信道，干扰利用率高，且不影响己方的通信和侦察。阻塞式干扰是压制敌方在某频段范围内工作的所有信道的通信干扰，干扰应有宽阔的干扰频段、均匀的干扰频谱和足够的干扰功率。优点是只要在干扰频段内，敌方通信采用改频或跳频措施也无法避开干扰，但这也会影响己方在此频段内的通信。

2. 通信抗干扰技术

通信抗干扰技术研究的是在已知或预测可能存在的干扰条件下，选取适当的技术手段来消除或减轻干扰，保证通信能够正常进行的技术。通信抗干扰技术一般可分为三类：①信号处理类，如直接序列扩频技术（DS－SS），其关键变量是作为时间函数的相位；跳频技术（FH－SS）其关键变量是作为时间函数的载频。②空间处理类，如采用自适应天线调零技术，当接收端受到干扰时，使其天线方向图零点自动指向干扰方向，以提高通信接收机的信干比。③时间处理类，如猝发传输技术，由于通信信号在传输过程中暴露的时间很短暂，从而大大降低了被干扰方侦察、截获或造成误码的概率。

现代电子通信，特别是国防军事通信，成功的关键之一在于通信接收机必须具有抗各种人为的或自然的干扰的功能。

3.2.7 信息安全与网络安全

信息作为人类社会赖以生存和发展的重要资源和财富，网络作为信息存储和传输的重要途径，其安全可能会受到种种人为的和自然的威胁，信息的完整性、保密性和可用性可能遭到破坏。例如，为了不同目的，总有人利用合法的与非法的手段窃取军事秘密、政治秘密、商业秘密、科技秘密、经济情报、个人隐私等信息，还可能伪造、篡改、否认或破坏各种信息，也可能因事故造成电子信息丢失，因电磁辐射泄漏影响信息安全。

例如，有人在外地用手机查询自己的银行卡，手机自动连接了一个免费 Wi-Fi，不久他的银行卡账户里的几万元就被分成几笔转走了。其原因就是不法分子会设置没有密码的 Wi-Fi 吸引手机用户使用，一旦连接上 Wi-Fi，手机用户的操作记录就会被复制，被相关软件破解。解决的办法是用户应尽量避免用手机浏览器登录网上银行，改用具有安全措施的网银手机客户端登录。

因此，在信息的传输、交换、存储和处理过程中，必须采取相应的技术防范措施，保护信息的完整性、保密性和可用性；必须研究如何避免人为的和自然的对信息安全的威胁，如何保护信息不被他人篡改，如何保证收到的信息不是伪造的，自己发送出去的信息不被未授权的人截收，军事秘密、商业秘密、经济情报、个人隐私不被他人窃取和使用。

1. 信息安全的属性

信息安全的属性包括：信息的保密性（保证信息不泄漏给未经授权的人）、信息的完整性（防止信息被未经授权的篡改，保证真实的信息从真实的信源无失真地到达真实的信宿）、信息的可用性（保证信息及信息系统确实为授权使用者所用，防止由于计算机病毒或其他人为因素造成的系统拒绝服务，或为敌手可用）、信息的可控性（对信息及信息系统实施安全监控管理）、信息的不可否认性（保证信息行为人不能否认自己的行为）。

2. 信息安全的两种主要观点

信息安全分层结构面向应用信息安全框架：内容安全、数据安全、运行安全、实体安全，如图 3-16 所示。

信息安全金三角结构面向属性信息安全框架：完整性、机密性、可用性，如图 3-17 所示。

图 3-16　信息安全分层结构

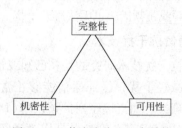

图 3-17　信息安全金三角结构

3. 保密通信技术

（1）通信、保密与保密通信

通信：用某种方法通过媒体将信息从一地传到另一地，是信息的扩散和传递。

保密：要求信息不让非授权者了解，即消息的封锁和隐蔽。

保密通信：既要求把信息扩散传送出去，又要使信息不让第三者收到，或者解不出来。

通信和保密是对立的，但又是相依并存的，没有信息，没有信息的传输，即通信，就谈不上保密。

（2）保密通信技术

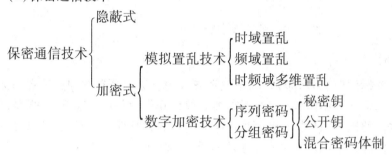

4. 信息隐藏技术

信息隐藏技术是研究如何将某一信息隐藏于另一公开的信息中，然后通过公开信息的传输来传递隐藏的信息。

（1）信息隐藏一般模型

信息隐藏一般模型如图 3-18 所示。

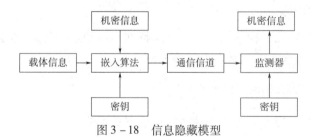

图 3-18　信息隐藏模型

（2）信息隐藏与密码技术的关系

一方面，信息隐藏技术不同于传统的信息加密技术。加密技术是将保密信息进行特殊的编码，形成不可识别的密文进行传递；而信息隐藏则是将保密信息秘密隐藏于另一公开载体，然后通过公开载体的传输来达到传递机密信息的目的。信息加密技术仅仅隐藏了信息的内容；而信息隐藏技术不但隐藏了信息内容，而且隐藏了信息的存在。

另一方面，信息隐藏技术与信息加密技术并不矛盾，而是相辅相成、互为补充的。在实际应用中，信息加密技术和信息隐藏技术常常需要结合运用，通常是先对待嵌入的保密信息进行加密得到密文，再把密文隐藏到公开的载体对象中。

（3）信息隐藏的优点

对加密通信而言，可能的监测者或非法拦截者可通过截取密文进行破译而影响到机密信息的安全性；对信息隐藏而言，可能的监测者或非法拦截者难以从公开信息中判断机密信息是否存在，因而难以截获机密信息，从而能更好地保护机密信息的安全。

（4）信息隐藏技术的分类（见图 3 - 19）

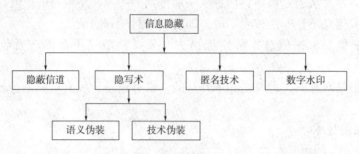

图 3 - 19　信息隐藏技术的分类

5. 数字水印技术

将具有特定意义的标记（称为水印），利用数字嵌入的方法隐藏在图像、声音、文档、视频等数字作品中，用来证明创作者对其作品的所有权，并作为鉴定、起诉非法侵权的依据。同时，通过对水印的检测和分析来鉴别数字作品内容的完整性，从而成为知识产权保护和数字多媒体防伪的有效手段。数字水印技术如图 3 - 20 所示。

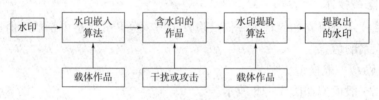

图 3 - 20　数字水印技术

数字水印的性能特点：稳健性、不可感知特性（逼真度）、水印容量（在宿主图像中可以隐藏的信息量）、安全性、盲检测与非盲检测。

3.2.8　现代通信新技术和新方法

现代通信技术的发展方向正朝着理想的通信方式迈进，从技术、服务及人性化三方面来看理想的通信方式，可以用 5W5A5H 来描述参见第 2 章图 2 - 14。具体技术体现在数字化、综合化、个人化、宽带化、网络化、智能化等方面。

1. 多媒体通信

多媒体通信将多媒体计算机技术与网络通信技术相结合，使计算机的交互性、通信的分布性和视频信号的真实性融为一体，提供高清晰度或三维图像通信业务。由于多学科的不断融合、相互渗透，计算机技术、网络通信技术、大众传播技术的相互促进和发展，逐步产生了多媒体技术，并汇集到多媒体信息系统和国家信息基础设施的旗帜之下。促进电话通信网、计算机网和电视网三网合一。

多媒体系统的特征：数字化、宽带化、智能化、个人化；业务的综合化；系统的集成化；交互性。

2. 个人通信

国际电信联盟(ITU)称为通用个人通信(UPT)，在北美称为个人通信业务(PCS)，实质上是指对任何地方、任何时候通过任何媒介都能提供通信服务。或者说个人通信是一种在任何时间任何地点、与任何人进行任何业务联系的通信方式。通信者必须携带个人终端，按照个人专用的身份证号码呼叫就可以与其他人进行通信，并且不受双方位置、距离、环境和传输设备的限制，可以说是一种最为理想的移动通信。尽管地面移动通信发展十分迅速，但地面网仅能覆盖密集的城市地区。因此，只有利用卫星通信实现全球覆盖并与地面移动通信结合，才能实现理想的全球个人通信。

个人通信必须以数字化移动通信和卫星通信作基础。

3. 量子通信

所谓量子通信是指利用量子纠缠效应进行信息传递的一种新型的通信方式，是近二十年发展起来的新型交叉学科，是量子论和信息论相结合的新的研究领域。

光量子通信主要基于量子纠缠态的理论，使用量子隐形传态(传输)的方式实现信息传递。根据实验验证，具有纠缠态的两个粒子无论相距多远，只要一个发生变化。另外一个也会瞬间发生变化。利用这个特性实现光量子通信的过程如下：事先构建一对具有纠缠态的粒子，将两个粒子分别放在通信双方，将具有未知量子态的粒子与发送方的粒子进行联合测量(一种操作)，则接收方的粒子瞬间发生坍塌(变化)，坍塌(变化)为某种状态。这个状态与发送方的粒子坍塌(变化)后的状态是对称的，然后将联合测量的信息通过经典信道传送给接收方，接收方根据接收到的信息对坍塌的粒子进行幺正变换(相当于逆转变换)，即可得到与发送方完全相同的未知量子态。

量子通信具有传统通信方式所不具备的绝对安全特性，不但在国家安全、金融等信息安全领域有着重大的应用价值和前景，而且逐渐走进人们的日常生活。

4. 软件无线电

软件定义的无线电(Software Defined Radio，SDR)是一种无线电广播通信技术，它基于软件定义的无线通信协议而非通过硬连线实现。频带、空中接口协议和功能可通过软件下载和更新来升级，而不用完全更换硬件。

随着移动通信的发展，从20世纪90年代初开始，软件无线电(Software Radio)的概念开始广泛流行起来。由于多种数字无线通信标准共存(如GSM、CDMA-IS95等)，每一种制式对其手机都有不同的要求，不同制式间的手机无法互连互通。为了解决这个问题，软件无线电方案提出将2~2 000 MHz的空中信号全部收下来进行抽样、量化，转化成数字信号用软件处理。换句话说，就是把空中所有可能存在的无线通信信号全部收下来进行数字化处理，从而与任何一种无线通信标准的基站进行通信。从理论上说，使用软件无线电技术的手机与任何一种无线通信制式都兼容。

软件无线电利用软件来操纵、控制传统的"纯硬件电路"的无线通信技术。软件无线电技术的重要价值在于：传统的硬件无线电通信设备只是作为无线通信的基本平台，而许多通信功能则是由软件来实现，打破了有史以来设备的通信功能的实现仅仅依赖于硬件发展的格局。软件无线电技术的出现是通信领域继固定通信到移动通信、模拟通信到数字通信之后第三次革命。

软件无线电系统框图如图 3 - 21 所示。

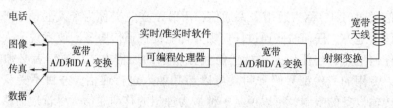

图 3 - 21 一种软件无线电系统框图

从图 3 - 21 中可以看出，软件无线电是一种开放的体系结构。软件无线电的体系结构是将模块化、标准化的硬件单元以总线方式连接，构成基本平台，并通过软件加载实现各种无线电通信功能的一种开放式体系结构。

软件无线电不是不要硬件，而是把硬件作为一个基本平台，通信功能是通过软件加载实现的。

软件无线电的实现，一种是以数字信号处理器（Digital Signal Processor，DSP）为基础的软件无线电；另一种是以通用机为基础的软件无线电。以 DSP 为基础的软件无线电硬件容易实现，但软件加载受到限制。以通用机为基础的软件无线电软件加载容易，但硬件实现比较困难。目前。有实用价值的是以 DSP 为基础的软件无线电。

3.3　通信的质量保障技术

3.3.1　通信系统的主要性能指标

通信的任务是传递信息，传输信息的有效性和可靠性是通信系统最主要的性能指标。所谓有效性（Efficiency），是指在给定的信道内传输的信息内容的多少，表征通信系统传输信息的数量指标。所谓可靠性（Reliability），是指接收信息的准确程度，表征通信系统传输信息的质量指标。

有效性是指在给定信道内所传输的信息内容的多少，是传输的"速度"问题；可靠性是指接收信息的准确程度，是传输的"质量"问题。有效性和可靠性两者相互矛盾而又相互联系，通常也是可以互换的。

模拟通信系统的有效性可用有效传输频带来度量，同样的消息用不同的调制方式，则需要不同的频带宽度。可靠性用接收端最终输出信噪比来度量。不同调制方式在同样信道信噪比下所得到的最终解调后的信噪比是不同的。数字通信系统的有效性可用传输速率来衡量，可靠性可用差错率来衡量，如表 3 - 2 所示。

表 3 - 2　有效性和可靠性指标

性能指标　　通信系统	有 效 性	可 靠 性
模拟通信系统	有效传输频带	收信机输出信噪比
数字通信系统	码元传输速率或信息传输速率	误码率或误信率

通信工程专业导论

码元传输速率 R_B：数字通信系统的有效性用码元传输速率 R_B 或信息传输速率 R_b 来衡量。码元传输速率，即码元速率或传码率，为秒钟传送码元的数目，单位为波特（Baud），简记为"Bd"。

信息传输速率 R_{bit}：即信息速率或传信率，为每秒传输的信息量，单位为 bit/s。对于 M 进制码元，其信息速率与 M 进制码元速率的关系为 $R_b = R_B \log_2 M (\text{bit/s})$。

数字通信系统的可靠性用差错率来衡量。差错率越小，可靠性越高。差错率有两种表示方法：一为误信率；二为误码率。

误信率又称误比特率（Bit Error Rate，BER），指收信者收到的错误信息量在传输信息总量中所占的比例，即为码元信息量在传输中被传错的概率，记为 P_b。

$$P_b = 接收的错误比特数/传输总比特数$$

误码率也叫误符号率（Symbol Error Rate），指收信者收到的错误码元数在传输的总码元数中所占的比例，即在传输中码元被传错的概率，记为 P_e。

$$P_e = 接收的错误码元数/传输总码元数$$

3.3.2　通信频率配置

比较不同通信系统的有效性时，单看它们的传输速率是不够的，还应看在这样的传输速率下所占的信道的频带宽度或每赫兹频带能传输的波特数 B。所以，真正衡量数字通信系统传输效率的应当是单位频带内的码元传输速率，即频带利用率 η。

$$\eta = \frac{R_B}{B}(\text{B/Hz})$$

单位是 B/Hz，即波特每赫兹

数字信号的传输带宽 B 取决于码元速率 R_B，而码元速率和信息速率 R_b 有着确定的关系。为了比较不同系统的传输效率，又可定义频带利用率为

$$\eta = \frac{R_b}{B}\text{b}/(\text{s} \cdot \text{Hz})$$

单位是 b/(s·Hz)，即比特每秒每赫兹。

波段与频段的划分：

频段的频率范围：$0.3 \times 10^N \text{Hz} \leqslant$ 第 N 频段的频率范围 $< 3 \times 10^N \text{Hz}$。

波段的波长范围：$10 \times 10^{8-N} \text{m} \geqslant$ 第 N 波段的波长范围 $> 1 \times 10^{8-N} \text{m}$。

YD/T 883—2009《900/1800MHz TDMA 数字蜂窝移动通信网　基站子系统设备技术要求及无线指标测试方法》GSM900/1800 双频段数字蜂窝基站核准频率范围：

Tx：：930~960MHz/1805~1880MHz。

Rx：：885~915MHz/1710~1785MHz。

电波是人类所共有的宝贵财富，是一种特殊的资源。虽然无线电频率资源不是消耗性的，通信过程中人们只是在某一地点和某段时间内占用，用毕之后依然存在，但它也并不是取之不尽，能够用作无线电通信的频率资源非常有限，使用不当或不使用都会造成浪费。

为了有效利用有限的频率资源，对频率的分配使用必须实行统一的国际和国内管理，否则就会造成混乱。任何单位和个人使用电波频率进行远距离通信，都必须得到有关部门

的批准。

国际上由 International Telecommunications Union(ITU)对通信频率进行统一规划和管理，1992 年由 RadiocommunicationSector（ITU – R）、Telecommunication Standardization Section(ITU – T)、Telecommunication Development Sector(ITU – D)三个部门联合管理。我国由全国无线电管理委员会对通信频率进行统一规划和管理。

3.3.3　通信法规与通信标准

通信涉及双方或多方，且超越国界，包括点与点、点与端、端与端，以及网络间的信息交互。因此，通信的业务运营、设备的管理、研发、生产、进口和销售等工作都将受到政策法规与技术标准的指导及制约。涉及的标准一般由国家标准局发布。涉及通信的政策法规主要由各国政府部门制定，其对于通信运营最主要的影响是"准入"。在任何国家，电信业务基本上都受到制约，需经过政府部门批准。例如，在工业和信息化部无线电管理局和国家无线电监测中心公布了《无线电发射设备型号核准检测检验依据》，汇集了与无线电发射设备有关的文件和标准，具体明确了每种产品的检验依据、参照标准和核准频率范围。

不仅在国内通信中需要规定统一的各种标准，而且需要制定各国应共同遵循的国际标准。通信行业中的技术标准主要由各种技术标准化团体及相关的行业协会负责制定。主要的标准化组织：国际电信联盟(ITU)、电气和电子工程师学会(IEEE)、国际标准化组织(ISO)等。

3.3.4　通信系统的仿真

通信系统的仿真就是通过构建通信系统的模型的运行结果来分析实物系统的性能，从而为新系统的建立或原系统的改造提供可靠的参考。目前，通信系统仿真实质上就是把硬件实验搬进了计算机，可以把它看成一种软件实验。因此，通信系统的仿真主要依靠特定的计算机软件的设计和运行。

1. MATLAB

MATLAB(矩阵实验室)是 MATrix LABoratory 的缩写，是一款由美国 The MathWorks 公司出品的商业数学软件。MATLAB 是一种用于算法开发、数据可视化、数据分析，以及数值计算的高级技术计算语言和交互式环境。除了矩阵运算、绘制函数/数据图像等常用功能外，MATLAB 还可以用来创建用户界面及与调用其他语言(包括 C、C ++ 和 FORTRAN)编写的程序。

尽管 MATLAB 主要用于数值运算，但利用为数众多的附加工具箱(Toolbox)它也适合不同领域的应用，例如控制系统设计与分析、图像处理、信号处理与通信、金融建模和分析等。另外，还有一个配套软件包 Simulink，提供了一个可视化开发环境，常用于系统模拟、动态/嵌入式系统开发等方面。

MATLAB 和 Mathematica、Maple 并称为三大数学软件。它在数学类科技应用软件中在数值计算方面首屈一指。MATLAB 可以进行矩阵运算、绘制函数和数据、实现算法、创建用户界面、连接其他编程语言的程序等，主要应用于工程计算、控制设计、信号处理与通信、图像处理、信号检测、金融建模设计与分析等领域。

2. System View

System View 是一个用于现代工程与科学系统设计及仿真的动态系统分析平台。从滤波器设计、信号处理、完整通信系统的设计与仿真，直到一般的系统数学模型建立等各个领域，System View 在友好而且功能齐全的窗口环境下，为用户提供了一个精密的嵌入式分析工具。

System View 是美国 ELANIX 公司推出的，基于 Windows 环境下运行的用于系统仿真分析的可视化软件工具，它使用功能模块（Tokcn）描述程序。利用 System View，可以构造各种复杂的模拟、数字、数模混合系统和各种多速率系统，因此，它可用于各种线性或非线性控制系统的设计和仿真。用户在进行系统设计时，只需从 System View 配置的图标库中调出有关图标并进行参数设置，完成图标间的连线，然后运行仿真操作，最终以时域波形、眼图、功率谱等形式给出系统的仿真分析结果。

3. ADS

先进设计系统（Advanced Design System，ADS），是安捷伦科技有限公司（Agilent）为适应竞争形势，为了高效地进行产品研发生产，而设计开发的一款 EDA（Electronic Design Automation，电子设计自动化）软件。它迅速成为工业设计领域 EDA 软件的佼佼者，因其强大的功能、丰富的模板支持和高效准确的仿真能力（尤其在射频微波领域），而得到了广大 IC 设计工作者的支持。ADS 是高频设计的工业领袖。它支持系统和射频设计师开发所有类型的射频设计，从简单到复杂，从射频/微波模块到用于通信和航空航天/国防的 MMIC。通过从频域和时域电路仿真到电磁场仿真的全套仿真技术，ADS 让设计师全面表征和优化设计。单一的集成设计环境提供系统和电路仿真器，以及电路图捕获、布局和验证能力——因此不需要在设计中停下来更换设计工具。

先进设计系统是强大的电子设计自动化软件系统。它为蜂窝和便携电话、寻呼机、无线网络，以及雷达和卫星通信系统这类产品的设计师提供完全的设计集成。

ADS 电子设计自动化功能十分强大，包含时域电路仿真（SPICE – like Simulation）、频域电路仿真（Harmonic Balance、Linear Analysis）、三维电磁仿真（EM Simulation）、通信系统仿真（Communication System Simulation）、数字信号处理仿真设计（DSP）；ADS 支持射频和系统设计工程师开发所有类型的 RF（Radio Frequency）设计，从简单到复杂，从离散的射频/微波模块到用于通信和航天/国防的集成 MMIC（单片微波集成电路），是当今国内各大学和研究所使用最多的微波/射频电路和通信系统仿真软件。

此外 Agilent 公司和多家半导体厂商合作建立 ADS Design Kit 及 Model File 供设计人员使用。使用者可以利用 Design Kit 及软件仿真功能进行通信系统的设计、规划与评估，及MMIC/RFIC、模拟与数字电路设计。除上述仿真设计功能外，ADS 软件也提供辅助设计功能，如 Design Guide 是以范例及指令方式示范电路或系统的设计流程，而 Simulation Wizard 是以步骤式界面进行电路设计与分析。ADS 还能提供与其他 EDA 软件，如 SPICE、Mentor Graphics 的 ModelSim、Cadence 的 NC – Verilog、Mathworks 的 Matlab 等做协仿真（Co – Simulation），加上丰富的元件应用模型 Library 及测量/验证仪器间的连接功能，将能增加电路与系统设计的方便性、速度与精确性。

3.3.6 通信系统与网络测量

通信系统与网络测量的主要目的是为了获得目标系统的信号频谱、误码率、性能、脆弱性、流量等指标。为此，除了测量法外，还可以采用分析法、模拟法。通常这些方法可能同时应用。

1. 测量法

测量法是对通信系统、网络系统本身进行观测，收集各种事件的统计资料，再加以分析以评价网络性能。

2. 分析法

将实际系统化为数学模型，然后求出分析表达式，并求解用以表示系统性能。作为一种数学工具，排队论起到了重要作用，而且收到了很好的效果。

3. 模拟法

模拟法最终还是通过计算机程序实现，并得到一些结果。然后，通过对所得到的结果来分析网络的性能。

习 题

1. 简述信息、信号、编码之间的联系。
2. 为什么要有通信网？
3. 通信系统的主要性能指标有哪些？
4. 现代通信研究的基本问题有哪些？
5. 现代通信的基本技术有哪些？

第❹章 通信系统与通信工程

本章介绍通信系统的组成和典型的通信系统、通信网络的组成和典型的网络系统，以及地铁通信系统的实施和通信工程建设的基本步骤。

4.1 通信系统组成

通信的目的是传输信息，进行信息的时空转移。通信系统的作用就是将信息从信源发送到一个或多个目的地。

通信系统是指用电信号（或光信号）传输信息的系统，也称电信系统。系统通常是由具有特定功能、相互作用和相互依赖的若干单元组成的、完成统一目标的有机整体。最简便的通信系统供两点的用户彼此发送和接收信息。在一般通信系统内即通信网络内，用户可通过交换设备与系统内的其他用户进行通信。

实现通信的方式和手段很多，如手势、语言、旌旗、烽火台和击鼓传令，以及现代社会的电报、电话、广播、电视、遥控、遥测、因特网和计算机通信等，这些都是消息传递的方式和信息交流的手段。伴随着人类的文明、科学技术的发展，实现通信的方式和手段会更多。为了描述各种各样的通信，先介绍通信系统的组成。

通信系统一般由信源（发端设备）、信宿（收端设备）和信道（传输媒介）等组成，被称为通信的三要素。在电通信系统中，消息的传递是通过电信号来实现的，首先要把消息转换成电信号，经过发送设备，将信号送入信道，在接收端利用接收设备对接收信号做相应的处理后，送给信宿再转换为原来的消息，这一过程可用图 4－1 所示的通信系统组成的一般模型来概括。

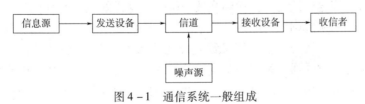

图 4－1　通信系统一般组成

1. 信息源

信息源（简称信源）的作用是把各种消息转换成原始电信号。根据消息的种类不同，信源可分为模拟信源和数字信源。模拟信源输出连续的模拟信号，如话筒（声音→音频符号）、摄像机（视频信号）；数字信源则输出离散的数字信号，如电传机（键盘字符→数字信号）、计算机等各种数字终端。并且，模拟信源送出的信号经数字化处理后也可送出数字信号。

2. 发送设备

发送设备的作用是产生适合于在信道中传输的信号，即使发送信号的特性和信道特性相匹配，具有抗信道干扰的能力，并且具有足够的功率以满足远距离传输的需要。因此，发送设备涵盖的内容很多，可能包含变换、放大、滤波、编码、调制等过程。对于多路传输系统，发送设备还包括多路复用器。

3. 信道

信道是一种物理媒质，用来将来自发送设备的信号传送到接收端。在无线信道中，信道可以是自由空间；在有线信道中，可以是明线、电缆和光纤。有线信道和无线信道均有多种物理媒质。信道既给信号以通路，也会对信号产生各种干扰和噪声。信道的固有特性及引入的干扰和噪声直接关系到通信的质量。

图 4-1 中的噪声源是信道中的噪声及分散在通信系统及其他各处的噪声的集中表示。噪声通常是随机的、形式多样的，它的出现干扰了正常信号的传输。

4. 接收设备

接收设备的功能是将信号放大和反变换（如译码、解调等），其目的是从收到减损的接收信号中正确恢复出原始电信号。对于多路复用信号，接收设备中还包括解除多路复用，实现正确分路的功能。此外，它还要尽可能减小在传输过程中噪声与干扰所带来的影响。

5. 受信者

受信者（简称信宿）是传送消息的目的地，其功能与信源相反，即把原始电信号还原成相应的消息，如扬声器等。

图 4-1 概括地描述了一个通信系统的组成，体现了通信系统的共性。根据研究的对象及所关注的问题不同，相应有不同形式的、更具体的通信模型。例如，按照信道中传输的是模拟信号还是数字信号，相应地把通信系统分为模拟通信系统和数字通信系统。

4.2　通信系统分类

通信系统—是用以完成信息传输过程的技术系统的总称。现代通信系统主要借助电磁波在自由空间的传播或在导引媒体中的传输机理来实现，前者称为无线通信系统，后者称为有线通信系统。当电磁波的波长达到光波范围时，这样的电信系统称为光通信系统，其他电磁波范围的通信系统则称为电磁通信系统，简称电信系统。由于光的导引媒体采用特制的玻璃纤维，因此有线光通信系统又称光纤通信系统。一般电磁波的导引媒体是导线，按其具体结构可分为电缆通信系统和明线通信系统；无线电信系统按其电磁波的波长则有微波通信系统与短波通信系统之分。另一方面，按照通信业务的不同，通信系统又可分为电话通信系统、数据通信系统、传真通信系统和图像通信系统等。由于人们对通信的容量要求越来越高，对通信的业务要求越来越多样化，通信系统正迅速向着宽带化方向发展，而光纤通信系统将在通信网中发挥越来越重要的作用。

通信系统按所用传输媒介的不同可分为两类：

（1）利用金属导体为传输媒介，如常用的通信线缆等，这种以线缆为传输媒介的通信系统称为有线电通信系统。

（2）利用无线电波在大气、空间、水或岩、土等传输媒介中传播而进行通信，这种通信系统称为无线电通信系统。光通信系统也有"有线"和"无线"之分，它们所用的传输媒介分别为光学纤维和大气、空间或水。

通信系统按通信业务（即所传输的信息种类）的不同可分为电话、电报、传真、数据通信系统等。信号在时间上是连续变化的，称为模拟信号（如电话）；在时间上离散、其幅度取值也是离散的信号称为数字信号（如电报）。模拟信号通过模拟－数字变换（包括采样、量化和编码过程）也可变成数字信号。通信系统中传输的基带信号为模拟信号时，这种系统称为模拟通信系统；传输的基带信号为数字信号的通信系统称为数字通信系统。

4.2.1　按照通信的业务和用途分类

根据通信的业务和用途分类，有常规通信、控制通信等。其中，常规通信又分为话务通信和非话务通信。话务通信业务主要是电话服务为主，程控数字电话交换网络的主要目标就是为普通用户提供电话通信服务。非话务通信主要是分组数据业务、计算机通信、传真、视频通信等。在过去很长一段时期内，由于电话通信网最为发达，因而其他通信方式往往需要借助于公共电话网进行传输，但是随着 Internet 的迅速发展，这一状况已经发生了显著变化。控制通信主要包括遥测、遥控等，如卫星测控、导弹测控、遥控指令通信等都属于控制通信的范围。

4.2.2　按调制方式分类

根据是否采用调制，可以将通信系统分为基带传输和调制传输。基带传输是将未经调制的信号直接传送，如音频市内电话（用户线上传输的信号）、Ethernet 中传输的信号等。调制的目的是使载波携带要发送的信息，对于正弦载波调制，可以用要发送的信息去控制或改变载波的幅度、频率或相位。接收端通过解调就可以恢复出信息。在通信系统中，调制的目的主要有以下几个方面：便于信息的传输；改变信号占据的带宽；改善系统的性能。

4.2.3　按传输信号的特征分类

按照信道中所传输的信号是模拟信号还是数字信号，可以相应地把通信系统分成两类：模拟通信系统和数字通信系统。数字通信系统在最近几十年获得了快速发展，数字通信系统也是目前商用通信系统的主流。

1. 模拟通信系统模型

模拟通信系统是利用模拟信号来传递信息的通信系统，其模型如图 4－2 所示。其中包含两种重要变换，第一种变换：在发送端把连续消息变换成原始电信号，在接收端进行相反的变换，这种变换由信源和信宿完成，这里所说的原始电信号通常称为基带信号。有些信道可以直接传输基带信号，而以自由空间作为信道的无线电传输却无法直接传输这些信号，因此，模拟通信系统中常常需要进行第二种变换：把基带信号变换成适合在信道传输的信号，并在接收端进行反变换，完成这种变换和反变换的通常是调制器和解调器。除了上述两种变换，实际通信系统中可能还有滤波、放大、无线辐射等过程，上述两种变换起主要作用，而其他过程不会使信号发生质的变化，只是对信号进行放大和改善信号特性等。

图 4-2　模拟通信系统模型

2. 数字通信系统模型

目前，无论是模拟通信还是数字通信，在不同的通信业务中都得到了广泛的应用。但是，数字通信的发展速度已明显超过了模拟通信，成为当代通信技术的主流。与模拟通信相比，数字通信具有以下一些优点：

(1)抗干扰能力强(数字信号可多次再生，自动检错、纠错信道)，可消除噪声积累。

(2)差错可控，传输性能好。可采用信道编码技术使误码率降低，提高传输的可靠性。

(3)便于与各种数字终端接口，用现代计算技术对信号进行处理、加工、变换、存储，从而形成智能网。

(4)便于集成化，从而使通信设备微型化。

(5)便于加密处理，且保密强度高。

(6)占用信道频带宽。

下面简要介绍数字通信系统模型，如图 4-3 所示。

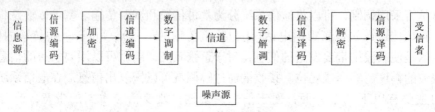

图 4-3　数字通信系统模型

(1)信源编码与译码

信源编码有两个基本功能：一是提高信息传输的有效性；二是完成模/数(A/D)转换。信源编码是信源译码的逆过程。

(2)信道编码与译码

信道编码的目的是增强数字信号的抗干扰能力．接收端的信道译码器按相应的逆规则进行解码，从中发现错误或纠正错误，提高通信系统的可靠性。

(3)加密与解密

在需要事先保密通信的场合，为了保证所传信息的秘密，人为地将被传输的数字序列扰乱，即加上密码，这种处理过程叫加密。在接收端利用与发送端相同的密码复制品对收到的数字序列进行解密，恢复原来的信息。

(4)数字调制与解调

数字调制就是把数字基带信号的频谱搬移到高频处，形成适合在信道中传输的带通信号。在接收端可以利用相干解调或非相干解调还原数字基带信号。

数字调制的主要目的是将二进制信息序列映射成信号波形，是对编码信号进行处理，使其变成适合传输的过程。即把基带信号转变为一个相对基带信号而言频率非常高的带通信号，易于发送。数字调制一般是指调制信号是离散的，而载波是连续的调制方式。

主要的数字调制方式有：①ASK，又称振幅键控法。这种调制方式是根据信号的不同调节正弦波幅度。②PSK，相移键控法，载波相位受数字基带信号控制。例如，基带信号为 1 时相位为 π；基带信号为 0 时相位为 0。③FSK，频移键控法，即用数字信号去调节载波频率。④QAM，正交幅度调制法，根据数字信号的不同，载波相位和幅度都发生变化。

（5）同步

同步是使收发两端的信号在时间上保持步调一致，是保证数字通信系统有序、准确、可靠工作的前提条件。

（6）信道

信道是通信传输信号的通道，是通信系统的重要组成部分。其基本特点是发送信号随机地受到各种可能机理的恶化。

在通信系统的设计中，人们往往根据信道的数学模型来设计信道编码，以获得更好的通信性能。常用的信道数学模型有：加性噪声信道，线性滤波信道，线性时变滤波信道。

①加性噪声信道：加性噪声信道是最简单的一种信道数学模型，噪声对信号的影响是加性的。如图 4 - 4 所示，输入信号为 $s(t)$，噪声为 $n(t)$，输出为

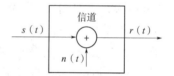

图 4 - 4　加性噪声数学模型

$$r(t) = s(t) + n(t)$$

若加上衰减函数 α，则 $r(t) = \alpha s(t) + n(t)$。

②线性滤波信道：实际信道中，带宽均有所限制，所以为了确保信号不超出带宽一般会加上线性滤波器。这样的信道称为线性滤波信道，图 4 - 5 所示。

输入信号为 $s(t)$，噪声为 $n(t)$，输出为 $r(t)$：

$$r(t) = s(t) * c(t) + n(t) = \int_{-\infty}^{+\infty} c(\tau)s(t-\tau)d\tau + n(t)$$

③线性时变滤波信道：很多物理信道如电离层无线电信道等，其信道特点是时变的，于是线性滤波器也加上时变特性，则时变信道脉冲响应为 $c(\tau;t)$，τ 表示可变的过去时间，如图 4 - 6 所示。

$$r(t) = s(t) * c(\tau;t) + n(t) = \int_{-\infty}^{+\infty} c(\tau;t)s(t-\tau)d\tau + n(t)$$

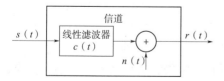

图 4 - 5　线性滤波信道

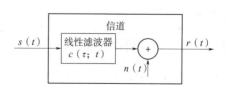

图 4 - 6　线性时变滤波信道

此种模型很好地反映了物理信道中的多路径信号传播，如手机蜂窝信道。这是其中的一种特殊例子，若时变脉冲响应为：

$$c(\tau;t) = \sum_{k=1}^{L} a_k(t)\delta(\tau - \tau_k)$$

其中，$\{a_k(t)\}$表现出时变信道的可能衰减，$\{\tau_k\}$代表时间延时，L表示传播路径的数目。将这一特例带到线性时变滤波信道中可得输出信号为：

$$r(t) = \sum_{k=1}^{L} a_k(t)s(t - \tau_k) + n(t)$$

以上 3 个信道模型描述了在实际中利用的物理信道的大多数重要特点，便于人们对实际通信系统进行设计与分析。

图 4-3 是数字通信系统的一般化模型，实际的数字通信系统不一定包括图中的所有环节。

此外，模拟信号经过数字编码后可以在数字通信系统中传输。当然，数字信号也可以通过传统的电话往来传输，但需要使用调制解调器。

4.2.4　按传送信号的复用和多址方式分类

复用是指多路信号利用同一个信道进行独立传输。传送多路信号目前有 4 种复用方式，即频分复用（Frequency Division Multiplexing，FDM）、时分复用（Time Division Multiplexing，TDM）、码分复用（Code Division Multiplexing，CDM）和波分复用（Wave Division Multiplexing，WDM）。FDM 是采用频谱搬移的方法使不同信号分别占据不同的频带进行传输，TDM 是使不同信号分别占据不同的时间片断进行传输，CDM 则是采用一组正交的脉冲序列分别携带不同的信号。WDM 使用在光纤通信中，可以在一条光纤内同时传输多个波长的光信号，成倍提高光纤的传输容量。多址是指在多用户通信系统中区分多个用户的方式。如果在移动通信系统中，同时为多个移动用户提供通信服务，需要采取某种方式区分各个通信用户，多址方式主要有频分多址（Frequency Division Multiple Access，FDMA）、时分多址（Time Division Multiple Access，TDMA）和码分多址（Code Division Multiple Access，CDMA)3 种方式。移动通信系统是各种多址技术应用的一个十分典型的例子。第一代移动通信系统，如(Total Access Communications System，TACS)、(Advanced Mobile Phone System，AMPS)都是 FDMA 的模拟通信系统，即同一基站下的无线通话用户分别占据不同的频带传输信息。第二代(2G)移动通信系统则多是 TDMA 的数字通信系统，GSM 是目前全球市场占有率最高的 2G 移动通信系统，是典型的 TDMA 的通信系统。2G 移动通信标准中唯一的采用 CDMA 技术的是 IS-95CDMA 通信系统。而第三代(3G)移动通信系统的 3 种主流通信标准 W-CDMA、CDMA 2000 和 TD-SCDMA 则全部是基于 CDMA 的通信系统。

4.2.5　按传输媒介分类

通信系统可以分为有线（包括光纤）和无线通信两大类，有线信道包括架空明线、双绞线、同轴电缆、光缆等。使用架空明线传输媒介的通信系统主要有早期的载波电话系统，使用双绞线传输的通信系统有电话系统、计算机局域网等，同轴电缆在微波通信、程控交换等系统中，以及设备内部和天线馈线中使用。无线通信依靠电磁波在空间传播达到传递消息的目的，如短波电离层传播、微波视距传输等。

4.2.6　按工作波段分类

按照通信设备的工作频率或波长的不同，分为长波通信、中波通信、短波通信、微波通信等。表4-1列出了通信使用的频段、常用的传输媒质及主要用途。

表4-1　通信波段与常用传输媒质

频率范围	波　长	符　号	传输媒质	用　途
3 Hz～30 kHz	10^4～10^8 m	甚低频（VLF）	有线线、对长波无线电	音频、电话、数据终端长距离导航、时标
30～300 kHz	10^3～10^4 m	低频（LF）	有线线对、长波无线电	导航、信标、电力线通信
300 kHz～3 MHz	10^2～10^3 m	中频（MF）	同轴电缆、短波无线电	调幅广播、移动陆地通信、业余无线电
3～30 MHz	10～10^2 m	高频（HF）	同轴电缆、短波无线电	移动无线电话、短波广播定点军用通信、业余无线电
300 MHz～3 GHz	10～100 cm	特高频（UHF）	波导、分米波无线电	微波接力、卫星和空间通信、雷达
3～30 GHz	1～10 cm	超高频（SHF）	波导、厘米波无线电	微波接力、卫星和空间通信、雷达
30～300 GHz	1～10 mm	极高频（EHF）	波导、毫米波无线电	雷达、微波接力、射电天文学
10^7～10^8 GHz	3×10^{-5}～3×10^{-4} cm	紫外可见光红外	光纤、激光空间传播	光通信

4.3　典型的通信系统介绍

通信系统是用以完成信息传输过程的技术系统的总称。现代通信系统主要借助电磁波在自由空间的传播或在导引媒体中的传输机理来实现，前者称为无线通信系统，后者称为有线通信系统。

基本系统一般由信源（发端设备）、信宿（收端设备）和信道（传输媒介）等组成，被称为通信的三要素。来自信源的消息（语言、文字、图像或数据）在发信端先由末端设备（如电话机、电传打字机、传真机或数据末端设备等）变换成电信号，然后经发端设备编码、调制、放大或发射后，把基带信号变换成适合在传输媒介中传输的形式；经传输媒介传输，在收信端经收端设备进行反变换恢复成消息提供给收信者。这种点对点的通信大都是双向传输的。因此，在通信对象所在的两端均备有发端和收端设备。

4.3.1　多路系统

为了充分利用通信信道、扩大通信容量和降低通信费用，很多通信系统采用多路复用方式，即在同一传输途径上同时传输多个信息。多路复用分为频率分割、时间分割和码分割多路复用。在模拟通信系统中，将划分的可用频段分配给各个信息而共用一个共同传输媒质，称为频分多路复用。在数字通信系统中，分配给每个信息一个时隙（短暂的时间段），各路依次轮流占用时隙，称为时分多路复用。码分多路复用则是在发信端使各路输入信号分别与正交码波形发生器产生的某个码列波形相乘，然后相加而得到多路信号。

完成多路复用功能的设备称为多路复用终端设备，简称终端设备。

多路通信系统由末端设备、终端设备、发送设备、接收设备和传输媒介等组成。

4.3.2　有线系统

用于长距离电话通信的载波通信系统，是按频率分割进行多路复用的通信系统。它由载波电话终端设备、增音机、传输线路和附属设备等组成。其中，载波电话终端设备是把话频信号或其他群信号搬移到线路频谱或将对方传输来的线路频谱加以反变换，并能适应线路传输要求的设备；增音机能补偿线路传输衰耗及其变化，沿线路每隔一定距离装设一部。

4.3.3　微波系统

长距离大容量的无线电通信系统，因传输信号占用频带宽，一般工作于微波或超短波波段。在这些波段，一般仅在视距范围内具有稳定的传输特性，因而在进行长距离通信时须采用接力（也称中继）通信方式，即在信号由一个终端站传输到另一个终端站所经的路由上，设立若干个邻接的、转送信号的微波接力站（又称中继站），各站间的空间距离为20～50 km。接力站又可分为中间站和分转站。微波接力通信系统的终端站所传信号在基带上可与模拟频分多路终端设备或与数字时分多路终端设备相连接。前者称为模拟接力通信系统；后者称为数字接力通信系统。由于具有便于加密和传输质量好等优点，数字微波接力通信系统日益得到人们的重视。除上述视距接力通信系统外，利用对流层散射传播的超视距散射通信系统，也可通过接力方式作为长距离中容量的通信系统。微波通信的中继过程示例如图4-7所示。

4.3.4　卫星系统

在微波通信系统中，若以位于对地静止轨道上的通信卫星为中继转发器，转发各地球站的信号，则构成一个卫星通信系统。静止通信卫星是轨道在赤道平面上的卫星，它离地面高度为35 780 km，采用3个相差120°的静止通信卫星就可以覆盖地球的绝大部分地域（两极盲区除外）。

卫星通信系统的特点是覆盖面积很大，在卫星天线波束覆盖的大面积范围内可根据需要灵活地组织通信联络，有的还具有一定的变换功能，故已成为国际通信的主要手段，也是许多国家国内通信的重要手段。

卫星通信系统主要由通信卫星、地球站、测控系统和相应的终端设备组成。卫星通信系统既可作为一种独立的通信手段(特别适用于对海上、空中的移动通信业务和专用通信网),又可与陆地的通信系统相互结合、相互补充,构成更完善的传输系统。

用上述载波、微波接力、卫星等通信系统作传输分系统,与交换分系统相结合,可构成传送各种通信业务的通信系统。图4-8所示为卫星通信系统示例。

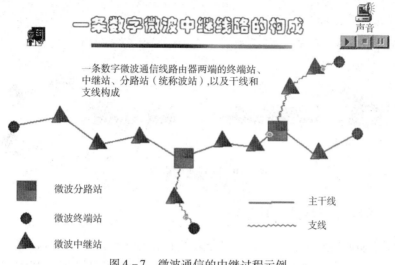

图4-7 微波通信的中继过程示例

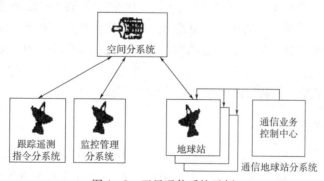

图4-8 卫星通信系统示例

4.3.5 光纤通信系统

光纤通信是以光导纤维(简称光纤)作为传输媒质、以光波为运载工具(载波)的通信方式。光纤通信具有容量大、频带宽、传输损耗小、抗电磁干扰能力强、通信质量高等优点,且成本低,与同轴电缆相比可以大量节约有色金属和能源。自从1977年世界上第一个光纤通信系统投入运营以来,光纤通信发展迅速,已成为各种通信干线的主要传输手段。

目前,单波长光通信系统速率已达10 Gbit/s,其潜力已不大,采用密集波分复用(DWDM)技术来扩容是当前实现超大容量光传输的重要技术。近年来,DWDM技术取得了较大的进展,美国AT&T实验室等机构已成功地完成了太比特每秒(Tbit/s)的传输实验。

图4-9所示为光纤通信系统示例。

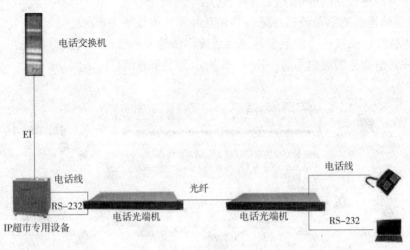

图 4 - 9   光纤通信系统示例

4.3.6   数字蜂窝移动通信系统

数字蜂窝移动通信系统是将通信范围分为若干相距一定距离的小区，移动用户可以从一个小区运动到另一个小区，依靠终端对基站的跟踪，使通信不中断。移动用户还可以从一个城市漫游到另一个城市，甚至到另一个国家与原注册地的用户终端通话。

数字蜂窝移动通信系统主要由三部分组成：控制交换中心、若干基地台、诸多移动终端。通过控制交换中心进入公用有线电话网，从而实现移动电话与固定电话、移动电话与移动电话之间的通信。

2G、3G、4G 都是采用数字蜂窝移动通信系统。

4.3.7   电话系统

电话通信的特点是通话双方要求实时对话，因而要在一个相对短暂的时间内在双方之间临时接通一条通路，故电话通信系统应具有传输和交换两种功能。这种系统通常由用户线路、交换中心、局间中继线和干线等组成。电话通信网的交换设备采用电路交换方式，由接续网络(又称交换网络)和控制部分组成。话路接续网络可根据需要临时向用户接通通话用的通路，控制部分是用来完成用户通话建立全过程中的信号处理并控制接续网络。在设计电话通信系统时，主要以接收话音的响度来评定通话质量，在规定发送、接收和全程参考当量后即可进行传输衰耗的分配。另一方面，根据话务量和规定的服务等级(即用户未被接通的概率——呼损率)来确定所需机、线设备的能力。

由于移动通信业务的需要日益增长，移动通信得到了迅速发展。移动通信系统由车载无线电台、无线电中心(又称基地台)和无线交换中心等组成。车载电台通过固定配置的无线电中心进入无线电交换中心，可完成各移动用户间的通信联络；还可由无线电交换中心与固定电话通信系统中的交换中心(一般为市内电话局)连接，实现移动用户与固定用户间的通话。

通信工程专业导论

4.3.8 电报系统

电报系统是为电报用户之间互通电报而建立的通信系统。它主要利用电话通路传输电报信号。公众电报通信系统中的电报交换设备采用存储转发交换方式（又称电文交换），即将收到的报文先存入缓冲存储器中，然后转发到去向路由，这样可以提高电路和交换设备的利用率。在设计电报通信系统时，服务质量是以通过系统传输一份报文所用的平均时延来衡量的。对于用户电报通信业务则仍采用电路交换方式，即将双方间的电路接通，而后由用户双方直接通报。

4.3.9 数据系统

数据通信是伴随着信息处理技术的迅速发展而发展起来的。数据通信系统由分布在各点的数据终端和数据传输设备、数据交换设备和通信线路互相连接而成。利用通信线路把分布在不同地点的多个独立的计算机系统连接在一起的网络，称为计算机网络，这样可使广大用户共享资源。在数据通信系统中多采用分组交换（或称包交换）方式，这是一种特殊的电文交换方式，在发信端把数据分割成若干长度较短的分组（或称包）然后进行传输，在收信端再加以合并。它的主要优点是可以减少时延和充分利用传输信道。

4.4 典型通信网络介绍

4.4.1 通信网概述

1. 通信网的基本概念

通信网是由一定数量的结点（包括终端设备和交换设备）和连接结点的传输链路相互有机地组合在一起，以实现两个或多个规定点间信息传输的通信体系。也就是说，通信网是由相互依存、相互制约的许多要素组成的有机整体，用以完成规定的功能。

2. 通信网的构成要素

通信网在硬件上由三部分组成：

（1）终端设备：终端设备是用户与通信网之间的接口设备，它包括如图 4－1 所示的信源、信宿、发送设备、接收设备的一部分。它必须具有以下三项功能：信号调制解调、信道接口、网络信令的产生与识别。

（2）传输设备及链路：传输设备及链路是信息的传输通道，是连接网络结点的媒介。它一般包括如图 4－1 所示的信道、发送设备、接收设备的一部分。传输链路是指信号传输的媒介，传输设备是指链路两端相应的变换设备。

（3）交换设备：网络连接的中间设备。交换方式分为电路交换和存储转发方式两大类。交换设备：是构成通信网的核心要素，它的基本功能是完成接入交换结点链路的汇集、转接接续和分配。

为了使整个网络协调、正常的工作，通信网还应包括各种软件，主要有：信令方案、通信协议、网络拓扑结构、路由方案、编号方案、资费制度与质量标准等，这些均属于软件。

通信网的网络结构是指终端、结点或两者间的分布与连接形式。不同的通信网会有不同的网络结构形式，但其网络的基本拓扑结构是一样的。各种不同的通信网都是基本拓扑结构的组合。目前，通信网的基本拓扑结构有网形、星形、复合型、总线型、环形和树形等。

3. 通信网的质量要求

对通信网一般提出3个要求：

（1）接通的任意性与快速性。

（2）信号传输的透明性与传输质量的一致性。

（3）网络的可靠性与经济合理性。

例如，对电话通信网是从以下三方面提出要求：

（1）接续质量：电话通信网的接续质量是指用户通话被接续的速度和难易程度，通常用接续损失（呼损）和接续时延来度量。

（2）传输质量：用户接收到的话音信号的清楚逼真程度，可以用响度、清晰度和逼真度来衡量。

（3）稳定质量：通信网的可靠性，其指标主要有：失效率（设备或系统投入工作后，单位时间发生故障的概率）、平均故障间隔时间、平均修复时间（发生故障时进行修复的平均时长）等。

4.4.2 现代通信网的分类与构成

通信网可以从多方面进行分类。

1. 按功能划分

（1）业务网：用户信息网，是通信网的主体，是向用户提供各种通信业务的网络，例如，电话、电报、数据、图像等。

（2）信令网：实现网络结点间（包括交换局、网络管理中心等）信令的传输和转接的网络。

（3）同步网：实现数字设备之间的时钟信号同步的网络。

（4）管理网：管理网是为提高全网质量和充分利用网络设备而设置，以达到在任何情况下，最大限度地使用网络中一切可以利用的设备，使尽可能多的通信得以实现。

后3种网络又统一称为支撑网。

支撑网是指能使电信业务网络正常运行的、起支撑作用的网络。它能增强网络功能、提高全网服务质量，以满足用户要求。在支撑网中传送的是相应的控制、监测等信号。

NO.7信令网、数字同步网、电信管理网是现代电信网的3个支撑网。

2. 按业务类型划分

（1）电话网：传输电话业务的网络，交换方式一般采用电路交换方式。

（2）电报网：传输电报业务的网络。

（3）传真网：传输传真业务的网络。

（4）广播电视网：传输广播电视业务的网络。

（5）数据通信网：传输数据业务的网络，交换方式一般采用存储—转发交换方式。例如，因特网。

3. 按服务范围划分

（1）本地网、长途网和国际网。

（2）广域网、城域网和局域网。

4. 按所传输的信号形式分

（1）数字网：网中传输和交换的是数字信号。

（2）模拟网：网中传输和交换的是模拟信号。

5. 按传输介质划分

（1）有线通信网：使用双绞线、同轴电缆和光纤等传输信号的通信网。

（2）无线通信网：使用无线电波线等在空间传输信号的通信网。根据电磁波波长的不同又可以分为中、长波通信、短波通信、微波通信网、卫星通信网等。

6. 按运营方式划分

（1）公用通信网：由国家邮电部门组建的网络，网络内的传输和转接装置可供任何部门使用。

（2）专用通信网：某个部门为本系统的特殊业务工作的需要而建造的网络，这种网络不向本系统以外的人提供服务，即不允许其他部门和单位使用。

一个完整的现代通信网，除了有传递各种用户信息的业务网之外，还需要有若干支撑网，以使网络更好地运行。

业务网也就是用户信息网，它是现代通信网的主体，是向用户提供诸如电话、电报、传真、数据、图像等各种电信业务的网络。

业务网按其功能又可分为用户接入网、交换网和传输网三部分。一种传输网与业务承载关系如图 4 – 10 所示。

支撑网是使业务网正常运行，增强网络功能，提供全网服务质量以满足用户要求的网络。

未来的通信网正向着数字化、综合化、智能化、个人化的方向发展。

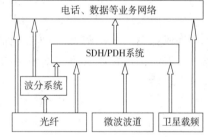

图 4 – 10　传输网与业务承载关系示意图

4.4.3　电话网及 SDH 传输网的网络结构

1. 电话网的网络结构

电话网的网络结构是一种等级结构。等级结构就是把全网的交换局划分成若干个等级，低等级的交换局与管辖它的高等级的交换局相连，形成多级汇接辐射网，即星形网；而最高等级的交换局间则直接互连，形成网形网。所以，等级结构的电话网一般是复合形网，如图 4 – 11 所示。

长途电话网简称长途网，由长途交换中心、长市中继和长途电路组成，用来疏通各个不同本地网之间的长途话务。

在五级制的等级结构电话网中，长途网为四级，一级交换中心 C1 之间相互连接构成网状网，以下各级交换中心以逐级汇接为主，辅以一定数量的直达电路，从而构成一个复合形的网络结构。

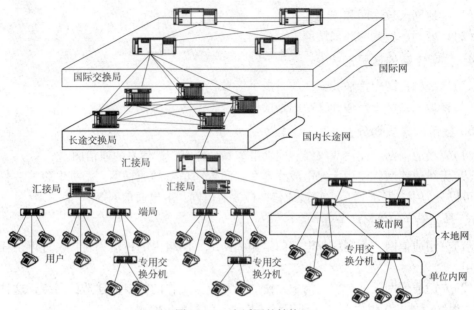

图 4 – 11　电话网的结构

等级结构的级数选择与很多因素有关，主要有两个：全网的服务质量，例如接通率、接续时延、传输质量、可靠性等；全网的经济性，即网的总费用问题。多级网络结构存在的问题，就全网的服务质量而言表现为：转接段数多；可靠性差。

在二级长途网中，如图 4 – 12 所示，DC1 构成长途两级网的高平面网(省际平面)；DC2 构成长途两级网的低平面网(省内平面)。DC1 的职能主要是汇接所在省的省际长途来话、去话话务，以及所在本地网的长途终端话务。DC2 的职能主要是汇接所在本地网的长途终端话务。

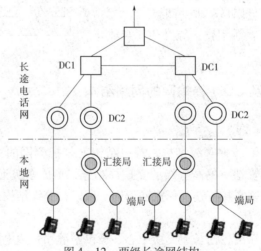

图 4 – 12　两级长途网结构

本地电话网简称本地网，指在同一编号区范围内，由若干个端局，或者由若干个端局和汇接局及局间中继线、用户线和话机终端等组成的电话网。

本地网可以扩大为特大和大城市本地网或中等城市本地网。

本地网内可设置端局和汇接局。端局通过用户线与用户相连，它的职能是负责疏通本局用户的去话和来话话务。汇接局与所管辖的端局相连，以疏通这些端局间的话务；汇接局还与其他汇接局相连，疏通不同汇接区间端局的话务。

本地网的网络结构采用网形网或二级网。网形网中所有端局个个相连，端局之间设立直达电路。当本地网内交换局数目不太多时，采用这种结构。

当本地网中交换局数量较多时，可由端局和汇接局构成两级结构的等级网，端局为低一级，汇接局为高一级。二级网的结构有分区汇接和全覆盖两种。

(1)分区汇接：分区汇接的网络结构是把本地网分成若干个汇接区，在每个汇接区内选择话务密度较大的一个局或两个局作为汇接局，分区汇接有分区单汇接和分区双汇接两种方式。

(2)全覆盖：全覆盖的网络结构是在本地网内设立若干个汇接局，汇接局间地位平等，均匀分担话务负荷。汇接局间以网形网相连；各端局与各汇接局均相连；两端局间用户通话最多经一次转接。

2. 路由及路由选择

路由是网络中任意两个交换中心之间建立一个呼叫连接或传递信息的途径。它可以由一个电路群组成，也可以由多个电路群经交换局串接而成。

路由可以分为基干路由、低呼损直达路由、高效直达路由。

(1)基干路由：构成网络基干结构的路由，由具有汇接关系的相邻等级交换中心之间以及长途网和本地网的最高等级交换中心之间的低呼损电路群组成。基干路由上的低呼损电路群又叫基干电路群。电路群的呼损指标是为保证全网的接续质量而规定的，应小于或等于1%，且基干路由上的话务量不允许溢出至其他路由。

(2)低呼损直达路由：直达路由是指由两个交换中心之间的电路群组成的，不经过其他交换中心转接的路由。任意两个等级的交换中心由低呼损电路群组成的直达路由称为低呼损直达路由。电路群的呼损小于或等于1%，且话务量不允许溢出至其他路由上。

(3)高效直达路由：任意两个交换中心之间由高效电路群组成的直达路由称为高效直达路由。高效直达路由上的电路群没有呼损指标的要求，话务量允许溢出至规定的迂回路由上。

路由选择结构分为有级(分级)和无级两种结构。

(1)有级选路结构：如果在给定的交换结点的全部话务流中，到某一方向上的呼叫都是按照同一个路由组依次进行选路，并按顺序溢出到同组的路由上，路由组中的最后一个路由为最终路由，呼叫不能再溢出，这种路由选择结构称为有级选路结构。

(2)无级选路结构：如果违背了上述定义(如允许发自同一交换局的呼叫在电路群之间相互溢出)，则称为无级选路结构。

动态选路的方法：时间相关选路(TDR)、状态相关选路(SDR)和事件相关选路(EDR)。

路由选择的基本原则：确保传输质量和信令信息传输的可靠性；有明确的规律性，确保路由选择中不出现死循环；一个呼叫连接中的串接段数应尽量少；能在低等级网络中流通的话务尽量在低等级网络中流通等。

不同等级电话网与选路方式的关系：我国四级制长途网采用固定分级选路方式；二级制长途网采用动态无级选路方式；而在过渡期采用固定无级的选路方式。

3. 传输链路及 SDH 传输网的结构

（1）传输链路方式的分类

传输链路是信息传输的通道，它不仅包含了具体的传输媒介，而且包含了信号发送、接收及变换的设备。

按照有无复用及复用的方式，传输链路可分为三类：实线传输链路（无复用）、频分载波传输链路（FDM）、时分数字传输链路（TDM）。

（2）SDH 传输网的组成

SDH（同步数字体系）传输网是由一些 SDH 网络单元（NE）组成的，在光纤上进行同步信息传输、复用和交叉连接的网络。

SDH 的基本网络单元包括终端复用器（TM）、分插复用器（ADM）、数字交叉连接设备（SDXC）。

（3）我国 SDH 传输网的网络结构

现阶段我国的 SDH 传输网分为 4 个层面：省际干线层面（长途主干网）、省内干线层面（省内长途网）、中继网层面、用户接入网层面，与电话网的结构想对应。图 4 – 13 所示为传输网结构示意图。

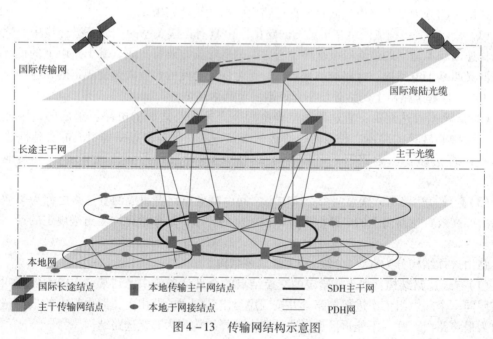

图 4 – 13　传输网结构示意图

4. 融合移动电话与固定电话的通信网

融合移动电话与固定电话的通信网如图 4 – 14 所示。

4.4.4　电信支撑网

支撑网是指能使电信业务网络正常运行的、起支撑作用的网络。它能增强网络功

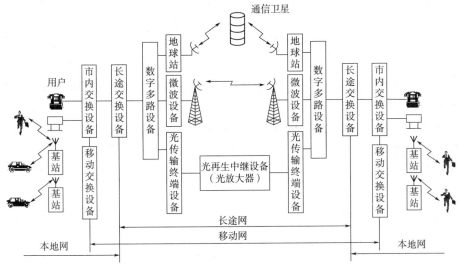

图 4-14　融合移动电话与固定电话的通信网

能、提高全网服务质量，以满足用户要求。在支撑网中传送的是相应的控制、监测等信号。

NO.7 信令网、数字同步网、电信管理网是现代电信网的 3 个支撑网。

1. No. 7 信令网

（1）信令网的结构

NO.7 信令网可分为无级信令网和分级信令网。无级信令网是指未引入信令转接点的信令网，分级信令网是指使用信令转接点的信令网。

分级信令网按等级划分又可划分为二级信令网和三级信令网。二级信令网是由一级 STP（信令转接点）和 SP（信令点）构成，三级信令网是由两级信令转接点，即 HSTP（高级信令转接点）和 LSTP（低级信令转接点）和 SP 构成。

信令网结构的选择主要取决于下述几个因素：信令网容纳的信令点数量、信令转接点设备的容量。

信令网的冗余度是指信令网的备份程度。

（2）信令网中的连接方式

对 STP 间的连接方式的基本要求是在保证信令转接点信令路由尽可能多的同时，信令连接过程中经过的信令转接点转接的次数尽可能得少。符合这一要求且得到实际应用的连接方式有网状连接方式和 A、B 平面连接方式。

A、B 平面连接方式是网状连接的简化形式。A、B 平面连接的主要特点是 A 平面或 B 平面内部的各个 STP 间采用网状相连，A 平面和 B 平面之间则成对地进行 STP 相连。

SP 与 STP 间的连接方式：分为分区固定连接（或称配对连接）和随机自由连接（或称按业务量大小连接）两种方式。

2. 数字同步网

同步是指信号之间频率相同、相位上保持某种严格的特定关系。数字网同步就是使数字网中各数字设备内的时钟源相互同步，也称为数字网的网同步。

（1）数字网网同步的必要性

在数字通信网中，输入各交换结点的数字信息流的速率必须与交换设备的时钟速率一致，否则在进行存储和交换处理时将会产生滑动。滑动将使所传输的信号受到损伤，影响通信质量。若速率相差过大，还可能使信号产生严重误码，直至中断通信。

具体到对各交换设备的要求是，缓冲器的写入时钟速率和读出时钟速率必须相同，否则，将会产生以下两种传输信息差错的情况：

①写入时钟速率大于读出时钟速率，将会造成存储器溢出，致使输入信息比特丢失。

②写入时钟速率小于读出时钟速率，可能会造成某些位被读出两次，即重复读出。产生以上两种情况都会造成帧错位，这种帧错位的产生就会使接收的信息流出现滑动。

（2）实现网同步的方式

目前提出的数字网的网同步方式主要有：准同步方式、主从同步方式、互同步方式。

准同步方式工作时，各交换结点都具有独立的时钟，且互不控制，为了使两个结点之间的滑动率低到可以接受的程度，应要求各结点都采用高精度与高稳定度的原子钟。

主从同步方式是在网内某一主交换局设置高精度和高稳定度的时钟源，并以其作为主基准时钟的频率控制其他各局从时钟的频率，也就是数字网中的同步结点和数字传输设备的时钟都受控于主基准时钟源的同步信息。

采用互同步方式实现网同步时，网内各局都设置自己的时钟，但这些时钟源都是受控的。在网内各局相互连接时，它们的时钟是相互影响、相互控制的。如果网络参数选择适当，则全网的时钟频率可以达到一个统一的稳定频率，实现网内时钟的同步。

（3）基准时钟源

在数字同步网中，高稳定度的基准时钟是全网的最高级时钟源。符合基准时钟指标的基准时钟源可以是铯原子钟组、美国卫星全球定位系统（GPS）。

我国的数字同步网采用主从同步方式，即北京建立基准时钟（PRC），武汉建立备用基准时钟，在全国各大城市设立若干从时钟，并在长途交换中心设立大楼综合定时系统（BITS）。作为 SDH 干线系统，基本上以干线两端局设备引入 BITS 的定时信号作为干线定时基准，其中处于数字同步网结点时钟级别高的局时钟作为主用时钟，结点时钟级别低的局时钟作为备用时钟，中间局（包括中继站）采用线路定时，当主时钟出现故障时，启用备用时钟，从而达到全干线同步定时。

（4）同步基准信号的传送方式

采用 PDH 2.048 Mbit/s 专线，即在上、下级综合定时供给系统之间用 PDH 2.048 Mbit/s 专用链路传送同步基信号。

采用 PDH 2.048 Mbit/s 传输业务信息的链路，利用上、下级交换机之间的 2.048 Mbit/s 传送业务信息流的中继电路传送同步定时基准信号，这时的同步定时基准信号是经时钟提取电路提取的。

在采用 SDH 传输系统时，是利用 SDH 线路码传送定时基准信号的。上级 SDH 设备已同步于该局的 BITS，通过 STM - N 线路码传送给下级 SDH 设备，从信息码流中提取 2.048Mbit/s 时钟信号作为本级 BITS 的同步基准信号。

3. 电信管理网

（1）网络管理的含义

网络管理是实时或近实时地监视电信网络的运行，必要时采取控制措施，以达到在任何情况下，最大限度地使用网络中一切可以利用的设备，使尽可能多的通信得以实现。

电信网络管理的目标是最大限度地利用电信网络资源，提高网络的运行质量和效率向用户提供良好的服务。

（2）电信网络管理技术的发展

传统的网络管理思想是将整个电信网络分成不同的"专业网"进行管理。例如，分成用户接入网、信令网、交换网、传输网等分别进行管理。

采用这种专业网络管理方式会增加对整个网络故障分析和处理的难度，将导致故障排除缓慢和效率低下。

为了适应电信网络及业务当前和未来发展的需要，提出了电信管理网（TMN）的概念。

（3）电信管理网的概念

电信管理网的基本概念是提供一个有组织的网络结构，以取得各种类型的操作系统之间、操作系统与电信设备之间的互连。

建设电信管理网的目的，就是要加强对电信网及电信业务的管理，实现运行、维护、经营、管理的科学化和自动化。

（4）TMN 的应用功能

TMN 的应用功能是指 TMN 为电信网及电信业务提供的一系列管理功能，主要划分为以下 5 种管理功能：性能管理、故障（或维护）管理、配置管理功能、计费管理功能、安全管理功能。

4.4.5 接入网

1. 接入网的基本概念

（1）接入网的定义

接入网由业务结点接口（SNI）和用户网络接口（UNI）之间的一系列传送实体（如线路设施和传输设施）组成，为供给电信业务而提供所需传送承载能力的实施系统。

（2）接入网的定界

接入网所覆盖的范围由 3 个接口定界。网络侧经业务结点接口（SNI）与业务结点（SN）相连；用户侧经用户网络接口（UNI）与用户相连；管理方面则经 Q3 接口（维护管理接口）与电信管理网（TMN）相连。

（3）接入网的功能模型

接入网的功能结构分为用户口功能（UPF）、业务口功能（SPF）、核心功能（CF）、传送功能（TF）和 AN 系统管理功能（AN – SMF）这 5 个基本功能组。

（4）接入网的接口

接入网有 3 种主要接口：用户网络接口（UNI）、业务结点接口（SNI）和维护管理接口。

2. 无线接入技术

一般是通过无线局域网 WLAN、2G、3G、4G 接入。

3. 有线接入技术

(1)铜线接入网

为提高铜线传输速率，又开发了两种新技术：高速率数字用户线和不对称数字用户线技术。

(2)高速率数字用户线——HDSL技术

HDSL是在两对或三对用户线上，利用2B1Q或CAP编码技术，以及回波抵消和自适应均衡技术等实现全双工的2 Mbit/s数字传输。

HDSL系统可在现有的无加感线圈的双绞铜线对上以全双工方式传输2.048 Mbit/s的信号。系统可实现无中继传输3~6 km(线径0.4~0.6 mm)。

(3)不对称数字用户线——ADSL

ADSL与HDSL相比，最主要的优点是它只利用一对铜双绞线对就能够实现宽带业务的传输。

双绞线对上的频谱可分为3个频带(对应于三种类型的业务)：双向普通电话业务(POTS)；上行信道，144 kbit/s或384 kbit/s的数据或控制信息；下行信道，传送6 Mbit/s的数字信息。

ADSL系统中所说的"不对称"是指上行和下行信息速率的不对称，即一个是高速，一个是低速，高速视频信号沿下行传输到用户；低速控制信号从用户传输到交换局。

(4)光纤接入网基本概念

光纤接入网是指在接入网中用光纤作为主要传输媒介来实现信息传送的网络形式。或者说是本地交换机或远端模块与用户之间采用光纤通信或部分采用光纤通信的接入方式。

光纤接入网的功能参考配置：

①基本功能块包括：光线路终端(OLT)、光配线网(ODN)、光网络单元(ONU)、适配功能块(AF)。

• OLT的主要功能：数字交叉连接功能；传输复用功能；光/电、电/光转换功能。

• ODN的主要功能：ODN为ONU和OLT提供光传输媒介作为其间的物理连接。

• ONU的主要功能：光/电和电/光变换功能；传输复用功能；N×64kbit/s适配、信令转换功能；模/数、数/模转换功能。

• AF的主要功能：AF为适配功能块，主要为ONU和用户设备提供适配功能，在具体物理实现时，它既可以包含在ONU之内，也可以完全独立。

②接口包括：网络维护管理接口(Q3)、用户与网络间接口(UNI)、业务结点接口(SNI)。

(5)光纤接入网的应用类型

根据光网络单元(ONU)设置的位置不同，光纤接入网又可分成若干种专门的传输结构，主要包括：光纤到路边(FTTC)、光纤到大楼(FTTB)、光纤到家(FTTH)或光纤到办公室(FTTO)等。

(6)混合光纤/同轴接入网

HFC是一种综合应用模拟和数字传输技术、同轴电缆和光缆技术的接入网络，是电信网和CATV网相结合的产物，是将光纤逐渐向用户延伸的一种演进策略。

4.4.6　因特网

1. 因特网的功能结构

从因特网的功能上看，可以划分为以下两大块：

(1)资源子网：由所有连接在因特网上的主机组成。这部分是用户直接使用的，用来进行通信(传送数据、音频或视频)和资源共享。

(2)IP通信子网：由大量网络和连接这些网络的路由器组成。这部分是为资源子网提供服务的(提供连通性和交换)。

资源子网中的主机也称为端系统。"主机 A 和主机 B 进行通信"，实际上是指："运行在主机 A 上的某个程序和运行在主机 B 上的另一个程序进行通信"。即"主机 A 的某个进程和主机 B 上的另一个进程进行通信"，或简称为"计算机之间通信"。

因特网的通信子网部分是因特网中最复杂的部分。因特网的通信子网要向资源子网的大量主机提供连通性，使资源子网中的任何一个主机都能够向其他主机通信(即传送或接收各种形式的数据)。因特网的通信子网部分起特殊作用的是路由器(Router)。路由器是实现通信的关键构件，其任务是转发收到的分组，这是网络核心部分最重要的功能。因特网的通信子网部分是由许多网络和把它们互连起来的路由器组成。因特网的路由器之间一般都用高速链路相连接，而主机通常以相对较低速率的链路与 IP 通信子网中的某个路由器连接，如图 4 - 15 所示。

主机的用途是为用户进行信息处理，并且可以和其他主机通过网络交换信息。路由器的用途则是用来转发分组的，即进行分组交换的。

2. 因特网工作方式

在端系统中运行的程序之间的通信方式通常可划分为两大类：客户服务器(C/S)方式和对等(P2P)方式。客户(Client)和服务器(Server)都是指通信中所涉及的两个应用进程。

客户服务器方式所描述的是进程之间服务和被服务的关系。客户是服务的请求方，服务器是服务的提供方。如图 4 - 16 所示，客户 A 向服务器 B 发出请求服务，而服务器 B 向客户 A 提供服务。

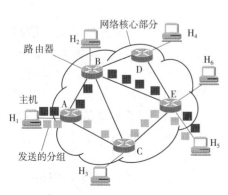

图 4 - 15　因特网的通信连接示意图

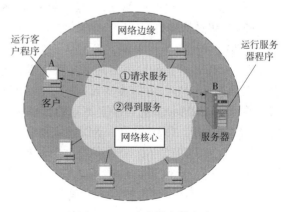

图 4 - 16　客户服务器方式

客户软件被用户调用后运行，在打算通信时主动向远地服务器发起通信(请求服务)。因此，客户程序必须知道服务器程序的地址，不需要特殊的硬件和很复杂的操作系统。

服务器软件是一种专门用来提供某种服务的程序，可同时处理多个远地或本地客户的请求。系统启动后即自动调用并一直不断地运行着，被动地等待并接受来自各地的客户的通信请求。因此，服务器程序不需要知道客户程序的地址。一般需要强大的硬件和高级的操作系统支持。

对等连接是指两个主机在通信时并不区分哪一个是服务请求方还是服务提供方。只要两个主机都运行了对等连接软件(P2P软件)，它们就可以进行平等的、对等连接通信。双方都可以下载对方已经存储在硬盘中的共享文档。

对等连接方式的特点：对等连接方式从本质上看仍然是使用客户服务器方式，只是对等连接中的每一个主机既是客户又同时是服务器。

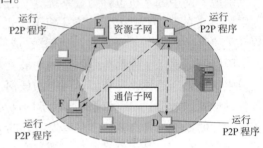

图4-17 对等方式

例如，主机C请求D的服务时，C是客户，D是服务器。但如果C又同时向F提供服务，那么C又同时起着服务器的作用，如图4-17所示。

3. 因特网的组成结构

从组成上看，因特网是一个由各种不同类型和规模的，独立运行和管理的计算机网络组成的世界范围的巨大的计算机网络。组成Internet的计算机网络包括小规模的局域网(LAN)、城市规模的城域网(MAN)及大规模的广域网(WAN)等，这些网络通过普通电话线、高速专用线路、卫星、微波和光缆等线路和路由器把不同国家的大学、公司、科研部门，以及军事和政府等组织的网络连接起来，各个网络之间的通信协议是TCP/IP。

（1）独立网络

独立网络不与其他网络进行连接，我们通常所见的独立网络为局域网。其组成的设备有：服务器、工作站、网卡、集线器或交换机等。ARPAnet也是一个独立网络。现在，独立网络可以是因特网的一部分，但绝不是因特网。

（2）三级结构网络

到20世纪70年代中期，人们认识到仅使用一个单独的网络无法满足所有的通信问题。于是ARPA开始研究很多网络互联技术，这就导致后来的互联网出现。1983年TCP/IP协议称为ARPAnet的标准协议。同年，ARPAnet分解成两个网络，一个进行试验研究用的科研网ARPAnet，另一个是军用的计算机网络MILnet。1990，ARPAnet因试验任务完成正式宣布关闭。1985年起，美国国家科学基金会(NSF)就认识到计算机通信网络对科学研究的重要性，1986年，NSF围绕6个大型计算机中心建设NSFnet网络，它是个三级网络，分主干网、地区网、校园网。它代替ARPAnet成为Internet的主要部分。1991年，NSF和美国政府认识到因特网不会限于大学和研究机构，于是支持地方网络接入，许多公司的纷纷加入，使网络的信息量急剧增加，美国政府就决定将因特网的主干网转交给公司经营，并开始对接入因特网的单位收费。

（3）多级结构网络

1993 年开始，美国政府资助的 NSFnet 就逐渐被若干个商用的因特网主干网替代，这种主干网也叫因特网服务提供商（ISP），考虑到因特网商用化后可能出现很多 ISP，为了使不同 ISP 经营的网络能够互通，在 1994 创建了 4 个网络接入点（NAP）分别由 4 个电信公司经营。21 世纪初，美国的 NAP 达到了十几个。NAP 是最高级的接入点，它主要是向不同的 ISP 提供交换设备，使它们相互通信。现在的因特网已经很难对其网络结构给出很精细的描述，但大致可分为 5 个接入级：网络接入点，多个公司经营的国家主干网，地区 ISP，本地 ISP，校园网、企业或家庭 PC 上网用户。

4.4.7　有线电视网

所谓有线电视（Cable Television，CATV）是指利用射频电缆、光缆、多路微波或其组合来传输、分配和交换声音、图像及数据信号的电视系统。这一系统的显著特点是对于带宽及实时性要求高。

有线电视系统最初称为共用天线系统，即共用一组优质天线以有线方式将电视信号分配到各用户的电视系统。共用天线系统克服了楼顶上天线林立的状况，解决了因障碍物阻挡和反射而导致的接收信号的重影及衰耗，有效改善了接收效果。

随着服务区域的扩大、系统频道的增多，共用天线系统逐渐不能满足人们对收视效果更高的需要，很快过渡到邻频道有线电视系统。

邻频系统不再是只对射频信号做简单的处理，而是采用复杂的中频处理方式，大大减少了频道间的干扰，改善了信号质量，增加了系统容量，是有线电视技术发展的一次重要突破。

20 世纪 90 年代以后，一些新技术特别是光传输技术的实用化为有线电视实现双向传输奠定了基础，促使了有线电视业务由传统的传输电视及广播业务发展为兼顾广播电视业务及数据业务的综合网络，即集广播电视业务、HDTV 业务、付费电视业务、实时业务（包括传统电话、IP 电话、电缆话音业务、电视会议、远程教学、远程医疗等）、非实时业务（即 Internet 业务）、VPN 业务、带宽及波长租用业务为一体的综合信息网络。

根据国家广播电影电视总局《城市有线广播电视网络设计规范》（GY 5075—2005）的要求，总体来说，采用光纤的有线电视网络由信号源、前端（总前端、分前端）、传输网络（一级传输网络、二级传输网络）、用户分配网络、用户终端 5 个部分构成。图 4-18 中给出了具有前端设备、传输网络、用户分配网及用户终端的有线电视系统组成结构图。

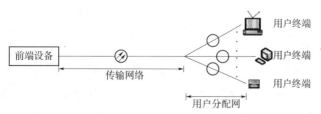

图 4-18　有线电视系统组成结构图

有关的主要概念介绍如下：

（1）信号源

有线电视信号源包括卫星地面站接收的数字和模拟的广播电视信号、各种本地开路广播电视信号、自办节目及上行的电视信号及数据等。

（2）前端

前端用于连接信号源与传输网络，可分为总前端和分前端。总前端的主要功能如下：

①完成电视、广播节目接收和处理，通过传输网与分前端对用户播出。

②数据广播内容编辑和播出。

③视频、音频媒体资料库。

④因特网数据中心。

⑤网管中心。

⑥网络通信中心。

一个网络原则上只设置一个总前端，用户数超过8万（含8万）的网络应设置分前端，每个分前端接入用户数不宜超过6万，用户数不大于8万户的C类有线电视网络可不设分前端。

分前端通过传输网络与总前端互通电视、广播和数据信息；通过二级传输网与光结点和IP接入交换机互通信息；分前端还应具备通信分中心功能。

（3）广播电视节目的处理

广播电视节目的处理主要目的是为了用户端机顶盒的接收。当机顶盒要接收某一个指定节目时，其流程是：首先从节目关联表（PAT）中取得这个节目的节目映射表（PMT）的PID值；然后从TS流中找出与此PID值相对应的节目映射表（PMT），从这个节目映射表中获得构成这个节目的基本码流的PID值；根据这个PID值滤出相应的视频、音频和数据等基本码流；解码后复原为原始信号，删除含有其余PID的传送包。TS流是传送流（Transport Stream）的简称，它是根据ITU – T Rec. H. 222. 0｜ISO/IEC 13818 – 2 和ISO/IEC 13818 – 3协议而定义的一种数据流，其目的是为了在有可能发生严重错误的情况下进行一道或多道程序编码数据的传送和存储。这种错误表现为比特值错误或分组丢失。传送流由一道或多道节目组成，每道节目由一个或多个原始流和一些其他流复合在一起，包括视频流、音频流、节目特殊信息流（PSI）和其他数据包。其中PSI表有4种类型：节目关联表（PAT）、节目映射表（PMT）、网络信息表和条件访问表。传送流应用比较广泛，如视音频资料的保存、电视节目的非线性编辑系统及其网络等。

由于系统通常存在多个TS流，为了引导数字电视用户能在TS流中快速地找出自己需要的业务，DVB对MPEG – 2的PSI进行了扩充，形成SI（Service Information）。在实用中，将SI所提供的数据通过有序地组织起来，生成类似节目报的形式，它能在电视机上即时浏览，这样将大大方便用户的使用，这就是电子节目指南EPG。

广播电视节目的处理可分为前处理和后处理。

前处理功能主要包括：接收、处理卫星电视的电视、广播节目；接收、处理本地电视、广播播出机构送来的节目，接收传输网送来的上一级或下一级在线节目；处理节目提供商等提供的离线节目；电视节目打包、视频服务器输出多节目流；复用器/再复用器输出DVB ASI；插入PSI、SI；EPG编辑制作和插入；条件接收系统；用户管理系统；用户结算系统。

后处理功能主要包括以下内容：QAM 调制器、VSB 调制器、CMTS 设备；射频混合；电视、广播节目调度和监控。CMTS 是线缆调制解调器终端系统的英文缩写，是一个位于有线电视网前端的设备系统，允许有线电视运营商向家庭计算机提供高速 Internet 接入。CMTS 通过有线电视网发送和接收数字线缆调制解调器信号。它接收从用户的线缆调制解调器发来的信号，将信号转换成 IP 包，然后将信号按一定路由发送给 ISP，连接 Internet。CMTS 还能将信号下行发送到用户的线缆调制解调器。

（4）传输网络

在 HFC（Hybrid Fiber Coaxial）中利用光缆作为传输骨干网络。我国的有线电视网络根据网络规模划分为 A（60 万及以上用户）、B（10 万及以上到 60 万以下用户）、C（10 万以下用户）三类，其中 A 类业务的传输网应包括一级传输网和二级传输网。

HFC 一般采取以下两种方式组网：

方式 1：一级传输网采用 HFC 技术。下行光发射机的工作波长为 1 550 nm 或 1 310 nm，采用发端并行、收端利用电开关切换的方式将信号分配给每个分前端。在分前端，电信号被 1 310 nm 光发射机转换为光信号后分送每个光结点，构成二级传输网。

方式 2：一级传输网仍采用 HFC 技术。下行光发射机的工作波长为 1 550 nm，采用发端并行、收端利用光开关切换的方式将信号分配给每个分前端。在分前端，切换后的光信号经 EDFA（Erbium – doped Optical Fiber Amplifer）放大和分配后分送每个光结点，构成二级传输网。

一级传输网可选用以下几种拓扑结构：路由走向环形/物理连接星形、路由走向网形/物理连接星形、环形 3 种网络拓扑结构，在实际设计中，可选用这 3 种的任 1 种或 2～3 种的组合。

而二级传输网通常采用星形结构。

（5）用户分配网络

HFC 网络中，考虑到经济性和前向兼容性，用户分配网络采用同轴电缆为传输介质，拓扑结构可采用树状结构。在每个光结点，电信号由光工作站配备的桥接电端口输出，然后通过分支、分配器经电缆网无源送给用户设备。为了实现双向数据传输，采用双向线路设计。采用集中供电方式统一供电。

（6）用户终端

所谓"用户终端"是指有线电视网与用户电视接收机之间的接口设备。单向有线电视网终端设备比较简单，主要是单口用户盒或双口用户盒，或串接一分支。而双向数字有线电视网的用户终端比较多样化，主要包括用于数字电视接收设备的机顶盒、勇于实现双向业务的电缆调制解调器等

4.4.8　网络电视

网络电视（Interactive Personality TV，IPTV），是建立在因特网通信上的个性化的互动的电视，是未来的家庭娱乐中心。总体上讲，网络电视可根据终端分为 3 种形式：PC 平台、TV（机顶盒）平台和手机平台（移动网络）。

通过 PC 收看网络电视是当前网络电视收视的主要方式，因为互联网和计算机之间的

关系最为紧密。目前，已经商业化运营的系统基本上属于此类。基于 PC 平台的系统解决方案和产品已经比较成熟，并逐步形成了部分产业标准，各厂商的产品和解决方案有较好的互通性和替代性。

基于 TV（机顶盒）平台的网络电视以 IP 机顶盒为上网设备，利用电视作为显示终端。虽然电视用户大大多于 PC 用户，但由于电视机的分辨率低、体积大（不适宜近距离收看）等缘故，这种网络电视目前还处于推广阶段。

严格地说，手机电视是 PC 网络的子集和延伸，它通过移动网络传输视频内容。由于它可以随时随地收看，且用户基础巨大，所以可以自成一体。

网络电视的基本形态：视频数字化、传输 IP 化、播放流媒体化。网络电视的内容：图文、音乐、影视、游戏。终端：PC、电视、便携、手机、车载。功能：广播、点播、下载、录制、交互。方式：推荐 + 自选。

4.5　通信工程及其实施

本节以地铁专用通信系统及其工程建设过程为例，介绍通信工程项目的设计与实施。

4.5.1　地铁专用通信系统的组成

地铁专用通信系统由传输、公务、调度、专用无线、视频监控、广播、时钟、电源、集中告警、乘客信息系统构成，由地铁控制中心和车站、停车场、车辆段两级设备组成。传输网由各车站、停车场、车辆段及控制中心设置的 MSTP（OTN）传输设备，通过线路两侧的光缆构成自愈光纤环网，是一个具有承载语音、数据及图像的多业务光纤网络，它承载的业务包含公务电话中继、无线信号、专用电话、视频信息、广播信息、时钟信息、乘客信息、通信各子系统的监控信息，列车控制（ATS）信息、自动售检票（AFC）信息、综合监控（ISCS）等。

在控制中心或者车辆段设置公务主交换机，在车站、停车场设置公务小交换机构成公务电话系统，向地铁用户提供公网市话接入，提供语音、传真等通信服务。在控制中心或者车辆段设置调度主交换机、调度台，在车站、停车场设置调度分机、调度台、调度电话机等构成专用电话系统，为列车运营、电力供应、日常维修、防灾救护、票务管理提供指挥和调度命令的有线通信工具。

在控制中心设置无线集群交换机，在车站、车辆段设置基站，隧道、车站、停车场等区域设置漏缆或天线进行无线场强覆盖，以此构成专用无线系统，为列车运营、电力供应、日常维修、防灾救护、票务管理提供指挥和调度命令的无线通信工具。

在控制中心和车站、场、段设置视频监控系统，提供列车运行、防灾救灾、旅客疏导等方面的视觉信息；在控制中心设置一级母钟（子钟）和时钟信号接收装置，在车站设置二级母钟和子钟构成时钟系统，为全线乘客服务提供标准时间，为其他系统提供统一的时钟信号。

在控制中心和车站、场、段设置广播机柜，控制中心设置广播前级设备、车站设置扬声器网组成广播系统，为乘客提供列车停靠、进出站信息、安全提示和向导、音乐，以及向工作人员播发通知等语音信息。在控制中心、车站、停车场、车辆段为通信系统配置电源，包含 UPS 电源、高频开关电源和动环监控系统。

在控制中心设置集中告警系统，对专用通信各子系统告警信息进行集中管理。在控制中心设置乘客信息编播中心，车站设置播控及显示终端组成乘客信息系统，为乘客提供列车停靠、进出站信息、安全提示和向导信息。在列车上设置车载 CCTV、乘客信息播放控制器和终端显示设备。隧道区间设置车地无线网络，延伸乘客信息系统内容至列车上，同时向控制中心提供车载视频信息。

4.5.2　地铁专用通信系统工程设计

对于规模不同的通信系统工程，通信系统工程的过程差异很大。一个大型通信系统工程的设计过程需要从技术、管理和用户关系这 3 个关键因素的角度考虑，基本步骤如下：

(1)选择设备供货商：用户方有可能以招标的方式选择设备供应商；用户方对通信系统工程的意愿应体现在发布的招标文件中。通信系统工程供货商则以投标的方式响应用户方招标。投标前，应与用户充分交流，现场勘察，进行用户需求分析，然后提出初步的技术方案……一旦中标，则需要与用户方签署合同。合同是通信系统工程供货商与用户方之间的一种商务活动契约，受法律保护。

(2)通信系统工程的需求分析，明确通信系统工程的需求，包括确定该通信系统工程要支持的业务、要完成的通信功能、要达到的性能、要达到的安全功能等。用户需求分析的 4 个方面：应用目标；应用约束；通信特征；系统内具有的各种信息资源，对它们进行风险评估。

(3)逻辑网络设计：全面细致地勘察整个通信系统工程环境，重点放在系统部署和网络拓扑等细节设计方面。逻辑网络设计确定以下问题：

①采用何种网络结构。

②号码分配或地址规划。

③采用何种选路协议。

④采用何种网络管理方案。

⑤设计相应的安全性策略，采用相应的安全产品，如数据备份系统和监测系统等。

(4)物理网络设计：从结构化布线系统设计、机房系统设计、供电系统的设计、设备选型等几方面完成设计。

(5)系统安装与调试。

(6)系统测试与验收：加电并连接到服务器和网络上进行检查。系统测试的目的主要是检查通信系统是否达到了预定的设计目标，能否满足网络应用的性能需求，使用的技术和设备的选型是否合适。

系统验收是用户方正式认可通信系统工程已经完成的手续，用户方要确认工程项目是否达到了设计要求，验收分为现场验收和文档验收。

(7)用户培训和系统维护：系统成功地安装后，供货商必须为用户提供必要的培训。培训的对象可分为网管人员、一般用户等。用户培训是系统进入日常运行的第一步，必须制订培训计划，可采用现场培训、指定地点培训等方式。

4.5.3 地铁专用通信系统的工程实施

1. 地铁通信工程施工设计原则

现阶段的工程建设在一定程度上对当地的经济发展和生活水平的提高产生了较大的影响。在建设地铁通信工程的时候，施工前的工作比较重要，会对后续施工和日后的投入使用产生较大的影响。要想获得一个理想的地铁通信工程，需要按照以下原则来进行。第一，系统保障性原则。为保证系统的整体性，系统的建设采取"总体规划、具体实施"的策略。这样一来，工作人员在实际的施工当中，不仅可以降低劳动强度，而且可以保证工程在规定的时间内完成。第二，实用性原则。公司组织设计人员与运营相关人员对用户需求进行充分的交流，尽可能降低维护投入，适应未来更新换代的要求。第三，先进性与成熟性原则。建设地铁通信工程是一个长期的工程，单一的技术和方式并不能取得较好的成果。要坚持技术的先进性、成熟性，只有达到这两个标准，才能从客观上提高工程的质量。

2. 地铁通信工程施工管理阶段主要环节的控制

（1）工程进度控制与管理

工程进度合理安排和有效控制是整个工程管理的主线。从主观的角度来说，现阶段的很多工作虽然应用了一些较为先进的仪器设备，但最终还是需要依靠人工进行操作，工程进度控制与管理，实际上就是对员工进行管理。在工程进度控制当中，自然因素是一个方面，人为因素是一个方面。当遇到不可抗拒的自然因素时，可以适当地拖延工期，因为自然因素并不是人为能够决定的，当人为因素造成的工期拖延时，可以通过一些先进的技术、合理安排加班时间、再加上一些效率较高的设备来弥补。工程进度控制是一个难点，需要把握好人为因素，充分抵抗自然因素。另一方面，工程管理需要对每一个方面都实行有效的管理，而不是"地毯式"的监控。要保证地铁通信工程在规定的时间内完成，并且在经济效益、社会效益、工程质量上都取得一个理想的成果

（2）工程质量控制与管理

地铁通信工程作为现阶段影响社会发展的重要工程之一，必须控制好影响工程质量的各个因素，同时管理好影响工程质量的各项工作，通过多元化的方式实现全面提升。首先，决策阶段的质量管理需要广泛搜集资料，同时进行深入调查研究，在分析、比较以后，决定项目的可行性和最佳方案。其次，设计阶段的质量管理。这个阶段需要对一些具体的数据进行管理，因为设计图当中的一个数字错误，很有可能导致施工当中的重大安全事故发生。

（3）通信系统与其他专业间的接口管理

在目前的工作当中，地铁通信工程已经开始陆续地在各大城市登陆，并且在进度、质量、效益上都取得了理想的成绩。现阶段的工作重点在于通信系统和其他专业间的接口管理，通过管理两个方面的工作，能够进一步巩固前面的工作成果，并且在最大限度上避免安全事故的发生。例如，要对接口管理程序进行关注，接口管理程序能够发布很多的指令和信息，对通信系统的影响较大，并且在地铁运行的时候，也会产生较大的影响。

3. 地铁通信工程施工设计注意事项

相对于其他工程来说，地铁通信工程具有工程量大、工程要求高、成本高、收益高等特点，因此，在建设地铁通信工程的过程中，必须对一些注意事项特别规避，防止恶性事件的发生。首先，在接口处理上必须采用一些安全性较高的方式。在网络迅速发展的今天，相关技术已经提升到了一个空前的高度，部分人可以通过远程操控改变接口，并且发布一些指令和信息，这对地铁来说是非常危险的。其次，在换乘站的设计当中，换乘站的互联互通方案设计，应该重点考虑旅客信息显示及广播系统、无线覆盖方式等工作。不同的换乘方式，各系统互联互通方案也不相同，在一个偌大的城市当中，不同的人群需要不同的换乘路线，地铁通信工程要尽量满足大众的需求。第三，与其他交通线路资源融合、优化。地铁虽然在很大程度上解决了交通压力，但是从客观角度来分析，这是由于各种交通工具配合所产生的效果，单纯地运行地铁，只能满足少数人的需求。在建设地铁通信工程的时候，必须考虑到与其他交通线路资源的融合，这样才能保证所有的工作平稳进行。

4.6　通信工程建设程序

根据中华人民共和国工业和信息化部 2014 年公布的《通信工程建设项目招标投标管理办法》，通信工程建设项目，是指通信工程以及与通信工程建设有关的货物、服务。其中，通信工程包括通信设施或者通信网络的新建、改建、扩建、拆除等施工；与通信工程建设有关的货物，是指构成通信工程不可分割的组成部分，且为实现通信工程基本功能所必需的设备、材料等；与通信工程建设有关的服务，是指为完成通信工程所需的勘察、设计、监理等服务。

一个完整的通信工程建设程序分为立项阶段、实施阶段、验收阶段。

1. 立项阶段

立项阶段的主要文件是通信工程项目调查报告、项目建议书、可行性研究报告。

通信工程项目调查报告是进行工程立项的基础。通过勘测调查搜集工程项目所需要的各种业务、技术和经济方面的有关资料并在全面调查的基础上会同有关专业和单位认真进行分析、研究、讨论。为确定具体工程项目方案提供准确和必要的依据。

项目建议书是项目建设筹建单位或项目法人根据国民经济的发展、国家和地方中长期规划、产业政策、生产力布局、国内外市场、所在地的内外部条件提出的某一具体项目的建议文件，是对拟建项目提出的框架性的总体设想。往往是在项目早期由于项目条件还不够成熟仅有规划，意见书对项目的具体建设方案还不明晰，市政、环保、交通等专业咨询意见尚未办理。

项目建议书主要论证项目建设的必要性、建设方案和投资估算，投资估算比较粗，一般误差为 ±30% 左右。对于大中型项目，或者工艺技术复杂、涉及面广、协调量大的项目还要编制可行性研究报告作为项目建议书的主要附件之一。

项目建议书是可行性研究的依据，是政府管理部门批准项目的依据，涉及利用外资的项目在项目建议书批准后方可开展对外工作。

可行性研究报告是从事重大经济活动投资之前的一个重要文件，要从经济、技术、生产、供销直到社会各种环境、法律等各种因素进行具体调查、研究、分析确定有利和不利的因素、项目是否可行，估计成功率大小、经济效益和社会效益的大小，作为决策者和主管部门审批的依据。可行性研究报告的主要内容：①项目提出的背景和依据。②建设规模、产品方案确定的依据。③主要技术与设备的选择及其来源。④选址定点方案。⑤企业组织的设置与人员培训。⑥环境保护内容。⑦资金概算及其来源。⑧项目实施的综合计划。⑨经济效益和社会效益。

2. 实施阶段

通信建设项目的实施阶段由初步设计、年度计划安排、施工准备、施工图设计、施工招投标、开工报告、施工等 7 个步骤组成。

根据通信工程建设特点及工程建设管理的需要，一般通信建设项目设计按初步设计和施工图设计两个阶段进行；对于技术上复杂的或采用新设备和新技术的项目，可增加技术设计阶段，按初步设计、技术设计、施工图设计 3 个阶段进行。

对于规模较小，技术成熟，或套用标准的通信工程项目，可直接做施工图设计，称为"一阶段设计"。

（1）初步设计

项目可行性研究报告批准后，由建设单位（业主）委托具备相应资质的勘察设计单位进行初步设计。

初步设计文件的内容：设计单位通过实际勘察取得可靠的基础资料，在经技术经济分析进行多方案比较论证的基础上确定项目的建设方案、设备选型及项目投资概算。

对设计文件的要求：设计文件应符合项目可行性研究报告、有关的通信行业设计标准、规范要求，同时包含未采用方案的扼要情况及采用方案的选定理由。

（2）年度计划安排

建设单位根据批准的初步设计和投资概算，经过资金、物资、设计、施工能力等的综合平衡后，做出年度计划安排。

年度计划中包括通信基本建设拨款计划、设备和主要材料储备（采购）贷款计划、工期组织配合计划等内容。年度计划中应包括单个工程项目和年度的投资进度计划。

经批准的年度建设项目计划是进行基本建设拨款或贷款的主要依据，是编制保证工程项目总进度要求的重要文件。

（3）施工准备

建设单位根据通信建设项目或单项工程的技术特点，适时组成管理机构，做好工程实施的各项准备工作，包括落实各项报批手续。

施工准备是通信基本建设程序中的重要环节，是衔接基本建设和生产的桥梁。

（4）施工图设计

建设单位委托设计单位根据批准的初步设计文件和主要通信设备订货合同进行施工图设计。

设计人员在对现场进行详细勘察的基础上，对初步设计做必要的修正；绘制施工详图，标明通信线路和通信设备的结构尺寸、安装设备的配置关系和布线；明确施工工艺要求；编制施工图预算；以必要的文字说明表达意图，指导施工。

施工图设计文件是控制建筑安装工程造价的重要文件，是办理价款结算和考核工程成本的依据。

（5）施工招投标

建设单位应依照《中华人民共和国招标投标法》和《通信建设项目招标投标管理暂行规定》，进行公开或邀请形式的招标，选定技术、管理水平高、信誉可靠且报价合理、具有相应通信工程施工等级资质的中标通信工程施工企业。在明确拟建通信建设工程的技术、质量和工期要求的基础上，建设单位与中标单位签订施工承包合同，明确各自应承担的责任与义务，依法组成合作关系。

（6）开工报告

建设单位应在落实了年度资金拨款、通信设备和通信专用的主要材料供货及工程管理组织、与承包商签订施工承包合同后，建设工程开工前一个月，向主管部门提出开工报告。

（7）施工

施工承包单位应根据施工合同条款、批准的施工图设计文件和工前策划的施工组织设计文件组织进行施工，在确保通信工程施工质量、工期、成本、安全等目标的前提下，满足通信施工项目竣工验收规范和设计文件的要求。

在施工过程中，对隐蔽工程在每一道工序完成后应由建设单位委派的监理工程师或随工代表进行随工验收，验收合格后才能进行下一道工序。完工并自验合格后方可提交"交（完）工报告"。

3. 验收

（1）工程建设项目竣工验收的依据

工程建设项目竣工验收的依据有：①主管部门批准的各种批复及建设项目立项、可行性研究报告、设计文件、设计修改、方案变更的施工图纸、调整概（预）算和相关的签报等文件；②境内、涉外建设项目的各类合同、协议等有关文件，主设备技术说明书；③初步验收报告、初步竣工决算报告；④相关财务制度及其他具有法律效力的文件等；⑤国家及工业和信息化部颁布的有关通信建设工程竣工验收施工规范。

（2）竣工验收的必备条件

竣工验收的必备条件是：①按照批复的设计规模，已经建成的主体、单项和配套设施，能满足生产或使用的需要，通过初验，试运行中未出现重大问题、系统性能达到各项指标要求，可形成生产能力。②安全、消防、防雷接地、主要设备的安装工艺等设施，已经按照设计规模与主体工程同时建成并经试运行合格。③工程文件和技术资料齐全。④已经完成初步财务决算编制。⑤投产或投入使用的各项准备工作已完成，生产、维护、管理人员已就位，能满足生产需要。⑥竣工验收申请、工程竣工初验报告、工程财务初步决算报告等文件已上报上级主管部门。

（3）初步验收报告

对大中型项目，一般应先进行初验，初步验收应严格按照相关标准进行，填写测试表、填写初验考评总表；填写初验证书。对发现的问题提出处理意见，并组织相关责任单位限期解决。

初步验收报告的主要内容：①初验工作的组织情况；②初验时间、范围、方法和主要过程；③初验检查的质量指标(应附初验测试指标)与评定意见，对施工中重大质量事故处理后的审查意见；④对实际的建设规模、生产能力、投资和建设工期的检查意见(如与原批准的计划不符，应提出处理意见)；⑤对工程档案与所有技术资料的检查意见；⑥关于工程中贯彻国家建设方针及财务规定的检查意见；⑦对存在的问题落实解决方法；⑧对下一步安排试运转、编写竣工验收报告及竣工决算的意见。

初步验收合格后，对大中型项目组织三个月系统试运行，全面考核系统设备的性能、系统指标和施工质量。在试运行过程中，若发现质量问题，及时解决。试运行结束后的十五个工作日内，建设单位向主管部门报送竣工验收申请、工程竣工报告、工程财务初步决算报告等文件。

项目主管部门收到竣工验收报告，在一周时间内确认并回复该项目是否能竣工验收。

(4)竣工验收报告

对于小型项目可直接进行一次性竣工验收，但验收内容，验收标准不得改变。

竣工验收小组根据建设项目竣工报告、竣工初步财务决算等报告，对该项目进行竣工验收。具体实施内容如下：①根据国家及公司正式颁布的工程竣工验收技术标准、规范、设备采购合同中的技术规范书、单机测试指标、系统测试指标，或网络指标、相关实际测试记录、隐蔽工程的随工监理记录等进行竣工验收，核实和检查该项目的技术性能是否符合验收标准，对重要的技术指标进行抽测。②依据基本建设管理程序，检查该项目的审批手续及执行过程、工程建设规模、投资与审批、投资的落实情况，检查工程实施情况、施工质量、监理报告、隐蔽工程的随工签证手续、安装工艺要求、竣工图纸编制情况及各项测试结果。③检查系统或网络试运行情况、试运行报告、存在问题及解决方案、设施的考核及抗震设防、岗位人员培训、厂家的售后服务等。④根据相关规定，检查、核实项目的建设资金来源、估算、概(预)算执行情况；由于设计方案变更随工调整概(预)算情况；初步决算的编制情况等。⑤根据相关规定，检查该项目从立项到竣工验收全过程中形成的各类合同、批复文件、各种来往函件、可行性研究报告、设计文件、竣工文件、监理文件及随工监理资料是否完整、齐全，档案整理情况。⑥竣工验收小组对工程建设的各个环节做出评价，并形成竣工验收意见。对不符合竣工验收要求的建设项目提出限期整改要求，待达到竣工验收条件后，再行组织竣工验收，其过程作为建设项目档案内容归档。工程中如有少量特殊单项不影响生产能力的未完工程，亦可组织竣工验收。竣工验收时应将本部分工程作为收尾工程处理，决算时留足工程资金。建设单位应在竣工验收后按验收小组规定的时间完成。

竣工验收报告主要内容包括①建设依据：简要说明项目可行性研究报告批复或计划任务书和初步设计的批准单位及批准文号，批准的建设投资和工程概算(包括修正概算)，规定的建设规模及生产能力，建设项目的包干协议主要内容。②工程概况：包括工程前期工作及实施情况；设计、施工、总承包、建设监理、质量监督等单位；各单项工程的开工及竣工日期；完成工作量及形成的生产能力(详细说明工期提前或延迟的原因和生产能力与原计划有出入的原因，以及建设中为保证原计划实施所采取的对策)。③初验与试运转情况：初验时间与初验的主要结论及试运转情况(应附初验报告及试运转主要测试指标，试运转时间一般为3~6个月)，质量监督部门的意见。④竣工决算概况：概算(修正概算)、预算执行情况与初步决算情况，并进行通信建设项目的投资分析。

习　题

1. 电话系统与电话网的组成有哪些不同？
2. 为什么说独立网络可以是因特网的一部分，但绝不是因特网？
3. 通信工程实施的一般步骤是什么？
4. 通信工程建设项目分为哪些阶段，为什么需要立项阶段？

第❺章 通信业概况

能源、信息和材料是现代社会发展的三大支柱。现代信息产业的三大支柱是传感器技术、通信技术和计算机技术，它们分别构成了信息系统的"感官""神经"和"大脑"。通信业是通常所说的信息技术产业的三大支柱产业之一，是人类步入现代社会后才真正开始兴起和发展的行业。从最初的电报、电话到现在的移动通信，从模拟的低速率有线语音到如今的高速率数字无线网络，通信业在短短数十年的时间里发生了数次跨越式的巨变。通信业作为基础型经济支柱产业，在人民日常生活和社会正常运转中的作用越来越大，直接联系国家的政治、经济和人民生活的各个方面，辐射范围广，对社会发展有着深刻积极的作用。我国的通信业在不断发展过程中，不断创新完善，通信业规模和用户不断增加，在国家发展和经济增长中发挥着重要作用。本章对通信业企业的大致情况和部分专业工作职位进行介绍。

5.1　通信业简述

通信业又称通信行业，有时也称电信业或者通讯业，包括通信服务业和通信制造业两个子行业。通信服务业包括提供信息内容服务的信息提供业和提供通信网络服务的运营业；通信制造业按照制造产品的不同分为通信设备制造业和通信产品制造业。通信行业主要包括运营商、电信设备提供商、终端产品提供商、工程公司，分别为电信网络提供设备、安装调测、网络运营。他们构成了通信行业产业链，如图 5 - 1 所示。在这个产业链中，运营商占据着核心地位，由它来根据市场需求制定行业发展策略，控制着产业链的发展方向；而设备供应商、技术标准供应商和服务供应商只能是根据运营商的要求提供相关的产品和服务，它们在这个产业链中的地位既是不可或缺的，又要根据运营商的要求调整产品结构，确定发展战略。因此，对于通信行业的发展，产业链中的各个环节要制定发展战略就需要与产业发展相结合，充分发挥自身在产业链中的作用。

随着计算机、通信与网络等信息技术的产生和快速发展，通信行业的概念与内涵也随着经济的发展而逐步形成并完善。从发展特性角度看，通信设备制造业和通信服务业是伴随着信息技术的发展而不断成长壮大的。一段时间以来，学术界大多将通信行业作为信息产业的重要分支，但随着通信行业的快速发展，通信行业已经具备从信息产业中独立出来的属性。通信行业的产业关联度要强于一般的传统行业，通信设备制造业主要提供电信设备制造，为通信服务商提供基础设备，如光导纤维、光有源设备、光无源设备等，以及电话、手机等终端产品。通信服务业主要是建设电信网络，提供固定电话、移动电话和增值业务等服务。传统运营商在整个电信网络及移动通信网络建设和运营的产业链中占据核心地位，对于电信、宽带、移动这些通信业务的分析，也必须以运营商为核心，进而推广到各个子行业。而通信设备行业又可以细分为系统设备、辅助设备、系统集成、光纤光缆、网络规划和优化，以及运维、终端设备，增值服务提供等子行业，这条产业链上其他各个子行业或多或少都与运营商有着联系，离不开运营商构建的高速的数据承载网络，具体体现在：

（1）互联网产业蓬勃发展，成为社会不可或缺的生产和交易平台，带动一系列新兴产业如云计算，电子商务、社交网络发展的同时也对高速泛在的信息网络提出更高要求。

（2）固定宽带的不可替代性，其独享、安全、可靠的特性及未来发展的超高速特性，无疑将孕育出众多的商业机会，成为未来经济发展和产业结构调整的基础。

（3）移动互联网发展迅猛，移动数据流量快速增长；进入数据运营时代，数据业务提供能力将成为用户选择网络提供商的最重要因素。

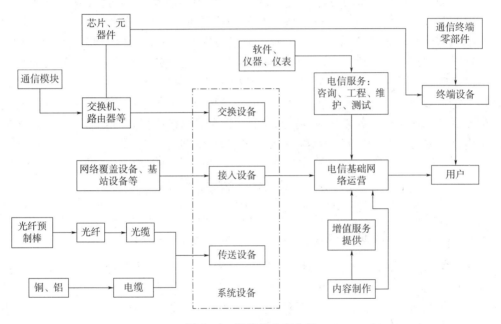

图5-1　通信行业产业链

通信行业属于信息技术业，技术对行业的贡献率也是相当高的，这不同于传统行业。通信行业主要特征如下：

（1）通信行业是知识、技术、智力密集型产业，通信技术的研究开发需要专业的高水平的人员来进行，也需要专业人员之间的联合协作。这就决定了这种产业对劳动者知识水平、智力水平的要求较高。

（2）通信行业是高创新性和高渗透性相结合的产业。通信技术的发展和进步也是源于大量的发明和创造，是建立在现代科技最新成果基础之上，因而具有高度的创新性。

（3）通信行业是产出高、效益好的高增值产业。通信行业是集资本、技术、知识于一身的产业，随着资本的投入、技术的进步和知识的积累，通信行业的生产规模越来越大，产业规模的扩大不仅带来高产出，而且还促使规模经济的形成，从而提高资源的利用率，提高劳动生产率，降低了产品的生产成本，所以增值率就高。

（4）通信行业是高风险性行业。通信行业的高收益性是建立在高风险性基础之上的，其风险性表现在：第一，通信行业是高投入型产业，产品和技术研发初期需要投入巨额资金，并且由于创新的不确定性，巨额投入有可能血本无归。第二，通信产品的市场范围比较小，量产前价格过高，产品的专用性过强等原因导致其产品市场需求的不确定性。

（5）通信行业的更新周期快。通信行业属于信息技术业，首先是大家耳熟能详的摩尔定律：计算机速度和容量每18个月翻一番；互联网时代，又出现了吉尔德定律，认为未来25年，带宽每6个月增一倍；另有麦特卡尔夫定律：互联网将以平方级数增长。这些定律揭示了信息技术进步的速度。由于信息技术的周期性，通信行业发展的周期性也比较强，由于现代技术的日新月异，这个周期也已经被缩短到3～5年了，期间还不排除会有以技术创新带来的突破性增长。移动通信方面：从2G到3G，3G到4G的技术升级周期，以及通信设备投入和更新换代的时间和周期上可以看出技术周期明显缩短，投入的人力和资金也在增加．而移动互联网是3G时代的亮点业务，而在4G时代内容、软件及服务将会成为发展的又一个主流。有线宽带方面：从积极尝试高速光纤宽带网络的美国，以及在FTTH（Fiber To The Home）中无论是普及率，还是应用形式的多样性，都可谓是全球FTTH发展标杆的日本都不难察觉，固定宽带未来的发展趋势必然走向超高速，而这无疑将孕育出众多的商业机会。同时，也说明了固定宽带的不可替代性，其独享、安全、可靠的特性将使得固定宽带网络成为未来发展数据业务的重要环节。宽带水平发展的滞后将严重阻碍经济的发展，而泛在高速宽带基础设施则对经济发展具有极强的正外部性。有关的研究表明，宽带普及率每提升10%可以直接拉动GDP增加1.4%。

5.2　通信业发展概况

5.2.1　世界通信业发展概况

进入21世纪，网络的迅速发展和多网络融合加速了通信发展的全球化和国际化进程，通信业正在缩短不同语言、不同肤色、不同国籍人们之间的距离，国家和地域的界限正在淡化。各行各业越来越多地使用通信服务作为中间投入。通信业向其他行业的渗透呈现弥散状态，对产出的贡献经过这些行业被放大。

通信全球化正在影响行业发展的格局，国家间通信业发展的差异化趋势越来越明显，发达国家与发展中国家的"数字鸿沟"逐步形成。信息富有的贫困的两极化不仅存在于发达国家与发展中国家之间，同时也存在于同一国家不同地区、城市与农村之间。这些因素的存在制约了通信行业整体发展水平的提高。

世界各国通信行业在破除垄断，开放市场，放松管制和自由化，民营化等方面一直没有停止，通信行业内的兼并和重组此起彼伏。改革促进了电信业务价格的大幅度下降，服务质量的不断提高，业务种类的增多，使得用户可以享受低价格、多样化的服务。传统固定电话业务在新业务的冲击下增长缓慢，与此形成对照的是，移动通信业务和增值电信业务等在不断更新的技术支撑下，正在逐渐替代电话成为通信行业新的业务增长点。

5.2.2　我国通信行业发展历程

从1949年11月1日邮电部成立到1978年，整个电信企业在管理上采用政企合一的方式。政府无论从经营业务到资费方面都实行严格的控制，完全是计划经济、政府定价。1978 年，国内的电信用户仅有 192 万户。

自 1978 年实行改革开放政策，30 多年来我国通信行业逐步从制约国民经济发展的"瓶颈行业"一跃成为带动国民经济发展的支柱行业。我国通信行业已成为当今世界上发展最快、最富有活力的通信市场之一，具体可分为 4 个阶段：

1. 初步发展阶段（1978—1993）

1978—1993 年是我国通信行业快速发展打基础的阶段，20 世纪 80 年代初，我国通信行业与国际先进水平存在巨大的差距，严重制约了国民经济的发展；在通信能力上，当时全国电话主线仅有 214 万条，占世界总数的 0.67%，市场旺盛的需求与网络通信能力的不足形成强烈的对比；在技术装备上，发达国家早已淘汰的架空明线在我国网络所占比重高达 82%，全国 1/3 的市话和绝大多数的长话依靠人工接续。在服务水平上，1980 年我国只有 418 万部电话，电话普及率仅为 0.43 部/百人。面对通信行业极端落后的局面，我国确立了优先发展的战略，并出台了一系列支持通信行业优先发展的战略，保证了通信行业的超速发展，在短短几年内使网络设施和通信能力得到了巨大的改观。例如，直到改革开放初期的 1979 年，上海的私人付费电话用户才 173 个，而且当时长期采用低资费政策，因此都被纳入国家行政管理中。当时整个通信业都是由原邮电管理局负责，而原邮电管理局是属于原邮电部的派出机构。因此，在这个阶段只不过把服务对象扩展到为经济服务而已。在这个阶段供给紧缺，当初的初装费等都非常高。在 20 世纪 90 年代初期，国家从政策上扶植整个电信业的发展，其中包括初装费政策、加收附加费政策等。

2. 引入竞争，持续发展阶段（1993—1997）

1993—1997 年，我国通信行业持续保持超常规发展势头，电信网络基础设施快速增长，采用引进、消化、吸收、创新相结合的模式，利用国际最新技术对全网实行跨越式技术改造和升级换代，使得我国网络技术含量和通信质量达到世界先进水平；与此同时，我国开始了对电信业务市场的开放并逐步引入竞争。1994 年 7 月，中国联合通信有限公司正式成立，这是我国电信体制改革的一项重要举措，也是基础电信服务市场适度引入竞争的初步尝试，是我国通信行业发展史上的一个重要里程碑。1995 年，我国的电信用户已经突破 4 000 万。

3. 深化体制改革，电信重组，多元化竞争格局形成阶段（1998—2008）

1998 年 3 月，国务院按照政企分开、转变职能、破除垄断、保护竞争的原则，在原邮电部和电子部的基础上组建信息产业部。1999 年 2 月，信息产业部对中国电信进行了拆分重组，将中国电信的寻呼、移动和卫星业务剥离出去，成立中国电信、中国移动和中国卫星公司，将剥离出去的寻呼业务并入中国联通。2000 年，中国电信集团公司，中国移动集团公司成立。同年，中国网通宣告成立，随后中国铁通也在 2001 年成立。由此，我国电信市场初步形成了国家竞争的格局。为了进一步打破垄断，鼓励竞争，在我国电信市场加快形成有效竞争的局面，在 2001 年 11 月 23 日，国务院将中国电信重新划为南北两部分，中国电信北方部分（华北、东北和山东、河南共 10 个省、自治区、直辖市电信公司）和中国网通、吉通网络通信股份有限公司重组为新的中国网通；中国电信部分地区仍沿用/中国电信集团公司的名称，并允许两大集团公司各自在对方区域建设本地电话网和经营本地固定电话等多项业务，双方相互提供平等接入。从此，我国电信市场形成了中国电信、中国网通、中国移动、中国联通、中国卫通、中国铁通六家基础电信企业竞争格局，这是我国深化电信体制改革，积极引入竞争机制，应对新世纪信息技术飞速发展带来新挑战的重大举措。

2008年5月24日，为了进一步优化电信资源配置，完善竞争架构，提高电信行业整体服务能力和水平，以及抓住3G的发展机遇，我国对6家基础电信企业再次进行了兼并重组，包括中国电信收购中国联通CDMA网（包括资产和用户），中国联通与中国网通合并成立新联通，中国卫通的基础电信业务并入中国电信，中国铁通并入中国移动。我国基础电信业由此形成三家拥有全国性网络资源，实力与规模相对接近，具有全业务经营能力和较强竞争力的市场竞争主体。至此，我国电信业全局性的战略重组基本告一段落，我国电信市场多元化的竞争架构已经形成。在现代通信网得到大规模改造、建设的同时，我国通信设备制造业的自主创新能力显著提升，自主创新成果规模应用，后续技术不断发展，涌现出以中兴、华为、大唐为首的一大批本土通信设备制造企业。其自主开发的具有国际先进水平的通信设备都已实现规模生产并投入通信网的使用。

4. 多元竞争，融合发展阶段（2009年至今）

1998年，国内首次提出"三网融合"的概念，后来这一工作被列入国家"九五""十五"计划和"十一五"规划。但是，"三网融合"长期徘徊在雷声大、雨点小的试探期。2009年5月19日，国务院批转发展改革委《关于2009年深化经济体制改革工作意见》的通知（国发〔2009〕26号），文件指出："落实国家相关规定，实现广电和电信企业的双向进入，推动'三网融合'取得实质性进展（工业和信息化部、广电总局、发展改革委、财政部负责）"。2009年7月29日，广电总局发出《广电总局关于印发〈关于加快广播电视有线网络发展的若干意见〉的通知》，指出：加快广播电视有线网络发展，对于巩固和拓展党的宣传文化阵地、满足人民群众日益增长的精神文化和信息需求、推动我国广播影视改革和发展、推进三网融合、促进国家信息化建设，具有十分重要的意义。2009年8月11日，广电总局发出《广电总局〈关于加强以电视机为接收终端的互联网视听节目服务管理有关问题〉的通知》，被解读为和三网融合相关，不利于IPTV近期发展。2010年1月13日，国务院总理温家宝主持召开国务院常务会议，决定加快推进电信网、广播电视网和互联网三网融合。会议上明确了三网融合的时间表。2010年6月底，三网融合12个试点城市名单和试点方案正式公布，三网融合终于进入实质性推进阶段。

三网融合是一种广义的社会化的说法，在现阶段它并不意味着电信网、计算机网和有线电视网三大网络的物理合一，而主要是指高层业务应用的融合。其表现为技术上趋向一致；网络层上可以实现互联互通，形成无缝覆盖；业务层上互相渗透和交叉；应用层上趋向使用统一的IP协议；在经营上互相竞争、互相合作，朝着向人类提供多样化、多媒体化、个性化服务的同一目标逐渐交汇在一起；行业管制和政策方面也逐渐趋向统一。三大网络通过技术改造，能够提供包括语音、数据、图像等综合多媒体的通信业务。这就是所谓的三网融合。

随着三网融合的推进，各网都得到了很大的发展。主要体现在宽带发展、4G的应用、云计算、智慧城市、5G的研发等方面。

5.2.3　我国通信业现状及特点

近年来，随着通信技术的不断发展进步、监管运营体制的改革，我国通信行业经历了飞速的发展，已经成为带动国民经济发展的支柱行业。我国通信行业已成为当今世界上发展最快、最富有活力的通信市场之一。中国通信业现状可以从以下 8 个方面来勾勒业态全貌。

1. 高速宽带超 2 亿户

工业和信息化部宽带中国 2013 专项行动的全面实施，有力推动了宽带产业发展。工业和信息化部"宽带中国" 2015 专项行动的主要引导目标，提出宽带网络能力、网速等实现跃升。新增 1.4 万个行政村通宽带，推动一批城市率先成为"全光网城市"，使 4G 网络覆盖至城市和发达乡镇。此外，普及规模和网速还将提升，使用 8 Mbit/s 及以上接入速率的宽带用户占比达到 55%，用户上网体验持续提升。目前，高速带宽用户超 2 亿户，主流固定宽带接入速率逐步从 4 Mbit/s 升级至 8 Mbit/s。8 Mbit/s 及以上接入速率的宽带用户总数达到 9 469.6 万户，占宽带用户总数的比重达 46.4%，比上年末增加 5.5 个百分点；20 Mbit/s 及以上宽带用户总数占宽带用户总数的比重达 14.2%，比上年末增加 3.8 个百分点。光纤接入 FTTH/0 用户比上年末净增 1 007.4 万户，超过上年同期增量 1/3，总数达到 7 839.0 万户，占宽带用户总数的比重达 38.4%。2014 年 1 月至 2015 年 1 月中国互联网宽带接入用户增长情况表如表 5 - 1 所示。

表 5 - 1　2015 年 1 月中国互联网宽带接入用户增长情况表

用户 日期	本月末到达/万户	比上年末净增/万户	本月净增/万户
2014 年 1 月	19 117.2	226.4	226.4
2014 年 2 月	19 217.2	326.3	100.0
2014 年 3 月	19 409.0	518.1	191.8
2014 年 4 月	19 642.2	751.3	233.2
2014 年 5 月	19 734.4	843.4	92.1
2014 年 6 月	19 789.9	899.0	55.6
2014 年 7 月	19 740.7	849.8	−49.2
2014 年 8 月	19 813.1	922.2	72.4
2014 年 9 月	19 976.7	1 085.8	163.6
2014 年 10 月	20 039.9	1 149	63.2
2014 年 11 月	20 066.0	1 175.1	26.1
2014 年 12 月	20 048.3	1 157.5	−17.6
2015 年 1 月	20 192.8	144.5	144.5

2.4G 用户超 2 亿户

据 2015 - 04 - 21 飞象网讯，中国 4G 用户总数已达 1.62 亿户，工业和信息化部数据显示，2015 年 1 ~ 3 月，我国移动电话用户总数达到 12.9 亿户，普及率达 94.6 部/百人，全国共有 10 个地区移动电话普及率超过 100 部/百人，分别为北京、广东、上海、浙江、福建、内蒙古、江苏、辽宁、宁夏、海南，其中前 5 省(市)移动电话普及率均突破 110 部/百人。2015 年 3 月，3G 用户净减 960.6 万户，移动宽带用户总数达到 6.4 亿户，对移动电话用户的渗透率达 49.3%，较上年末提高 4 个百分点。4G 用户持续爆发式增长，3 月净增 2 388 万户，总数达到 1.62 亿户，占移动电话用户的比重达到 12.5%。

各省间移动宽带(3G/4G)用户占比差异较大，占比高于 50% 的省份超过 1/3，其中北京、上海和江苏分别居全国前三位，占比均超过 56%。占比低于 45% 的省份有山西、黑龙江、吉林和内蒙古，其中内蒙古占比全国最低，为 40%。

工业和信息化部网站 7 月 16 日发布由运行监测协调局主导的《2015 年 6 月通信业主要指标完成情况》显示，截止到 2015 年 6 月底，全国的 4G 用户总数为 22 546.7 万户。中国移动公布，截至 2015 年 6 月底的 4G 用户数为 18 966 万户。

3. 通信基础设施快速增长

在移动通信设施建设上，3G/4G 移动电话基站占比超六成。2015 年 1 ~ 3 月，新增移动通信基站 14.2 万个，总数达 353.9 万个，其中 3G/4G 基站总数达 227.3 万个，占比提升至 64.2%。WLAN 网络热点覆盖继续推进，WLAN 公共运营接入点(AP)总数达 600.9 万个。

4G 发展初期，芯片厂商、设备厂商、手机终端、分销渠道及网络建设企业是首批受益者，中期是 CP(内容提供商)、SP(服务提供商)、应用开发商、虚拟运营商及网络测试和测量等服务商受益。后期随着 4G 网络的不断扩大和深度覆盖，网络测试、网络优化、网络运维及 DC(域控制器)服务等企业亦将受益。

此外，4G 还将在更大程度上推动移动视频、移动办公、移动电商、移动支付及移动娱乐等关联产业发展，推动城市信息化和政企信息化向深层次应用演进，为中国转型及新经济发展注入新的增长点。4G 对外是推动 TD - LTE 产业国际化，对内是扩大日益增长的信息消费需求。

光纤宽带网络加速建设。2015 年 3 月底，互联网宽带接入端口数量达 4.25 亿个，同比增长 15%，比上年末净增 2 351.2 万个，是上年同期净增规模的 2.5 倍。互联网宽带接入端口"光进铜退"趋势更加明显，xDSL 端口比上年减少 210.4 万个，总数达到 1.36 亿个，占互联网接入端口的比重由上年末的 34.3% 下降至 31.9%。光纤接入 FTTH/0 端口达到 1.86 亿个，比上年末净增 2 343.6 万个，占互联网宽带接入端口总数比重由上年末的 40.6% 提高到 43.8%。

光缆线路长度增长较快，新建光缆中接入网占比超七成。1 ~ 3 月，全国新建光缆线路 115.2 万千米，比上年同期新建规模增长 60%，光缆线路总长度达到 2 161.2 万千米，同比增长 18.9%，保持较快增长态势。接入网光缆、本地网中继光缆和长途光缆线路所占比重分别为 48.1%、47.6% 和 4.3%。接入网光缆和本地中继光缆长度同比增 22.8% 和 16.9%，分别新建 81.2 万千米和 33.9 万千米；长途光缆保持小幅扩容，同比增长 2.3%，新建长途光缆长度 0.9 万千米。

4. 话费呈下降趋势

在电信业务使用上，移动电话通话量连续 3 月同比下降，国内漫游通话量保持加速增长。受移动电话用户增长放缓和互联网应用的持续冲击，2015 年 1 ~ 3 月，全国移动电话去话通话时长完成 6 941.8 亿分钟，同比下降 2%，比 1 ~ 2 月降幅扩大 0.4 个百分点。国内非漫游、国际和港澳台漫游通话时长降幅扩大，同比下降 2.7%、3.7%、5.1%，分别比 1 ~ 2 月扩大 0.5、0.6 和 4.3 个百分点；国内漫游去话通话时长则保持较快的增长，同比增长 3.6%，比 1 ~ 2 月提高 0.4 个百分点。移动电话通话量和移动电话用户的增长趋势继续反转，虽然移动电话用户数仍保持微增长，但移动电话通话量已连续 3 个月同比负增长。

移动短信业务量收同步下滑，移动彩信量呈增长态势。移动短信业务受互联网应用业务替代影响继续下滑，2015 年 1 ~ 3 月，全国移动短信业务量完成 1 835.9 亿条，同比下降 2.7%，比 1 ~ 2 月同比降幅扩大 0.1 个百分点，但比上年同期收窄 16 个百分点。由移动电话用户主动发起的点对点短信量同比下降 21.8%，占移动短信业务量比重下降到 42.8%，比上年同期占比下降 10.4 个百分点。移动彩信业务量则同比增长 5.2%，比 1 ~ 2 月同比增速回落 4.9 个百分点，发送总量 157.1 亿条。移动短信业务收入完成 103.2 亿元，按可比口径测算同比下降 5.1%。

5. 信息费增长快

2015 年 1 ~ 3 月，移动互联网用户总数净增超过 2 400 万户，总数规模近 9 亿户，同比增长 5.7%。使用手机上网的用户数再创历史新高，总数达到 8.58 亿户，对移动电话用户的渗透率达 66.3%，比上年同期提升 1 个百分点。无线上网卡用户规模 1 600 万，同比增长 3.1%。"三网融合"业务稳步推进，IPTV 用户净增 266.6 万户，总数达到 3 630.2 万户。

月户均移动互联网接入流量达 295.1 MB，手机上网流量连续 3 月翻倍增长。在 4G 移动电话用户快速增长的推动作用下，移动互联网接入流量消费继续爆发式增长。2015 年 3 月，当月移动互联网接入流量达 2.8 亿 GB，创历史新高。1 ~ 3 月累计达 7.64 亿 GB，同比增长 87.9%，比 1 ~ 2 月增速提升 2.4 个百分点。月户均移动互联网接入流量达 295.1 MB，同比增长 26.9%。

手机上网流量达到 6.84 亿 GB，连续 3 月实现翻倍增长，贡献近九成移动互联网流量，成为拉动移动互联网流量高速增长的首要因素。固定互联网使用量同期保持较快增长，固定宽带接入时长达 11.7 万亿分钟，同比增长 23.7%。

信息消费将带动相关行业快速增长。例如，基于互联网的 IPTV 等新型信息消费，基于电子商务、云计算、物联网应用等信息平台的消费。

6. 中国智能手机市场已经逐渐饱和

据 2015 年 5 月 20 日，中国报告大厅（www. chinabgao. com）报道，中国智能手机市场 2015 年第一季出货量 9 880 万部，较去年同期略减 4%；这是该市场 6 年来首度呈现出货量衰退，而当季出货量与上一季相比衰退幅度则达 8%，主因是 2014 年底库存大幅上升。

"中国智能手机市场已经逐渐饱和；"IDC 中国市场研究总监 Kitty Fok 表示："中国常被认为是新兴市场，实际上所销售的手机大多数都是智能型机种，与美国、英国、澳洲、日本等已开发市场类似。而就那些成熟市场，要说服现有智能手机使用者升级最新机种，或者让仍在用功能型手机的使用者改用智能手机，成为市场成长的关键。"

以各品牌表现来看，苹果(Apple)是2015年第一季中国智能手机市场出货量第一名，因为消费者仍偏爱较大屏幕的iPhone 6/iPhone 6 Plus；中国本土品牌小米(Xiaomi)的市场排名退至第二，因为该品牌面临来自其他中低阶竞争对手的挑战。

排名第三的华为(Huawei)名次未变，动力来自于其中阶手机产品销售成长；至于在2014年曾经在中国市场名列前茅的三星(Samsung)与联想(Lenovo)，名次变动也很快；充分显示了中国市场消费者对手机品牌喜好的波动性。

增长的潜力在于技术创新(如协处理器)、款式创新(如可穿戴)、功能创新(如指纹识别)、外贸创新(如OppoN1杀进欧美)、应用创新(如健身应用)等适应和满足更广泛人群的消费需求。

7. 新应用快速增长

2013年1月29日，住房城乡建设部公布首批国家智慧城市试点名单。首批国家智慧城市试点共90个，其中地级市37个，区(县)50个，镇3个。根据《中国智慧城市建设行业发展趋势与投资决策支持报告前瞻》调查数据显示，我国已有311个地级市开展数字城市建设，其中158个数字城市已经建成并在60多个领域得到广泛应用，同时最新启动了100多个数字县域建设和3个智慧城市建设试点。2013年，国家测绘地理信息局在全国范围内组织开展智慧城市时空信息云平台建设试点工作，每年将选择10个左右城市进行试点，每个试点项目建设周期为2～3年。在不久的将来，人们将尽享智能家居、路网监控、智能医院、食品药品管理、数字生活等所带来的便捷服务，"智慧城市"时代即将到来。

2013年1月14日，交通运输部要求9个示范省市的大客车、旅游包车和危险品运输车辆，今年3月底前80%以上安装北斗车载终端。6月1日后凡未按规定安装的车辆一律不核发或审验道路运输证。在国家政策激励和扶持下，北斗应用已在国防、行业、大众三大领域全面铺开。

"互联网+"概念的提出，将促进通信产业与传统产业的结合与发展。

8. 新技术得到及时跟进

欧盟于2012年11月推出全球首个大规模国际性5G科研项目(METIS)，并在3个月后宣布为5G研发投入5 000万欧元。与此同时，国内工业和信息化部也在去年牵头成立IMT-2020推进组，正式启动国家5G标准化研究，部属电信研究院将牵头负责落实推进有关研究工作，包括5G概念、技术标准和网络演进路线。

华为自2009年起就开始研究5G，围绕更高的频谱效率、更高的峰值速率、海量的连接和1 ms的低时延等方向，共同定义5G标准，推动移动产业持续发展。2014年底，华为联手业界在英国启动了全球首个5G通信技术测试床，加速推动5G研究进程。

估计2020年将开启5G的商用。总之，随着通信技术的不断发展进步、监管运营体制的改革、竞争格局的改变、行业内企业兼并重组、产业结构的持续优化，我国通信行业经历了飞速的发展，行业发展速度连续保持较快的增长水平，具体表现在以下几方面：

(1)电信业务总体增长平稳，综合实力全面加强，收入结构保持相对稳定和持续低迷的欧美通信行业相比，我国通信行业保持了高速的发展，这不仅和我国国民经济的飞速发展息息相关，还与国家实施的信息化带动工业化战略以及通信行业的一系列稳健务实发展政策也有着密切的联系。

（2）固定电话用户增长出现停滞，移动电话用户保持高速增长，互联网用户宽带化趋势加快。这有可能与我国通信行业内竞争加剧，移动通信资费和移动通信终端的价格大幅下降以及移动电话相对于固定电话在便携性、灵活性、个性化等方面的优势等原因相关。在互联网用户方面，我国网民规模和互联网普及率持续快速发展，随着光纤的应用和各种宽带组网技术日益成熟和完善，以及互联网宽带业务的飞速发展，宽带对窄带拨号上网的替代效应增强，宽带成为网络接入的发展趋势，以 ADSL、LAN 为代表的宽带接入增长迅速，尤其是 ADSL 已成为是互联网宽带用户接入的主流方式。

（3）新业务发展迅速，增值业务市场趋向繁荣，信息服务价值链不断延伸。我国电信增值业务出现了稳定快速的增长，其中以移动数据业务为代表的新业务发展迅速，增长势头强劲。移动增值领域在移动通信市场、技术发展，以及移动通信企业的带动下迅速崛起；宽带增值领域中，音乐下载、在线影视点播等个人用户宽带增值娱乐业务发展迅速，同时远程教育、远程医疗、电子政务、电子商务、信息安全等新型服务也处于快速发展中。国内主要宽带业务运营商不断地延伸宽带增值业务的价值链，积极探索新的宽带增值业务赢利模式，努力为提供互联网用户更丰富的内容和更高质量的服务，使得通信行业信息服务的内涵不断扩展。

（4）通信服务业的高速增长对通信设备制造业的拉动作用明显，我国通信设备制造业发展前景良好，竞争激烈通信设备制造业发展的原动力来自通信市场的需求，特别是通信服务业的高速增长对通信设备制造业的拉动作用更为突出。随着通信服务业的高速增长，各大电信运营商和电信增值服务商都在积极引进新技术、新设备，发展新业务，改善服务水平。因此，以计算机、通信产品为代表的投资类产品逐步成为电子信息产品市场的主导产品，为通信设备制造企业提供了巨大商机。由于固定电话用户持续减少，传统的电路交换和接入产品需求已经极度萎缩，移动电话、交换机、基站、宽带接入、光通信成为电信运营商采购的主要通信设备。在我国通信运营市场快速增长的同时，我国涌现出以华为、中兴、普天、烽火、上海贝尔、大唐等为代表的一批具有较强创新能力和市场竞争实力的骨干通信设备生产企业。世界电信设备制造业的国际巨头也相继进入我国，通过设立合资企业参与国内市场的竞争。而且，鉴于通信设备业的良好发展前景，国内其他行业的厂商许多也都积极向该领域转型，例如家电领域的海尔、海信、厦新等，还有一些新兴的厂商目前都成为重要的手机生产厂商，如小米、金立等。因此，各设备制造商之间的竞争将趋于白热化。多数通信设备产品供过于求，行业内竞争日益激烈，行业平均利润率呈现逐年下降的趋势。

5.3　通信业主要企业

5.3.1　概况

国内三大运营商是中国电信、中国移动、中国联通。三家运营商分别包括了移动业务和固定网络业务，成三足鼎立之势。工业和信息化部在 2012 年 5 月 17 日世界电信日发布了《移动通信转售业务试点方案》，"民资入电信"改革及移动转售业务在中国的发展迈出了实质性的一步。获得牌照虽可经营基础电信运营商的语音、短信和数据等通信业务，但在中国通信市场长期被三大运营商垄断的大市场环境下，虚拟运营商必须聚焦细分市场，力争与自身业务协同，并利用独有资源进行颠覆性创新。

国际上知名设备厂商有美国朗讯、摩托罗拉、贝尔、英国马可尼、德国西门子、加拿大北方电讯、法国阿尔卡特、日本富士通等。

国内设备厂商有华为技术、中兴通讯、大唐电信、烽火等。国内生产电信终端产品与设备器件的厂商很多，如普天、华立、波导、联想、中兴、天语等。其中智能手机方面，2015 年上半年小米和华为在中国的出货量已经超过 1/3，再加上 ViVo、魅族、OPPO、联想的出货量，中国本土智能手机的出货量已经占据了半壁江山。

电信设备的安装与调测一般由各地的工程公司负责完成，包括硬件部分如光缆铺设、设备安装等，也有软件部分如设备调测、数据设置等。

5.3.2 运营商状况

1. 中国移动

中国移动通信集团公司(简称"中国移动")于 2000 年 4 月 20 日成立，注册资本 3 千亿人民币，资产规模超过万亿人民币，基站总数超过 220 万个，其中 4G 基站超过 70 万个，客户总数超过 8 亿户，是全球网络规模、客户规模最大的移动通信运营商。2014 年，中国移动位居《财富》杂志"世界 500 强"排名第 55 位，并连续七年入选道·琼斯可持续发展指数。

中国移动全资拥有中国移动(香港)集团有限公司，由其控股的中国移动有限公司(简称"上市公司")在 31 个省、自治区、直辖市和香港特别行政区设立全资子公司，并在香港和纽约上市，主要经营移动话音、数据、IP 电话和多媒体业务，并具有计算机互联网国际联网单位经营权和国际出入口经营权。近年来，中国移动通过全面推进战略转型，深入推动改革创新，加快转变方式、调整结构，经营发展整体态势良好，经营业绩保持稳定。

作为联合国全球契约正式成员，中国移动认可并努力遵守全球契约十项原则。中国移动上市公司连续五年入选恒生可持续发展指数，公司连续五届荣获民政部颁发的"中华慈善奖"，在国务院国有资产监督管理委员会举办的中央企业管理提升活动中，被选为企业社会责任管理提升标杆企业，并被评为"企业社会责任管理提升先进单位"。

2. 中国电信

中国电信集团公司(简称"中国电信")成立于 2000 年 5 月 17 日，注册资本 2 204 亿元人民币，资产规模超过 6 000 亿元人民币，年收入规模超过 3 800 亿元人民币。中国电信是中国三大主导电信运营商之一，位列 2013 年度《财富》杂志全球 500 强企业排名第 182 位，多次被国际权威机构评选为亚洲最受尊敬企业、亚洲最佳管理公司等。作为综合信息服务提供商，中国电信为客户提供包括移动通信、宽带互联网接入、信息化应用及固定电话等产品在内的综合信息解决方案。

中国电信在国内的 31 个省、自治区、直辖市，以及欧美、亚太等区域的主要国家均设有分支机构，拥有全球规模最大的宽带互联网络和技术领先的移动通信网络，具备为全球客户提供跨地域、全业务的综合信息服务能力和客户服务渠道体系。

3. 中国联通

中国联合网络通信集团有限公司（简称"中国联通"）于 2009 年 1 月 6 日在原中国网通和原中国联通的基础上合并组建而成，在国内 31 个省、自治区、直辖市和境外多个国家和地区设有分支机构，是中国唯一一家在纽约、香港、上海三地同时上市的电信运营企业，连续多年入选"世界 500 强企业"。

中国联通主要经营固定通信业务，移动通信业务，国内、国际通信设施服务业务，卫星国际专线业务、数据通信业务、网络接入业务和各类电信增值业务，与通信信息业务相关的系统集成业务等。

4. 中国卫星通信集团公司（中国卫通）

中国卫通集团有限公司是中国航天科技集团公司从事卫星运营服务业的核心专业子公司，是我国拥有民用通信广播卫星资源的卫星运营企业。

2009 年 4 月，中国卫星通信集团公司重组基础电信业务正式并入中国电信；卫星通信业务并入中国航天科技集团公司，成为中国航天科技集团公司从事卫星运行服务业的核心专业子公司。紧紧围绕构建航天科技工业新体系的发展战略，中国卫通确立了构建天地一体的卫星运营服务体系，成为服务水平和品牌价值高、国际化竞争和可持续发展能力强、亚洲第一、国际一流的卫星综合信息服务企业的发展目标，发展固定卫星服务、数字发行服务和卫星通信网络服务三大业务。

中国卫通拥有国内主导、世界先进的卫星资源网络，以及国内最大、设备齐全、功能先进的民用卫星地球站，能够为广大用户提供高效、优质的广播电视、语音、数据多媒体、应急通信、互联网接入、企业专网、远程教育等一站式通信广播服务；拥有世界先进的导航地图制作核心技术，以及全国最大、品质最高的导航电子地图数据库，并在消费电子导航、航空摄影、车辆位置监控等方面处于领先地位。

同时，中国卫通积极探索卫星应用的一体化运营模式，提供面向个人和集团客户的卫星地面运营服务，实现卫星数字化多媒体多种业务的集成与综合，形成传统广播电视与互联网业务的补充和延伸。

5. 北斗星通

北京北斗星通导航技术股份有限公司是在 2000 年伴随着中国北斗导航定位卫星成功发射而创建的从事卫星导航定位业务的专业化公司。公司的主要业务是基于位置的信息系统应用、卫星导航定位产品供应，以及基于位置的运营服务，集研发、生产、销售为一体，服务于导航定位、指挥控制、精密测量、目标监控等军民应用领域。

作为中国最早从事卫星导航定位业务的专业公司之一，北斗星通公司致力于为用户提供基于卫星导航地位技术的解决方案，在卫星导航定位产品业务领域，公司通过合作创新与自主创新，为测绘、机械控制、海洋渔业、国防、通信、电力等领域提供包括 BDNAV GNSS 系列板卡、北斗集团用户中心系列设备等多系列产品；在基于位置的信息系统应用业务领域，公司通过集成创新将卫星导航定位、通信、地理信息等多种资源与应用行业作业流程深度融合，提高行业用户生产作业效率、降低作业成本；基于位置的运营服务业务是北斗星通发展的又一重要战略方向，公司已建成了以北斗系统为核心，并融合移动通信系统和互联网的北斗运营服务网络，为注册用户提供导航定位、数字报文通信服务和基于位置的增值信息服务。北斗星通的三大业务相互补充，互相促进，形成了"产品＋系统应用＋运营服务"的业务发展模式。

5.3.3 通信设备供应商状况

1. 国外和合资企业

外国的通信设备供应商大多进入了中国通信市场，其中非常著名的公司主要是在欧美几个大的发达国家。国际上知名设备厂商有美国朗讯、摩托罗拉、贝尔，英国马可尼，德国西门子，加拿大北方电讯，法国阿尔卡特，日本富士通，瑞典爱立信，芬兰诺基亚等。这些大公司不仅进入中国通信市场较早，占据了国内主要通信领域的大部分市场份额，而且还在国内成立了多个合资企业，建立了研究开发中心。不过，其中有些公司已经被新的公司取代。

在20世纪八九十年代，中国通信市场进入飞速发展时期，中国市场吸引了众多国外通信设备供应商，它们向中国供应了大量的通信设备，取得了非常显著的经济效益。同时，也向中国的运营商灌输了许多先进的通信技术和管理理念，带动了中国通信市场的发展。近几年来，通过分拆、新建和重组，国内通信市场中同时有几个运营商参与运营、产生了激烈的竞争环境，对于消费者来说，很多通信业务的价格有了大幅度的降低，人们使用固定电话、手机进行沟通、交流已经非常普遍，而对于设备供应商来说，运营商降低运营价格就意味着同时也要降低运营成本，也就是要求供应商降低设备的卖价。同时，由于国际、国内的通信市场疲软，作为产业链上游的传统设备供应商，其中大部分的经济效益都有不同程度的降低。

下面列举一些目前比较活跃的公司的信息。

（1）朗讯。朗讯公司致力于设计和提供推动新一代通信网络发展所需的系统、服务和软件。它以贝尔实验室研发为后盾，充分借助其在移动、光、软件、数据和语音网络技术及服务领域的实力，为客户创造全新的创收机遇，帮助其快速部署和更好地管理网络。朗讯的客户群包括全球范围内的通信运营商、政府和企业。

朗讯科技（中国）有限公司致力于为中国信息产业的发展提供业界领先的综合解决方案以及涉及整个网络生命周期的专业服务，成为其面对当前及未来市场挑战的可靠合作伙伴。朗讯中国目前在中国设有8个地区办事处、两个贝尔实验室分部、5个研发中心、多家合资企业和独资企业，员工总数近4 000名。朗讯中国的业务主要集中在无线网络、无线市话（PHS）网络、光网络、数据网络、专业服务等在中国最具发展前景且最能发挥朗讯优势的领域。朗讯的综合解决方案目前已成功部署于中国电信、中国联通、中国移动等国内所有主要电信运营商的网络中，并发挥着重要作用。

（2）摩托罗拉。摩托罗拉公司总部设在美国伊利诺伊州绍姆堡，位于芝加哥市郊。摩托罗拉是全球通信行业的领导者，美国最大的电子公司之一，摩托罗拉使用无线电、宽频及网际网络，并提供嵌入芯片系统，以及端对端整体网络通信解决方案，以达到加强个人、工作团体、车辆及家庭的操控及联系能力。

摩托罗拉公司有三大业务集团，分别是企业移动解决方案部、宽带及移动网络事业部和移动终端事业部。公司专注于提供先进的技术连接整个世界，从宽带通信基础设施、企业移动及公共安全解决方案，到高清视频及移动终端，摩托罗拉正在引领下一轮的创新，使人们、企业和政府能够联系得更为密切、更为便捷。2011年1月4日，摩托罗拉正式拆分为政府和企业业务的摩托罗拉系统公司和移动设备及家庭业务的摩托罗拉移动公司。2014年10月30日，联想集团在京宣布，该公司已经完成从谷歌公司收购摩托罗拉移动业务。据分析机构称，交易完成将巩固联想作为全球第三大智能手机厂商的地位。

（3）马可尼公司。马可尼公司始创于19世纪80年代，曾是世界上发展最快的通信及IT公司之一，其创始人古列尔莫·马可尼曾完成了第一次横跨大西洋的无线电波传送、第一次SOS紧急信号的使用和第一次公共无线电广播。过去几十年里，马可尼在世界电信设备行业中占有重要席位，目前仍是英国最大的通信和IT设备提供商。

马可尼公司的历史与马可尼无线电报公、英国电气公司和通用电气公司这三家公司有关。

马可尼无线电报公司成立于1897年，原名为马可尼无线电报与信号公司，是英国第一家专门制造无线电器材的公司，1922年创建了著名的英国广播公司（BBC）。1946年被英国电气公司收购；英国电气公司成立于1918年，初始主要生产小型马达和交流发电机，此后业务扩大到生产蒸气涡轮机、水涡机、变压器、柴油发动机及军用涡轮发动机，第二次世界大战期间为英军方提供了许多军用发动机。第二次世界大战结束后，该公司为了扩大工业方面的业务，于1946年收购了马可尼无线电报公司。

GEC成立于1886年，原名为通用电气设备公司（General Electric Apparatus Company），是一家电气产品批发商，1888年收购一家生产电话业务的工厂后改名为GEC公司，主要业务是生产各种类型的电灯泡及电灯开关。随着电气产品的普及，该公司不断壮大，其业务遍及世界各地。在第二次世界大战期间，GEC已成为军用电气产品的主要供应商，提供的产品包括雷达空腔磁控管、照明设备及通信设备等。1961年，GEC兼并了无线电联合工业公司（RAI），1967年收购了联合电气工业公司（AEI），1968年又与英国电气公司合并。至此，三家公司正式成为一家公司。20世纪90年代，GEC进行一系列的改革，并向欧美的同行展开了大规模的收购：收购普莱赛公司；1994年5月，收购了弗伦蒂国际公司的核心防务与仿真业务——弗伦蒂防务系统综合和仿真与培训业务；1994年7月，收购了弗伦蒂公司的电子战业务；1994年11月，收购了弗伦蒂－汤姆逊声纳系统英国公司50%的所有权，该项收购使GEC公司重新进入了英国两个主要的声纳计划，其中之一是EH101直升机的声纳系统计划；1995年，GEC收购维克斯公司的造船业务；1996年5月，GEC又以1.1亿美元的价格收购了美国的Heltine公司，这是一个在导航系统、反潜艇战系统和CSI系统上领先世界的公司。从而使GEC的业务领域遍及军用、民用各行业，在整个欧洲的航空工业的重组与合并进程中起着重要作用。

20世纪90年代后期，GEC公司基于市场形势，改变了经营策略，集中精力发展通信和IT两项业务，抛弃了许多非核心业务，其中包括经营导弹、防务电子系统、卫星通信，以及电子测量仪器及测试设备业务的几家大型公司。与此同时，该公司为加强北美市场，相继收购了美国远程通信网络产品公司（RELTEC）和美国主营互联网业务的FORE公司，从而使GEC牢牢地占领了美国通信业务市场。随着经营业务的改变，GEC于1999年改名为马可尼公司（Marconiplc）。

（4）北方电讯。北方电讯是加拿大最大的电信和信息传递设备制造公司，其前身是

1914 年创办的北方电气公司，由北方电气制造公司和帝国电线电缆公司联合而成，总部设在蒙特利尔，1976 年改为现名。1958 年以前，它在技术上依赖于美国的西方电气公司，同年与加拿大贝尔公司合办研究机构，此机构后来成为北方电信公司的技术来源。20 世纪 60 年代后期以后，积极向国外扩张，并连续推出先进的电子化电信系统，主要经营半导体和大型集成电路组成的电子化电话设备、电信用电缆、信息传递设备、信息传递测试设备、中心控制设备、微波传真设备等。在加拿大以外的十几个国家设有子公司，1976 年建立的贝尔–北方研究中心是加拿大最大的私人研究机构。

(5) 富士通。富士通株式会社是一家日本公司，专门制作半导体、计算机(超级计算机、个人计算机、服务器)、通信装置及服务，总部位于东京。1935 年"富士通信机制造"成立，1967 年，公司的名字正式改为缩写 Fujitsū (富士通)。今天，富士通雇用了大约 158 000 名员工，以及在其子公司中雇用了 500 名员工，以合资富士通西门子(1999 年成立)的形式恢复与西门子活跃的合作关系，该公司为欧洲最大的 IT 供应者，富士通及西门子各拥有一半控制权。

富士通公司于 1935 年在日本以生产电信设备起家，1954 年开发出日本第一台中继式自动计算机(FACOM100)后开始跨足信息产业。其间随着个人化信息处理技术、网络多媒体技术、业务集约在因特网潮流的兴起，富士通以不断创新的高科技形象享誉日本和全球。现在，富士通已经发展成为横跨半导体电子器件、计算机通信平台设备、软件服务等三大领域的全球化综合性 IT 科技巨人。在充满着无限可能性和创造力的新型网络社会，富士通凭借丰富独特的专有技术以及完整的产品线，15 万名雇员正在为全球 60 多个国家和地区的客户提供服务。

(6) 三星(Samsung)。三星是世界上最大的电子工业公司之一，公司成立于 1938 年。三星的主要经营项目有：通信(手机和网络)、数字式用具、数字式媒介、液晶显示器和半导体等。三星立志成为世界第一，旗下 13 种产品赢得了全球市场占有率第一。目前，三星领先全球市场的产品包括半导体产品、TFT – LCD、显示器和 CDMA 移动电话等。在金融方面，三星也正力争成为世界第一，作为支付解决方案的三星信用卡，被 MasterCard 选为"新千年最佳信用卡公司"。

(7) 苹果公司(Apple Inc.)。苹果公司是美国的一家高科技公司，2007 年由苹果计算机公司(Apple Computer, Inc.)更名而来，核心业务为电子科技产品，总部位于加利福尼亚州的库比蒂诺。苹果公司由史蒂夫·乔布斯、斯蒂夫·沃兹尼亚克和 Ron Wayne 在 1976 年 4 月 1 日创立，知名的产品有 Apple II、Macintosh 计算机、Macbook 笔记本计算机、iPod 音乐播放器、iTunes 商店、iMac 一体机、iPhone 手机和 iPad 平板计算机等。它在高科技企业中以创新而闻名。

(8) 诺基亚。诺基亚(Nokia Corporation)是一家总部位于芬兰埃斯波，主要从事生产移动通信产品的跨国公司。

诺基亚成立于 1865 年，当时以造纸为主，后来逐步向胶鞋、轮胎、电缆等领域发展。1982 年，诺基亚(当时叫 Mobira)生产了第一台北欧移动电话网移动电话 Senator。随后开发的 Talkman，是当时最先进的产品，该产品在北欧移动电话网市场中一炮打响。20 世纪 80 年代中期，诺基亚移动电话通过"Tandy 无线电小屋公司"的商店进入了美国市场。为生产由 Tandy 出售的 AMPS(高级移动电话系统)模拟机，公司与 Tandy 公司于 1985 年在韩国建立了一个联合生产厂。

1990 年，手机用户量大增，手机价格迅速降低，移动电话越变越小，诺基亚又明确制定了发展成为一个富有活力的电信公司的战略。在以电信为重点的同时，诺基亚的业务范围随着电信部门的迅速发展而急剧扩大。同时，诺基亚还致力于全球通技术，首次全球通对话就是用诺基亚电话，于 1991 年通过芬兰诺基亚 Radiolinja 网络进行的。

20 世纪 90 年代中期，诺基亚因涉及产业过多而濒临破产，而当时的诺基亚总裁及高层果断地将其他所有产业舍弃，并拆分了传统产业，只保留下诺基亚电子部门，将其他所有传统产业出售，诺基亚集团开始两年的分裂，而此刻的诺基亚做出了自己历史上最重要的战略抉择。

只剩下手机电信产业的诺基亚经过 5 年的时间逐渐摆脱了破产的境况，由于专注于传统功能手机产业的研发，诺基亚功能手机在当时具有极佳的用户品牌效应。1995 年，诺基亚开始了它的辉煌时期，它的整体手机销量和订单剧增，公司利润达到了公司前所未有的高度。

透过全方位人性化的行动装置，诺基亚提供人们在音乐、导航、影片、电视、影像、游戏与企业行动化的体验，同时提供行动通信设备、解决方案及服务等创新产品，让人与人关系更紧密，让所有重要资讯随手可得，体验行动生活的便利。这是一家在移动通信产业中坐拥许多第一的芬兰企业：第一个推出手机换壳的概念；第一个推出手机铃声下载和屏幕保护的新应用；生产出全球第一款金属质感手机；开发了第一款照相手机……自 1996 年以来，诺基亚连续 15 年占据市场份额第一。面对新操作系统的智能手机的崛起，诺基亚全球手机销量第一的地位在 2011 年第二季被苹果及三星双双超越。

2011 年 2 月 11 日，诺基亚与微软达成全球战略同盟并深度合作共同研发 Windows Phone 操作系统。2013 年 7 月 11 日 23 时，拥有 4 100 万像素的诺基亚 Lumia 1020 正式在纽约发布亮相。2013 年 9 月 3 日，微软宣布以约 54.4 亿欧元价格收购诺基亚设备与服务部门（诺基亚手机业务），并获得相关专利和品牌的授权。诺基亚未来将努力发展 Here 地图服务、诺基亚解决方案与网络（NSN）和领先科技三大支柱业务。2014 年 4 月 25 日，诺基亚宣布完成与微软公司的手机业务交易，正式退出手机市场。

2014 年 4 月 29 日，在 4 月 25 日正式将设备与服务业务出售给微软后，诺基亚宣布了一系列声明，包括任命拉吉夫·苏里（Rajeev Suri）担任诺基亚总裁兼 CEO。10 月 22 日，微软方面证实微软将启用"微软 Lumia"成为新的品牌，全面替代"诺基亚"品牌。

2014 年 11 月 18 日，诺基亚发布 NOKIA N1 平板计算机，标志着诺基亚华丽转身回归消费电子市场。

2015 年 6 月，诺基亚和阿尔卡特 – 朗讯宣布，美国司法部已批准诺基亚收购阿朗的交易。

2. 国内设备供应商

在国家政策的扶持下，许多国内通信设备供应商应运而生。国内设备厂商有华为技术、中兴通讯、大唐电信、烽火等。特别是华为、中兴通讯等国内的厂商，已经发展成具有很强实力的全业务生产商，它们在固定交换网络、移动通信网络、传输网络、数据网络等各方面都取得了很大的进步。不仅在国内的通信市场份额越来越高，而且已经走向海外，向国外的运营商提供通信设备，现在已经有许多著名的同类设备生产厂商将中兴、华为作为主要竞争对手来进行研究。

（1）华为。1987年，创立于深圳，成为一家生产用户交换机（PBX）的香港公司的销售代理。华为技术有限公司成立于1988年，是由员工持股的高科技民营企业。从事通信网络技术与产品的研究、开发、生产与销售，专门为电信运营商提供光网络、固定网、移动网和增值业务领域的网络解决方案。

华为抓住中国改革开放和ICT行业高速发展带来的历史机遇，坚持以客户为中心，以奋斗者为本，基于客户需求持续创新，赢得了客户的尊重和信赖，从一家立足于中国深圳特区，初始资本只有21 000人民币的民营企业，稳健成长为世界500强公司。2014年，公司年销售规模达到近2 882亿人民币。如今，华为的电信网络设备、IT设备和解决方案以及智能终端已应用于全球170多个国家和地区。

作为全球领先的信息与通信解决方案供应商，华为为电信运营商、企业和消费者等提供有竞争力的端到端ICT解决方案和服务，帮助客户在数字社会获得成功。华为坚持聚焦战略，对电信基础网络、云数据中心和智能终端等领域持续进行研发投入，以客户需求和前沿技术驱动的创新，使公司始终处于行业前沿，引领行业的发展。在近17万华为人中，超过45%的员工从事创新、研究与开发。华为在170多个标准组织和开源组织中担任核心职位，已累计获得专利授权38 825件。

（2）中兴通讯。1985年，中兴通讯成立。1997年，中兴通讯A股在深圳证券交易所上市。2004年12月，中兴通讯公司成功在香港上市。2004年，实现合同订货额340亿元人民币。2005年，中兴通讯作率先入选全球"IT百强"。

中兴通讯是全球领先的综合通信解决方案提供商。公司通过为全球160多个国家和地区的电信运营商和企业网客户提供创新技术与产品解决方案，让全世界用户享有语音、数据、多媒体、无线宽带等全方位沟通。

中兴通讯拥有通信业界最完整的、端到端的产品线和融合解决方案，通过全系列的无线、有线、业务、终端产品和专业通信服务，灵活满足全球不同运营商和企业网客户的差异化需求及快速创新的追求。2014年，中兴通讯实现营业收入814.7亿元人民币，净利润26.3亿元人民币，同比增长94%。目前，中兴通讯已全面服务于全球主流运营商及企业网客户，智能终端发货量位居美国前四，并被誉为"智慧城市的标杆企业"。

中兴通讯坚持以持续技术创新为客户不断创造价值。公司在美国、法国、瑞典、印度、中国等地共设有18个全球研发机构，近3万名国内外研发人员专注于行业技术创新；PCT专利申请量近5年均居全球前三，2011、2012年PCT（专利合作协定）蝉联全球前一。公司依托分布于全球的107个分支机构，凭借不断增强的创新能力、突出的灵活定制能力、日趋完善的交付能力赢得全球客户的信任与合作。

（3）大唐电信。大唐电信科技股份有限公司是电信科学技术研究院控股的高科技企业。公司于1998年9月21日在北京海淀新技术开发试验区注册成立，同年10月，公司股票"大唐电信"在上海证券交易所挂牌上市。

公司控股股东电信科学技术研究院（大唐电信科技产业集团）是国务院国资委管理的大型高科技中央企业，是第三代移动通信国际标准TD－SCDMA的提出者、制定者，以及第四代移动通信国际标准TD－LTE－Advanced核心基础专利的拥有者。

作为国内具有自主知识产权的国家级高新技术企业和国家级企业技术中心，大唐电信秉承深厚的技术积淀，已持续多年入选中国电子百强企业前列。目前，公司已形成集成电路设计、终端设计、软件与应用、移动互联网四大产业板块。在信息安全与服务、智能终端整体解决方案、智慧城市、行业信息化、移动互联网应用与服务等领域具有丰富经验和竞争优势。在稳固传统通信市场优势的基础上，大唐电信正在实现从技术、设备提供商到服务、方案提供商，从核心网向用户端领域，从提供单一产品向提供整体解决方案，并向全产业链运营转型。

大唐电信主要从事各类通信设备系统、各类通信终端、计算机软件、硬件、系统集成等业务。作为国内专业覆盖面最广的通信设备制造商与服务商，大唐电信已经形成了拥有完全自主知识产权且国内领先的交换接入产业、芯片产业、以芯片为核心技术的终端产业、以运营支撑系统为核心技术的软件产业和新一代无线通信产业及其核心业务。目前，大唐电信在北京、上海、南京、成都、西安、天津、广州、深圳、南通等地建立了产业基地，并设立了遍布全国的市场网络和售后服务中心，面向国内客户提供涉及整个网络生命周期的服务以及 7×24 h 快速响应。

近年来，为适应新的市场形势，大唐电信进一步明确了"以国内领先的集成电路设计、终端设计、软件与应用和移动互联网业务为核心竞争力，成为细分行业综合领先的解决方案和服务提供商"的发展定位，建立了面向移动互联网、物联网等新兴产业的业务体系，围绕"芯－端－云"进行产业布局，同步搭建产业协同和融合管道，以及面向市场以客户为核心的运营模式，为政府、行业、企业和消费者提供优质、安全、高效的整体解决方案和服务，积极推动新一代信息通信技术与传统制造业和服务业的融合创新，构建新的价值与新的发展生态。

(4)巨龙洛阳。巨龙通信设备集团有限公司前身是邮电部洛阳电话设备厂(邮电 537厂)研制出 HJD03 时分用户程控交换机和 HJD15 市农程控交换机。在此基础上，由中国普天信息产业集团公司与解放军信息工程学院合作，以洛阳巨龙集团(537 厂)为研制基地，于 1991 年研制成功 HJD04 大型数字程控交换机，并率先通过邮电部科技成果鉴定和生产定型鉴定。

(5)烽火通信。烽火通信科技股份有限公司，是 1999 年 12 月 17 日经经贸委国经贸企改[1999]1227 号文批准，由主发起人武汉邮电科学研究院对其下属系统部和光纤光缆部的经营性资产进行重组，并以经评估确认后的净资产作为出资，联合武汉现代通信电器厂、湖南三力通信经贸公司、湖北东南实业开发有限责任公司、华夏国际邮电工程有限公司、江苏省邮政电信局(现重组变更为中国电信集团江苏省电信公司)、北京金鸿信科技咨询部(现重组变更为北京中京信通信息咨询有限公司)、北京科希盟科技产业中心、湖北省化学研究所、浙江南天通讯技术发展有限公司、武汉新能实业发展有限公司等 10 家其他发起人(均以现金出资)共同发起设立的股份有限公司。

公司作为国内光通信领域最具权威的科研机构之一武汉邮电科学研究院的控股子公司，是中国最早从事光通信传输设备、光纤光缆科研、生产的企业，掌握了一大批光传输设备和光纤光缆的核心技术，无论科研基础和实力，还是科研成果转化率和效益在国内同行业中均处于领先的地位，是国家科技部首批命名的 16 个国家"863"计划成果产业化基地之一，是国内光通信领域中的龙头企业，被湖北省科学技术厅和武汉东湖新技术开发区管理委员会认定为高新技术企业，1999 年 3 月通过国家科技部和中国科学院高新技术企业认证，2000 年 4 月取得自营进出口权。

烽火通信科技股份有限公司是国际知名的信息通信网络产品与解决方案提供商。自 1999 年成立至今，烽火通信始终专注于民族光通信事业的进步与发展，积累了对人类信息通信生活的深刻理解和创造力。公司的主营业务立足于光通信，并深入拓展至信息技术与通信技术融合而生的广泛领域，客户遍布国内、国际和信息化三大市场，已跻身全球光传输与网络接入设备、光纤光缆最具竞争力企业 10 强。

5.4 通信业人才需求

5.4.1 招聘职位分类

一个企业的运营和发展，需要多方面的人员。人员分工不一样，岗位职位的分类也有所不同。这里介绍 2 个通信人才招聘网的招聘职位分类。一个是中国通信人才网（http：//www. 51mobilejob. com），他是中国精英人才网（www. wsljob. com）旗下的网站，由深圳市万仕来企业管理有限公司创建于 2014 年，中国通信人才网是全国性的招聘网，自称拥有全国最大的综合性网络招聘领域的人才库，高效配合了企业的持续发展及对高端专业人才的需求。中国通信人才网（www. 51mobilejob. com）有效整合了专业人力资源网络及报纸渠道，已成为中国第一综合性人才网为目标，致力于为企业提供高效率、低成本的人才招聘服务。

中国通信人才网（www. 51mobilejob. com）立足于深圳，以深圳为中心向全国各地延伸，目前已在中山、广州、东莞、北京、湖南、湖北、江苏、浙江、佛山、海南、泉州、云南等地开设分支机构。随着全国各地业务不断地发展壮大，不久的将来，公司会在更多城市开设分支，以此来解决企业的本地化招聘问题。

中国通信人才网的招聘职位分为如下 13 类：

（1）通信设计研发类：包括硬件工程师、射频工程师、基带工程师、PCB Layout 工程师、硬件测试工程师、硬件驱动工程师、硬件项目经理、硬件项目总监、软件工程师、软件测试工程师、软件驱动工程师、MMI 工程师、软件项目经理、软件项目总监、Java ME 开发工程师、游戏测试工程师、游戏策划、美术设计师、结构工程师、模具工程师、跟模工程师、结构项目经理、结构项目总监、外观设计师/主管/总监、UI 设计师、数据库开发与管理、系统集成与开发、C/C ++ 软件开发、Java 工程师、系统架构工程师、手机平台开发、系统工程师。

（2）通信工程类：包括通信技术工程师、BSC/RNC 工程师、通信传输设计、无线通信设计、核心网工程师、交换工程师、室内分布设计、网络优化工程师电源/电路设计、产品设计/开发、通信网络工程师、设备调试与安装、施工/工程监理、维护工程师、CAD 制图/预算/造价、通信管道设计、通信测试工程师、软件系统/软件开发、硬件系统/硬件开发、项目管理、工程督导、维护员/维护主管、网优项目负责人、室内覆盖工程师、WCDMA 网络优化工程师、TD – SCDMA 网络优化工程师、LTE 网络优化工程师、GSM 网络优化工程师、DT 测试分析工程师、DT/CQT 网优测试工程师、CDMA2000 网络优化工程师、BTS 基站工程师、WLAN 优化工程师、智能建筑化工程师、弱电工程师、安防工程师。

（3）生产制造类：包括 SMT 工程师/工艺工程师、SMT 工业工程师、SMT 维修工程师、QC/QA 生产制造工程师、组装工业工程师、设备工程师、品质经理/主管、品质工程师、生产主管/经理技工/技术员、厂长/副厂长、PMC 跟单员、PMC 工程师、技术支持工程师、物料计划工程师、PMC 主管、PMC 经理、采购员、采购工程师、采购主管、采购经理、采购总监、仓库文员、仓库管理员、仓库主管。

（4）销售管理类：包括销售总监、销售经理、商务助理、商务经理、销售助理、销售工程师、销售主管、外贸销售区域经理、渠道工程师、渠道经理、营销策划工程师、产品规划工程师、产品规划经理、市场督导/经理、促销员/推广员、客户经理。

（5）经营管理类：包括总裁、总经理、副总经理、运营总监、运营经理、企业策划、企管部经理、企业管理顾问、部门经理、管理顾问、技术经理、项目管理、CTO、总裁助理、总经理助理。

（6）安防类：包括安防工程师、工程设计综合布线、无线电技术员、施工/工程人员、安装/调试/维护、造价/预算、维修工程师/技术员、弱电工程师、监控工程师、消防工程师、电气/电力工程师、智能建筑化工程师、仪表/自动控制工程师、项目经理/总监、项目助理、方案工程师。

（7）光通信类：包括光纤光缆研发、传感器开发、工艺工程师、光纤光缆布线、光纤光缆设计、光缆线路设计、光纤光缆生产、光纤光缆维护、光纤通信工程师、光缆通信工程师、光网络工程师、光传输产品、光传输测试、光传输软件、光传输通信设备、光传输产品工程师、项目管理/经理、技术支持工程师、光通信技术工程师。

（8）SP 无线互联类：包括手机游戏工程师、增值产品开发 C ++ 工程师、Java 工程师、Android 应用/开发、Symbian 应用/开发、iPhone 应用/开发、Windows Mobile 应用/开发、mtk 应用/开发、Brew 应用/开发、GUI 设计师、SP 通道、Java ME/Java EE 工程师、游戏测试工程师、游戏策划、客户端开发工程师、Net 工程师、WAP 工程师、php 开发工程师、数据工程师、系统工程师、维护工程师、嵌入式工程师、Linux 系统工程师

（9）人事行政类：包括总经理/副总经理、培训讲师/专员、总经理助理、市场部总监/经理、人事行政总监、人事行政经理/主管/办公室主任、人事行政专员/助理、经理助理/秘书、前台文员、人事助理。

（10）财务管理类：包括首席财务官/财务总监/经理/主管会计、经理/主管、财务/会计/出纳。

（11）售后客服类：包括客服总监/经理/主管、客服专员、售前/售后技术支持工程师、手机维修工程师。

（12）其他类：一览通信英才网（http：//tx. tmjob88. com）为一览英才网招聘网站成员，简称为一览通信，是一家致力于为通信网络系统集成、通信工程总承包、电信工程总承包、通信勘察设计、通信用户管线、通信代维等通信建设资质类企业提供招聘、求职、培训和相关顾问的网上人力资源综合解决方案供应商。其职位导航部分将通信职位分为如下的 26 类：

①总工程师/副总工程。

②通信设计工程师：包括站点设计工程师、传输工程设计师、无线通信设计师、有线设计工程师、通信线路设计/通信工程师、无线通信工程师、传输设备工程师、网络协议

设计工程师。

③通信工程技术人员。

④通信代维工程师。

⑤弱电工程师。

⑥通信工程概预算。

⑦经营管理类：包括：总经理/总裁/首席执行官CEO、副总经理/副总裁/首席运营官COO、总经理助理/总裁助理/董事会秘书、总监/事业部总经理/运营主管、办事处/分公司/分支机构经理、首席技术官CTO/首席信息官CIO、其他经营管理类/合伙人。

⑧项目管理类：包括项目总监、项目经理、项目主管、项目专员/助理、项目工程师。

⑨光电/通信类：包括通信工程师、信号工程师、数据处理、网络优化工程师、通信网络工程师、数据通信工程师、通信电源工程师、通信管线工程师、室内分布工程师、设备工程师/设备维护。

⑩销售招商类：销售总监/区域总监、销售经理/主管/主任、区域销售经理、销售代表/客户经理、电话销售/业务员/营业员、销售助理/销售行政、大客户经理、商务主管/商务人员、渠道/分销/拓展/招商。

⑪技术研发类：测试工程师、电子工程师/技术员、研发工程师、硬件工程师、射频工程师、基带工程师、合约工程师。

⑫建筑施工类：建造师、建筑工程师、资料员、施工员、材料员、工长、建模人员、生产经理、质检员、土建工程师、路桥工程师。

⑬建筑设计类：总建筑师/高级建筑师、审图工程师、结构工程师、建筑师/建筑设计师、效果图制作/建筑制图、规划师、设备工程师、电气工程师、给排水工程师、暖通工程师、装饰设计师。

⑭市政工程师。

⑮空调工程师。

⑯计量员/计量工程师。

⑰CAD制图。

⑱质量管理员。

⑲监理类：包括：注册监理工程师、专业监理工程师、总监理工程师、监理员、注册设备监理工程师、总监理工程师代表、安全监理工程师、监理工程师。

⑳测量类：包括测量员/技工、测量组长、测绘工程师、GIS/GPS软件工程师等。

㉑安全类：安全主任、安全工程师、安全员。

㉒试验/检测类：试验室主任、试验检测工程师、试验检测员。

㉓人力资源类。

㉔财务/审计/统计类。

㉕货车司机。

㉖其他。

5.4.2 通信工程师

通信工程专业就业的主流方向是通信工程师。主要工作岗位有：有线传输工程、无线通信工程、电信交换工程、数据通信工程、移动通信工程、电信网络工程、通信电源工程、计算机网络工程、电信营销工程、站点设计工程等。

通信工程师一般分为三级：助理工程师、工程师、通信工程师，从业者可拾级而上，不断追求行业内的晋升。同时，通信工程师还有望进一步接受更为专业且实践性更强的技术培训，从而，逐步朝着技术经理、IT 项目经理等方向发展。

申报助理通信工程师任职资格考试人员，必须具备以下条件之一：（一）取得通信及相近专业中专学历后，从事通信工程专业工作满 5 年；（二）取得通信及相近专业大学专科学历后，从事通信工程专业工作满 3 年；（三）取得通信及相近专业大学本科学历后，从事通信工程专业工作满 1 年；（四）取得通信及相近专业双学士学位或研究生学历；（五）取得通信及相近专业硕士以上学位。

申报通信工程师任职资格考试人员必须具备以下条件之一：（一）取得通信及相近专业大学专科学历后，从事通信专业工程技术工作满 5 年；（二）取得通信及相近专业大学本科学历后，从事通信专业工程技术工作满 4 年；（三）取得通信及相近专业双学士学位或研究生毕业后，从事通信专业工程技术工作满 2 年；（四）取得通信及相近专业硕士学位后，从事通信专业工程技术工作满 1 年；（五）取得通信及相近专业博士学位。

申报高级通信工程师任职资格考试人员，必须取得由信息产业部统一组织的通信工程师资格证书，并满足以下条件之一：（一）获得通信及相近专业大学专科学历，取得工程师资格或讲师资格后，从事通信专业工作满 6 年；（二）获得通信及相近专业大学本科学历，取得工程师资格或讲师资格后，从事通信专业工作满 5 年；（三）获得通信及相近专业硕士学位，取得工程师资格或讲师资格后，从事通信专业工作满 4 年；（四）获得通信及相近专业博士学位，取得工程师资格或讲师资格后，从事通信专业工作满 2 年。

通信工程师职业资格考试内容：通信工程专业英语，通信工程公共基础知识，专业基础知识（按专业），专业技术知识（按专业及其职业功能）。

5.4.3 通信工程岗位介绍

1. 电信交换工程师

电信交换技术的发展带动整个电信行业的发展，是电信行业核心的核心，电信交换工程师是从事电话交换、话音信息平台、ATM 和 IP 交换、智能网系统及信令系统等方面的科研、开发、规划、设计、生产、建设、维护运营、系统集成、技术支持等工作的工程技术人员。

工作内容：①电信交换工程师负责数据通信网络的建设与搭建；②负责交换机设备系统的使用服务，包括设备的开通、调测、扩容、升级、割接等；③跟踪分析并优化各项指标，准确分析与排除各种复杂故障；④熟悉电话交换网、信令网、智能网、语音服务系统的原理和技术特点，掌握各系统的运营维护指标与验收标准，对网络进行管理；⑤熟练使用各种命令修改相应的用户数据；⑥能够迅速处理交换系统各种紧急故障，提出改进维护的技术措施；⑦能够对交换网的规划设计、扩容系统及集成、交换设备改造等提出改进措施和解决方案，并能提供技术支持。

从业素质要求：①通信、电子、计算机、自动控制等相关专业大学本科以上学历；②掌握有关网络交换的工作原理；③具备扎实的电信网络知识，熟悉有关网络通信系统原理；④熟悉 No.7 信令，TCP/IP 协议；⑤熟悉交换网络的硬件和软件结构；⑥具有较强的网络和协议方面的问题分析和解决能力；⑦熟悉备份存储和安全方面的软件硬件；⑧熟悉操作系统和数据库(Oracle 和 SQL Server)技术；⑨有一定的网络产品、设备整合能力，熟悉相关厂家的设备；⑩熟悉电信运营市场的业务需求。

电信交换工程师还应该具有良好的沟通与表达能力，具有优秀的团队合作和敬业精神及技术沟通能力；英语阅读能力强，大学四级以上；具有较好的文字表达能力和文档组织能力，能独立完成全部或部分应标文档制作；工作踏实、积极上进、肯吃苦；勇于创新及钻研、工作认真负责且细心；具有较强的分析解决问题的能力；需要身体健康，适应快节奏、高强度的工作要求。

职业发展途径：刚刚入职电信交换工程师的大学生可以先从基本岗位做起，慢慢积累经验，不断追求行业内的晋升：助理工程师、通信工程师、高级通信工程师。在加强技术学习的同时培养管理能力，进一步接受更为专业且实践性更强的技术培训，努力向既有专业技术、又有领导能力的工程技术主管这一紧缺人才的方向发展。

2. 电信网络工程师

电信网络工程师是从事电信网络(传输网、电话网、数据网、接入网、移动通信网、增值业务系统和平台、信令网、同步网以及电信管理网等)的技术体制、技术标准的制定和通信网络发展规划编制的工程技术人员。从事计算机网络系统及从事计算机网络系统管理的技术体制、技术标准的制定的工程技术人员；从事电信网络计量测试的工程技术人员。从事电信网络管理系统、计费结算管理系统、运营管理系统的研究、开发、规划、设计、系统集成和技术支持、运行维护等工作的工程技术人员。

工作内容：①负责提供电源、空调、集中监控等系列配套方案；②负责编制、实施直流不断电割接方案；③负责提出通信动力系统的设备大修和更新方案；④负责电信营运商线路的开通、调试和安装等工作；⑤监督维护网络运行及进行特殊情况的抢修工作；⑥负责机房建设、骨干设备维护及骨干电路维护；⑦负责日常技术资料的管理工作；⑧配合相关部门进行的售前和市场活动等工作。

从业素质要求：①本科或以上学历，计算机、通信专业最佳；②持 CCNA/CCNP 证书者优先；③熟悉各种通信传输电路知识，熟悉各电信运营商的工作流程，熟悉路由器、交换机等主流网络产品的配置、调试及故障处理；具备电信项目实施的知识；④良好的英语听、说、读、写能力；⑤良好的沟通能力与客服意识、能承受较大的工作压力、可经常出差。

由于网络世界的变化非常激烈，所以需要有一种好奇心，经常收集最新信息，掌握新兴技术知识。在因网络维护而拜访已有客户的时候，如果不能向其说明最新技术，作为网络工程师是有所欠缺的。在完成了网络构建后，如果产生了什么问题，那时客户的表情是非常可怕的。因此，能够察觉到可能发生的危险，事先回避风险，并且细心注意的人比较适合做网络工程师。

职业发展路径：从知识结构的角度看，电信网络工程师必须有比较全面的理论架构，

通信工程专业导论

需要在实践中培养一种创新能力，还要有良好的英语水平。需要学习的知识和技能有：网络基本知识和概念，网络设备的配置和网络操作系统。网络设备这部分应首先要掌握CISCO 的相关设备，而网络操作系统应重点掌握 Windows、UNIX 和 Linux。当然有一份国家权威证书更好，例如国家网络工程师认证（NCNE）。

刚刚入职电信网络工程师的大学生可以先从基本岗位做起，慢慢积累经验，在加强技术学习的同时培养管理能力，努力向既有专业技术、又有领导能力的工程技术主管这一紧缺人才的方向发展。经过专业且实践性更强的技术培训，成为技术经理、IT 项目经理。

招聘案例：招聘公司——某高科技企业。

招聘职位：电信网络工程师学历——本科。

行业：通信/电信/互联网。

任职要求：①熟悉局域网、无线局域网基础、组网结构；掌握基本的网络通信原理，熟悉 ISO 模型、路由交换原理、vlan 原理与配置；②熟悉微软 Windows 操作系统，对常见网络故障能及时判断与解决；对影响网络的病毒与黑客攻击有一定的预防和处理能力；③熟悉 TCP/IP、PPPOE、FTP、DHCP、DNS 等协议；熟悉无线网络协议标准：IEEE 802.11a、IEEE 802.11b、IEEE 802.11g、IEEE 802.11n 等；④熟悉 PPPOE 认证原理、Web 认证原理等 WLAN 相关技术；了解 WLAN 网络安全认加密证机制；懂得使用抓包工具，对网络流量进行分析；⑤熟悉无线组网技术，无线网络组建的方法、无线网络的性能指标、常见故障及解决方法；熟悉目前的瘦 AP 组网架构；⑥熟悉艾尔麦 Lap 等无线网络测试分析软件，会用软件进行站点测试、故障查找、干扰分析等；⑦熟悉常见交换机（华为、思科、烽火等）、AC（Moto、中达）的基本功能与服务配置，能够熟练对热点的交换机与 AC 进行配置与管理。对华为交换机配置熟练者可优先考虑；⑧熟悉各厂家的 FatAP&FitAP（Moto、思科、网件、艾克赛尔、中达等）、网桥（艾克赛尔、Moto 等）的功能与配置、常见故障处理等；⑨身体健康、五官端正、无不良记录；性格开朗，积极向上，有很强的责任心、上进心；有一定的语言表达能力，热爱本职工作，能吃苦耐劳，有良好的团队合作精神，有强烈的责任感和敬业精神。

3. 数据通信工程师

数据通信工程师一般是从事电信网（ATM）的维护；参与和指导远端结点设备的安装调试与技术指导；负责编制相关技术方案和制订维护规范。

工作内容：①负责局方的开通、运行维护、设备初验、终验等；②负责设备问题的跟踪、反馈及疑难问题的处理、技术信息的收集、整理；③负责员工及用户的技术培训，配合客户经理做好用户协调工作；④提供必要的技术支持，包含技术评审、工程勘察、工程设计等；⑤负责项目的招投标工作，包括整体解决方案的拟订、标书应答、讲解与答辩；⑥根据用户需求进行系统概要设计并编写解决方案。

从业素质要求：①精通有关路由器以及交换机的安装、软件配置，以及各种排错方法；②熟悉备份存储和安全方面的软件硬件；③熟悉网络安全的原理和网络安全设备的安装、调试。

数据通信工程师主要负责数据库的维护，参与指导远端结点的设备安装与调试。有关设备的操作可能需要认证，而且对英语能力要求颇高。

4. 数据维护工程师

数据维护工程师负责安装和升级数据库服务器及应用程序工具，设计数据库系统存储方案，并制订未来的存储需求计划，创建数据库存储结构，创建数据库对象，根据开发人员的反馈信息，修改数据库的结构，登记数据库的用户，维护数据库的安全性，保证数据库的使用符合知识产权相关法规，控制和监控用户对数据库的存取访问，监控和优化数据库的性能，制订数据库备份计划。

工作内容：①负责公司业务范围内数据网络的日常维护和技术支持；②负责对数据 IP 承载网络运行情况和网络流量进行监控和分析，确保系统正常运行；③根据业务发展需求及设备运行情况，提出系统优化和改进建议；④根据市场发展的需求，参与数据网络业务和产品开发，并对市场一线宽带业务的拓展提供专业性的技术支持。

职业要求：①通信工程、计算机等相关专业本科以上学历，有 CCNP 证书；②熟悉 TCP/IP 协议，熟悉各种路由协议；③熟悉计算机软、硬件知识；④工作责任心强，上进心强，团队合作好，服务意识强。

职业发展路径：随着企事业单位，公司的发展，业务数据量不断增加，数据库的维护成为一项重要的工作。数据量的复杂化，也让维护工作的技术性越来越复杂。对高素质的数据维护工程师的需求越来越多。因此，拥有高技术的人才将会有更多的发展空间。

5. 数字信号处理工程师

随着大规模集成电路以及数字计算机的飞速发展，用数字方法来处理信号，即数字信号处理，已逐渐取代模拟信号处理。而数字信号处理工程师是将信号以数字方式进行表示并处理的专业人员。

工作内容：①负责通信产品中数字信号处理的开发设计及维护，并提供相应的技术文件；②编写相关产品的技术方案，技术资料；③配合完成开发成果的产业化转移，保证设计要求的按期实现并满足可靠性/一致性要求，协助生产/转产工作；④对相关部门提供技术支持和服务，保证产品的相关目标按期实现。

职业要求：①通信、电子、计算机等相关专业本科以上学历，具有较强的数字电路设计和调试能力；②熟悉通信系统（GSM/WCDMA/CDMA 等）原理，能熟练使用 MATLAB、CCS、Protel/DXP 等应用软件，对高速数字电路 PCB 设计有较深的理解；③具有扎实的数字信号处理理论基础，精通 FFT、功率谱估计、信号检测与估计、卡尔曼滤波等数字信号处理技术；④具有良好的技术攻关能力、良好的沟通能力和团队精神，能承受一定的工作压力。

6. 通信电源工程师

通信电源的稳定性是通信系统可靠性的保证，是整个通信网络的关键基础设施，是通信网络上一个完整而又不可替代的独立专业。

通信电源在整个通信行业中虽然占的比例比较小，但它是整个通信网络的关键基础设施，是通信网络上一个完整而又不可替代的独立专业。对于电源产品来说也是最基础的，产品技术的发展和变化速度也不同于其他通信产品，电源产品的种类繁多，包括高频开关电源设备、半导体整流设备、直流－直流模块电源、直流－直流变换设备、逆变电源设备、交、直流配电设备、交流稳压器、交流不间断电源(UPS)、铅酸蓄电池、移动通信手持机电池、发电机组、集中监控系统等。

通信电源的稳定性是通信系统可靠性的保证。通信电源工程师是从事通信电源系统、自备发电机、通信专用不间断电源(UPS)等电源设备及相应的监控系统等的科研、开发、生产、销售和技术支持、规划、设计、工程建设、运行维护等工作的工程技术人员。这要求他们掌握交流供电系统、直流供电系统、高频开关电源、蓄电池、UPS、传感器基本工作原理、动力环境集中监控系统的拓扑结构和系统配置标准等知识。作为通信电源工程师，对各类基本电子电路要会分析，面对密密麻麻的电路图，要会化整为零，不但能说清楚框图的信号流程，还要能分析电路图上的元、器件，最后还能化零为整，说清楚整个系统的工作原理。

工作内容：①负责通信电源产品的科研和开发；②负责通信电源产品的生产环节；③负责通信电源的调试安装和测试；④负责通信电源产品的售前技术支持；⑤负责通信电源产品的设计改进；⑥负责通信电源产品的配套集成；⑦负责通信电源产品的工程建设、运行维护等。从业素质要求①电气设计、自动化、计算机、通信技术等相关专业毕业；②具有扎实的通信技术专业基础知识，具有较高的业务水平、熟练的设计技能；③熟悉通信电源的原理、规范、安装、调测；④熟悉国内外主流高低压厂商的通信电源产品；⑤掌握交流供电系统、直流供电系统、高频开关电源、蓄电池、UPS、传感器基本工作原理；⑥掌握动力环境集中监控系统的拓扑结构和系统配置标准等知识；⑦具有良好的英语听说能力者优先；⑧较强的撰写能力，良好的沟通和表达能力；⑨有通信工程概预算资格证书者优先。

职业发展途径：通信技术在现在得到了飞速的发展，同时在通信、民航、军队等众多领域得到了广泛的应用。通信电源是通信系统重要的组成部分，通信电源的稳定性是通信系统可靠性的保证。相应的通信电源工程师在现在也出现了供不应求的态势。

刚刚入职通信电源工程师的大学生可以先从基本岗位做起，慢慢积累经验，在加强技术学习的同时培养管理能力，努力向既有专业技术、又有领导能力的工程技术主管这一紧缺人才的方向发展。

通信电源工程师一般分为三级：助理工程师、工程师、通信工程师，从业者可拾级而上，不断追求行业内的晋升。同时，电信交换工程师还有望进一步接受更为专业且实践性更强的技术培训，得到跟世界顶级公司正面交流和接触的工作机会，从而，逐步朝着技术经理、IT 项目经理等方向发展。

招聘案例：招聘单位——某设计院有限公司。

招聘职位：通信电源工程师。

学历：本科以上。

岗位职责：①承担通信机房、基站电源系统的安装设计；②根据系统需求撰写订制电源的技术规格书；③根据用户的要求进行电源方面的咨询。

岗位要求：①具有自控控制、电力电子及电子工程相关专业本科以上学历；②具备电源产品设计和测试经验，有通信电源设计经验者优先；③责任心强，具备良好的学习能力，有耐心，工作细致；具有良好的团队协作精神；④能在较大工作压力下开展工作，良好的身体素质、能适应经常出差或加班工作。

7. 通信技术工程师

通信技术工程师是指从事光纤通信、卫星通信、数字微波通信、无线和移动通信、通信交换系统和综合业务数字网，以及综合网和有线传输系统的研究、开发、设计、制造、使用与维护的工程技术人员。通信技术是信息产业的重要基础和支柱之一，它的发展日新月异，正在迅速地向社会各个领域渗透。通信技术工程师是指从事光纤通信、卫星通信、数字微波通信、无线和移动通信、通信交换系统和综合业务数字网，以及综合网和有线传输系统的研究、开发、设计、制造、使用与维护的工程技术人员。负责网络交换机、路由器等网络设备的维护、配置，从事网络设备的安装调试工作；负责公司传输网和互联网的建设规划和工程预算批复、验工计价，网络建设提出技术指导意见。

工作内容：①研究、开发、设计、生产和使用通信装备与系统、光纤光缆等；②研究、开发、设计、生产和维护无线和移动通信系统与装备、无线寻呼系统、无电话、数字蜂窝移动通信系统等；③研究、开发、设计、生产和维护通信交换装备与系统、软件、窄带综合业务数字网组网技术、传真机等；④研究、开发、设计、生产和维护综合业务数字网系统、网络接口技术与装配、数字终端设备、宽带综合业务数字网模型、电子数据交换系统等；⑤研究、规划、施工、运行、维护载波传输、数字传输和电、光缆传输通信线路；⑥负责技术平台使用的意见反馈，客户使用满意度反馈，工程质量及运转情况反馈，及时组织解决相关问题，对客户的应用提供建议。

从业素质要求：①具备计算机、通信、电子等专业，大专以上学历；②能使用部分编程工具编写程序，例如 Delphi 或 C++等；③有扎实计算机网络和通信基础知识，对移动通信技术有所了解；④有建立软件产品架构的能力，具有独立分析和处理计算机及网络故障能力；⑤精通局域网的维护及网络安全；⑥有软件程序开发或系统分析相关工作经验；⑦具有程控交换机或计算机网络的安装和售后服务经验；⑧良好的沟通与表达能力，具有优秀的团队合作和敬业精神及技术沟通能力；⑨英语阅读能力强；英语水平大学四级以上；⑩具有较好的文字表达能力和文档组织能力，能独立完成全部或部分应标文档制作；⑪工作踏实积极上进肯吃苦；勇于创新及钻研、工作认真负责且细心。具有较强的分析解决问题的能力；⑫需要身体健康，适应快节奏、高强度的工作要求。

职业发展途径：刚刚入职通信技术工程师的大学生可以先从基本岗位做起，慢慢积累经验，在加强技术学习的同时培养管理能力，努力向既有专业技术、又有领导能力的工程技术主管这一紧缺人才的方向发展。

招聘案例：招聘单位——某通信集团有限公司。

职位：通信技术工程师学历——本科。

公司行业：通信/电信/网络设备。

任职资格：①本科及以上，通信专业/计算机专业/电子专业；②通信业 2 年以上或计算机专业 3 年以上工作经验；③了解 GSM/CDMA2000/WCDMA 系统原理，熟悉各种通信协议、网络接口协议、熟悉 GPRS 熟悉路测设备及测试标准方法；④熟悉主流通信设备，接受过通信产品设计、开发、测试的基本知识等方面的培训；⑤自学能力较强，适应短期出差。

8. 网络优化工程师

网络优化工程师是一个进行网络测试及性能分析移动通信网络优化方案确定与实施网

络优化工程实施，网规网优是以工程实践为依托的，把具体的解决方案变成工程加以实施职业素描。

职业要求：通信工程、计算机等相关专业本科以上学历；熟悉无线优化流程和优化工具的使用；掌握各种指标的优化手段，能独立负责 BSC 优化；良好的语言表达和沟通能力。

职业发展路径：网络优化工程师需要通信类专业本科学历，MCSE（微软认证网络工程师）和 CCNA 对成为网络优化工程师很有帮助。

工作内容：当移动通信网络建成以后，网络优化的主要作用是保障网络的全覆盖及网络资源的分配合理。在建网初期，主要是信号的全覆盖，而到网络基本成型后，随着网络中 BTS 的增加，BTS 之间的相互影响会越来越严重，同时，随着客户的不断增加，网络资源的合理分配的需求也越来越高，而网络优化工程师的主要工作就变成了消除网络中 BTS 间的相互干扰、网络中资源的调配及网络的进一步规划建设。

随着网络中的客户在不断地增加，网络资源会渐渐由建网初期的空闲变的拥塞，而客户密度的分布的不均匀，也必然导致网络资源的利用不能像规划初期的模型一样，这就需要过对网络中话务的分析，合理地调配网络中的资源，同时，根据网络整体的资源利用率及网络话务的变化，提出进一步的网络建设的优化方案。

建网初期网络中的基站数量相当较少，基站间的接续基本处于相当固定的状态，但是，随着网络中基站的不断增加，同一段道路中的覆盖基站就会变得很多，用户能否占用最合适的基站进行通话直接影响用户的通话质量，需要进行测试以确保用户在道路上打电话时占用最佳的基站信号进行呼叫。

9. 无线通信工程师

随着网络及通信技术的飞速发展，人们对无线通信的需求越来越大。无线通信技术的应用：①手机业务；②蜂窝移动通信；③宽带无线接入；④集群通信；⑤卫星通信；⑥无线监控。无线网络带给人们无限的便利，因为可以随时随地使用无线网络。比如，手机逐渐成为一个多功能的无线终端，能够随时接入互联网，因此与无线通信有关的业务正在大规模地出现。怎样不通过电缆，摆脱物理连接上的限制，使设备互连起来呢？这就是需要无线通信工程师来解决和实现的问题。

工作内容：①负责无线通信网络规划、网络优化调整；②负责无线网络工程设计和实施；③负责移动通信设备的安装、调试工作；④负责移动通信设备的技术支持和故障设备的维修、维护工作；⑤负责本地网语音交换机、智能网平台的维护工作；⑥负责指导监控、进行业务开通测试；⑦负责无线通信技术支持和技术交流。

从业素质要求：①具有本科及以上学历；②无线通信、卫星通信、电子技术应用相关专业本科以上学历；③有较全面的相关专业基础理论知识和专业技术知识，能够独立承担项目任务；④具有良好的沟通和表达能力；⑤有较好的学习能力和实践能力；⑥英语阅读能力强；英语水平大学四级以上，有些涉外工作还需要从业者具有更好的外语水平；⑦具有较好的文字表达能力和文档组织能力，能独立完成全部或部分应标文档制作；⑧工作踏实积极上进肯吃苦；勇于创新及钻研、工作认真负责且细心。具有较强的分析解决问题的能力；⑨需要身体健康，适应快节奏、高强度的工作要求。

职业发展途径：刚刚入职无线通信技术工程师的大学生可以先从基本岗位做起，慢慢积累经验，在加强技术学习的同时培养管理能力，努力向既有专业技术、又有领导能力的工程技术主管这一紧缺人才的方向发展。

无线通信技术的工程师一般分为三级：助理工程师、工程师、通信工程师，从业者可拾级而上，不断追求行业内的晋升。同时，无线通信技术工程师还有望进一步接受更为专业且实践性更强的技术培训，得到跟世界顶级运营商正面交流和接触的工作机会，从而，逐步朝着技术经理、项目经理等方向发展。工作后可申请报考通信工程师（无线通信专业）相关认证。

招聘实例：站点设计工程师。

专业要求：通信技术。

工作内容：站点设计技术勘察；站点设备安装设计：设备的平面布置、走线架布置以及天馈线系统进行初步设计。对新建基站的供电系统，室内、外接地系统进行初步设计。对机房土建工艺提出要求，以及对新建基站的铁塔、机房提出防雷接地要求。交换、电源设备安装设计：设备平面布置、走线架布置、机柜布置的安装设计。

岗位要求：①大专以上学历，相关专业学历资质，有本行业工作经验者优先；②熟练地使用 CAD，能独立使用 PKPM、理正等结构计算软件完成各类工程建模、计算等工作；③良好的团队合作精神和沟通能力，做事富有条理性，有严谨的工作态度；④踏实刻苦，能承受较大工作压力，能适应出国外派；具备良好的英语表达及写作能力。

10. 移动通信工程师

移动通信工程师是指从事移动通信系统，集群通信系统，公众无绳电话系统，卫星移动通信系统，移动数据通信等方面的科研、开发、规划、设计、生产、建设、维护运营、系统集成、技术支持、电磁兼容等工作的工程技术人员。

工作内容：负责交换设备的软件调测；负责通信网络的技术支持；负责核心网络设备的日常维护工作。

职业要求：①本科以上学历，通信、计算机相关专业；②掌握蜂窝移动无线系统，如3G 或 4G，对移动通信核心网有一定了解；无绳系统，如 DECT；近距离通信系统，如蓝牙和 DECT 数据系统；无线局域网（WLAN）系统；固定无线接入或无线本地环系统；卫星系统；广播系统，如 DAB 和 DVB – T；ADSL 和 Cable Modem；③掌握了传输工程施工基本技能，如绑线、放线、分线以及施工管理；④能够对移动通信进行、建立、维护和调控；⑤具有较全面的专业基础理论知识和专业技术知识；⑥具有良好的沟通和表达能力。

职业发展路径：移动通信工程师的工作大致有两个方向，一是专门做研发工作；二是负责安装调试工作。前者注重专业知识，后者讲究技术技能。但对做安装工作的英语沟通能力要求较高，也因此会有许多出国工作的机会。待积累经验和管理能力提高后，移动通信工程师可向管理型人才发展，如技术经理、IT 项目经理等。

11. 有线传输工程师

有线传输技术就是通过一定的线缆传输信息的技术，如光纤、同轴电缆、双绞线等都是有线传输的。通信技术在现在得到了飞速发展，随着物联网概念的普及和应用，有线传输技术问题作为通信技术的一个重要分支更会得到更大的发展。人们的生活已离不开网络连接的世界，骨干网络仍然是有线网络，有线传输工程师就是这个网络的设计者。他们从事明线、电缆、载波、光缆等通信传输系统及工程，用户接入网传输系统、有线电视传输及相应传输监控系统等方面的科研，负责开发、规划、设计、生产、建设、维护运营、系统集成、技术支持、电磁兼容和三防(防霄、防蚀、防强电)等工作。

工作内容：①组织设计任务的实施；②负责光缆传输工程、光传输系统工程、有线接入网等规划设计工作；③负责对所承担的工程设计项目的质量、进度、成本等进行控制；④负责项目组内外部接口，协调、指导项目组成员完成任务。

从业素质要求：①具有本科及以上学历；②具有通信工程、电子工程、通信网络、计算机等通信工程设计相关专业；③有较全面的相关专业基础理论知识和专业技术知识，能够独立承担工程设计任务；④了解通信行业建设的标准和规范，能编制通信工程概、预算；能够熟练使用 CAD、VISIO 等常用工程、工具软件或 2G、3G、4G 网络规划软件；⑤熟悉 SDH 原理以及接入网设备和技术，熟悉 SDH、PDH 设备维护；⑥精通 DSLMODEM、PDH 等各种接入设备的安装，调试；熟悉相关设备配置协议；⑦熟悉 MSTP 原理及其应用；熟悉误码测试仪的使用；具有良好的沟通和表达能力；⑧英语阅读能力强，英语水平大学四级以上，有些涉外工作还需要从业者具有更好的外语水平；⑨具有较好的文字表达能力和文档组织能力，能独立完成全部或部分应标文档制作；⑩工作踏实积极上进肯吃苦；勇于创新及钻研、工作认真负责且细心，具有较强的分析解决问题的能力；⑪需要身体健康，适应快节奏、高强度的工作要求。

职业发展途径：刚刚入职有线传输技术工程师的大学生可以先从基本岗位做起，慢慢积累经验，在加强技术学习的同时培养管理能力，努力向既有专业技术、又有领导能力的工程技术主管这一紧缺人才的方向发展。

有线传输技术是通信工程的一个重要分支，在工程师考试方面，参加通信工程师(有线传输专业)的，分为三级：助理工程师、工程师、高级工程师，从业者可拾级而上，不断追求行业内的晋升。同时，有线传输技术工程师还有望进一步接受更为专业且实践性更强的技术培训，得到跟世界顶级运营商正面交流和接触的工作机会，从而，逐步朝着技术经理、IT 项目经理等方向发展。考试认证工作后可申请报考通信工程师(有线传输专业)相关认证。

12. 增值产品开发工程师

增值产品服务主要包括短信息、彩信彩铃、WAP 等业务，增值产品开发工程师主要负责增值技术平台的开发(SMS/WAP/MMS/WEB 等)以及运营管理的技术支撑、实现和维护，需要熟悉 Java EE 体系的技术应用架构，掌握一定的 Java 应用开发，懂得 XML、XHTML、JavaScript 等相关知识。

工作内容：①负责 SP 无线增值技术平台的开发(SMS/WAP/MMS/WEB 等)；②负责 SP 无线增值应用产品的软件开发；③负责 SP 技术和产品平台的运营管理的技术支撑、实现和维护；④负责软件的架构和核心模块的设计；⑤编写软件相关的设计和技术文档。

职业要求：①通信工程、软件工程相关专业，大专以上学历；②熟悉增值电信行业运营流程，软件开发流程，有项目组织管理经验；③熟悉 MSSQL，有 SMS、WAP 或 MMS 平台等工作经验；④熟悉 Java EE 体系的技术应用架构，掌握 JAVA 应用开发，懂 XML、XHTML、JavaScript。

职业发展路径：刚刚入职的大学生可以先从程序员基本岗位做起，慢慢积累经验，成为高级程序员，在加强技术学习的同时培养管理能力，努力向既有专业技术、又有领导能力的工程技术主管这一紧缺人才的方向发展。

13. 通信技术研发人员

主要是从事通信系统、信息处理、信息传输、信息交换、信号检测技术的科学研究、技术开发；从事通信、网络、安全系统与设备的设计、开发、研制等。

职业要求：本科以上学历，专业基础扎实、思路开阔、英语良好、有点创意。

职业发展路径：刚刚入职的大学生可以先从技术员基本岗位做起，慢慢积累经验，成为研发工程师，在加强技术学习的同时培养管理能力，努力向既有专业技术、又有领导能力的工程技术主管这一紧缺人才的方向发展。技术转市场(管理)是很多研发人员的归宿。

14. 通信产品销售人员

从事各种通信器材和通信设备的销售。

职业要求：①通信工程专业、市场营销专业；②对通信的一些基础专业课程得有比较全面的了解；③具有良好的沟通能力、营销能力、策划能力。

职业发展路径：刚刚入职的大学生可以先从销售助理岗位做起，慢慢积累经验，成为销售工程师，在加强业务学习的同时培养管理能力，努力向既有业务能力、又有领导能力的销售(市场)经理的方向发展。实在不行的话还可以转行去别的行业继续做销售。

高级销售工程师招聘案例：

工作职责：①负责销售区域内销售活动的策划和执行，完成销售指标；②维护与开拓客户关系以有效推广 R&S 无线电监测产品；③作为技术顾问，为客户展示产品并提供全套的解决方案(通过岗前培训达到)。

职位要求：①学士或硕士，通信工程专业；②熟悉无线通信技术及其解决方案；③出色的人际沟通与商务谈判能力；④喜欢具有挑战性的工作并有强烈的成功愿望；⑤英语口语及书面表达具有六级水平。

15. 通信工程技术人员

其主要工作是从事通信系统和设备的安装、维护。在运营商做设备维护，一种是在运营商的机房随时待命，另外一种是在基站维护代理下边做事。后面一种的工作公务是维护基站的正常工作：例如基站停电了，需要去启动备用电源，更换零件、正常巡检；甚至刮大风天线刮歪了都在其工作范围内。如果所在的代维商没请一些工人，那基站维护相对还是比较辛苦的。

从业素质要求：①具有本科及以上学历；②具有通信工程、电子工程、通信网络、计算机等通信工程设计相关专业；③有较全面的相关专业基础理论知识和专业技术知识，能够独立承担工程设计任务；④了解通信行业建设的标准和规范，能编制通信工程概、预算；能够熟练使用 CAD、VISIO 等常用工程、工具软件或网络规划软件；⑤熟悉有关设备、系统的安装和测试；⑥英语阅读能力强；英语水平大学四级以上，有些涉外工作还需要从业者具有更好的外语水平；⑦具有较好的文字表达能力和文档组织能力，能独立完成全部或部分应标文档制作；⑧给你打下手的话工作踏实积极上进肯吃苦；勇于创新及钻研、工作认真负责且细心。

职业发展途径：刚刚入职的大学生可以先从技术员做起，慢慢积累经验，在加强技术学习和工程经验积累的同时培养管理能力，努力向既有专业技术、又有领导能力的工程技术主管这一紧缺人才的方向发展。

习　题

1. 通信行业主要有哪些类型的企业？
2. 通信产业链包含哪些内容？
3. 通信工程师的主要工作岗位有哪些？

第**6**章 通信工程专业的发展

本章介绍国内通信工程专业的发展历史和通信工程专业工程认证的要求，以及信息与通信工程学科的研究方向，说明通信工程专业本科教育的基本要求和研究生教育的基本情况。

6.1 通信工程专业发展状况

随着现代通信技术的发展和广泛应用，高等学校的通信工程专业建设也得到了快速发展，到目前为止，全国已有 500 多所高等院校开设通信工程专业。通信工程属热门专业，招生人数与规模在各院校中都排在前列。

通信工程专业主要为研究信号的产生、信息的传输、交换和处理，通信工程技术包括设备的开发（研究）和制造，局（站）的设计，设备的安装设计、施工和运转，通信网的设计和运转，通信的工程管理等。

6.1.1 通信工程专业的发展

通信工程专业是随着我国通信事业的发展而发展起来的。我国通信工程专业起源于电机系电机工程专业，并由有线电、无线通信、电子技术、邮电通信等专业相互渗透、相互补充发展而来。最早的是，上海交通大学于 1917 年在电机工程专业内设立"无线电门"，此后，于 1921 年设立"有线通信与无线通信门"。清华大学于 1934 年在电机系设立电讯组。20 世纪 30 年代初，浙江大学在电机系中设立了一个学科分组——电信组（或称电信门），它是浙江大学通信工程专业的最初形式。这可以说是通信工程专业的雏形。

1952 年，我国以苏联高等教育为基础，对院系开始进行调整，专业模式逐步定型。各有关学校分别在原有的电信工程、电机工程、无线电电子学专业的基础上，为现代通信工程技术的人才培养积蓄着雄厚的力量。1952 年，清华大学、北京大学两校电机系的电讯组合并后成立了清华大学无线电工程系。上海交通大学成立了"电信系"。1957 年出版的高等学校招生升学指导专业介绍中虽然没有通信工程专业，但设置了通信类专业，包括电话电报通信、无线电通信及广播、邮电通信经济与组成 3 个专业。开设的目的在于直接或间接为国家的政治、经济、文化教育和国防建设，以及广大人民的日常生活服务。这时通信定义的范围较狭小，主要侧重于电话、电报及邮电方面。同时，将与通信工程专业相关的无线电技术和电子学专业隶属于电机制造和电气器材制造类，随着社会的进步、通信技术的发展，我国通信工程专业的发展也在不断进步。1962 年，高等学校招生专业介绍在通信类中又增设了有线电设备的设计与制造专业，而且把与通信工程相关的无线电技术和电子学从电机制造和电气器材制造类分离开，专门设立了无线电技术和电子学类，包括了无线电技术、无线电通信设备、无线电测量设备、电视设备等几个专业，它们均为通信工程技术人才的培养做出了巨大的贡献。

20世纪六七十年代，通信工程专业的变迁较大。例如清华大学，1969的电子工程系的大部分迁往四川绵阳，成立了清华大学绵阳分校。1978年又迁到北京，恢复为无线电电子学系建制，为了拓宽专业，适应科技发展需要，专业设置有所调整，增设了无线电技术与信息系统、物理电子与光电子技术、微电子学共3个大学本科专业。1979年，教育部相继召开了部属综合大学理科专业和工科院校工科专业调整会议，确定了专业调整原则。

1983年，教育部发出关于做好修订高等学校工科专业目录工作的通知。1984年，教育部对高等学校本科专业进行了规范，正式颁布了高等学校工科本科通用专业目录，在工学中设置了通信工程专业代码为工科1001，相近专业有无线通信、多路通信、计算机通信、移动通信、交换技术。自此通信工程被作为一个正式的专业名称确立下来，以适应信息技术和通信工程应用的形势，这也是和世界信息技术的发展趋势相适应的。其实，在1984年之前，就已经有部分高校开设了通信工程专业，如同济大学1979年就开始招收该校的第一批通信工程专业本科生；华北电力大学在1980年就将原通信远动专业改名为通信工程专业，隶属电子工程系，它是电力行业中最早创办通信工程专业的高校。1986年，我国出版了全国普通高等学校专业设置及毕业生使用方向介绍，目录中通信类被单独设立为一个学科门类，原通信工程、电信工程、电力系统通信、通信系统工程、电讯技术、地面通信设备维修、数字通信、铁道数字通信、运动及通信、气象通信专业都被统一调整为通信工程专业。

在1993年国家教育部颁布的普通高等学校本科专业目录和专业简介中，工学门类中与电有关的专业被分成"电工类"和"电子与信息类"两个分支，通信工程（专业代码为080712）隶属于"电子与信息类"，被指定为弱电专业。专业调整后，原通信工程（1984年专业代码为工科1001）、无线（1984年专业代码为工科1002）、多路通信（1984年专业代码为工科1003）、计算机通信（1984年专业代码为工科2013）都被划归为通信工程。1997年4月，原国家教育委员会以教高〔1997〕13号文发出关于进行普通高等学校本科专业目录修订工作的通知，开始对普通高等学校本科专业目录进行全面修订。修订后的普通高等学校本科专业目录和专业介绍于1998年颁布，该目录考虑到强、弱电的相互融合及其发展趋势，将原来的"电工类"和"电子与信息类"两个分支合并成"电气信息类"，同时单独设立了电子信息科学类，电子信息科学类隶属于理学门类。此时通信工程（080604）归属于"电气信息类"，1998年前的通信工程（080712）和计算机通信两个专业（080724W）都被统称为通信工程。2011年，教育部以教高厅函〔2011〕28号文发出教育部办公厅关于征求对《普通高等学校本科专业目录（修订一稿）》修改意见的通知，再次对普通高等学校本科专业目录进行全面修订。将原通信工程（专业代码080604）、电磁场与无线技术（专业代码080631S）、电信工程及管理（专业代码080632H）、信息与通信工程（专业代码080634S）、电波传播与天线（专业代码080635S）合并为通信工程专业（专业代码080703）。目前，我国通信工程专业的招生及专业设置仍以2011年修订的全国普通高等学校本科专业目录为基础。

在国家高度重视可持续发展、通信技术不断进步和对通信人才培养迫切需求的大背景下，近年来我国的通信工程专业教育高速发展，设有通信工程本科专业的院校在逐年增加，招生规模也在不断扩大。特别是进入 21 世纪以来，通信工程专业迎来其广阔发展的新天地，各大高校看到了通信工程专业发展的强劲势头，陆续增设了通信工程专业，在我国原有的以清华大学、北京大学、上海交通大学等为首的一大批老牌通信工程专业院校的带领下，我国的通信工程专业正在蓬勃发展，为我国通信技术的发展和社会进步奠定了重要的人才基础。

由于信息高速公路的迅速兴起，通信技术在国家经济发展中的地位越来越重要，国家也加大了这方面的投资，各个高校都有此专业设置或者相近的专业课程，而且由于社会对通信人才的广泛需求，这一专业每年的招生数量都很大。每个学校平均每年约以 100～200 人的数量招生，年招生人数已达到 3 万人左右。目前，我国通信工程专业在高等院校的开设情况如表 6-1 所示。学历层次从专科、本科到硕士、博士不等，有的学校还设有博士后流动站，形成了人才梯级培养的方式。尽管如此，此专业每年的毕业生还是供不应求，炙手可热。

随着通信技术应用的日趋广泛，上至太空，下至海底，无不活跃着这一专业的技术人才。随着经济的全球化，为中国信息产业的发展带来更大的发展空间。而通信工程专业优秀人才的短缺成为我国参与国际间竞争的一个十分不利的因素。因此，在未来若干年，我国势必会更加重视本专业人才的培养，更加重视通信工程专业的教育，提高教育水平。

6.1.2　专业院校分布

根据对中国教育和科研计算机网的院校库信息的查询，2016 年，中国内地已有 514 所高等学校设置了通信工程专业，开设院校比较多的省市有：江苏(41 所)、湖北(35 所)、湖南(33 所)、辽宁(30 所)、山东(27 所)、河北(27 所)、河南(27 所)、广东(25 所)、安徽(24 所)、陕西(23 所)、四川(20 所)，其中不包括按大类招生的院校，如按电气信息类招生的山东大学等。设置通信工程专业的院校所在省区的分布具体如表 6-1 所示。

表 6-1　中国部分省、自治区、直辖市设置通信工程专业的本科院校

省市	数量	院　校
北京	21	北京交通大学、北京科技大学、北京邮电大学、北京邮电大学世纪学院、华北电力大学、北京化工大学、中国农业大学、中国政法大学、中央民族大学、中国人民公安大学、北京航空航天大学、北京联合大学、北京工业大学、北京工业大学耿丹学院、北方工业大学、中国传媒大学、北京电子科技学院、北京石油化工学院、北京城市学院、北京信息科技大学、现代管理大学
天津	14	北京科技大学天津学院、南开大学、天津大学、天津大学仁爱学院、中国民航大学、天津工业大学、天津科技大学、天津理工大学、天津理工大学中环信息学院、天津师范大学、天津商业大学、天津职业技术师范大学、南开大学滨海学院、河北工业大学
河北	27	北华航天工业学院、沧州师范学院、东北大学秦皇岛分校、防灾科技学院、河北北方学院、河北大学工商学院、河北工程大学、河北工程大学科信学院、河北工程技术学院、河北工业大学城市学院、河北科技大学、河北科技大学理工学院、河北师范大学、河北师范大学汇华学院、华北电力大学保定校区、华北电力大学科技学院、华北科技学院、华北理工大学、华北理工大学轻工学院、石家庄经济学院、石家庄铁道大学、石家庄铁道大学、石家庄学院、唐山学院、燕京理工学院、燕山大学、燕山大学里仁学院

省市	数量	院　　校
山西	9	太原理工大学、太原理工大学现代科技学院、中北大学、中北大学信息商务学院、太原科技大学、太原科技大学华科学院、太原工业学院、运城学院、忻州师范学院
内蒙古	5	内蒙古大学、内蒙古大学创业学院、内蒙古科技大学、内蒙古工业大学、内蒙古师范大学
辽宁	30	渤海大学、大连大学、大连东软信息学院、大连工业大学、大连海事大学、大连海洋大学、大连交通大学、大连科技学院、大连理工大学、大连理工大学城市学院、大连民族大学、东北大学、辽宁大学、辽宁工程技术大学、辽宁工业大学、辽宁科技大学、辽宁科技学院、辽宁石油化工大学、沈阳城市建设学院、沈阳城市学院、沈阳大学、沈阳工程学院、沈阳工学院、沈阳工业大学、沈阳航空航天大学、沈阳航空航天大学北方科技学院、沈阳化工大学、沈阳化工大学科亚学院、沈阳建筑大学、沈阳理工大学
吉林	13	北华大学、长春大学、长春工业大学人文信息学院、长春光华学院、长春建筑学院、长春理工大学、长春理工大学光电信息学院、东北电力大学、吉林大学、吉林大学—莱姆顿学院、吉林工程技术师范学院、吉林师范大学、延边大学
黑龙江	15	东北林业大学、东北石油大学、哈尔滨工程大学、哈尔滨工业大学、哈尔滨广厦学院、哈尔滨华德学院、哈尔滨理工大学、哈尔滨石油学院、黑河学院、黑龙江八一农垦大学、黑龙江大学、黑龙江工商学院、黑龙江科技大学、佳木斯大学、齐齐哈尔大学
上海	14	东华大学、复旦大学、华东理工大学、华东师范大学、上海大学、上海第二工业大学、上海电机学院、上海电力学院、上海海事大学、上海理工大学、上海师范大学、上海师范大学天华学院、上海应用技术学院、同济大学
江苏	41	常州大学、常州大学怀德学院、常州工学院、河海大学、淮海工学院、淮阴工学院、江南大学、江苏大学、江苏大学京江学院、江苏科技大学、江苏科技大学苏州理工学院、江苏理工学院、江苏师范大学科文学院、解放军理工大学、金陵科技学院、南京大学金陵学院、南京工程学院、南京工业大学、南京工业大学浦江学院、南京理工大学、南京理工大学紫金学院、南京师范大学、南京师范大学泰州学院、南京师范大学中北学院、南京信息工程大学、南京信息工程大学滨江学院、南京邮电大学、南京邮电大学通达学院、南通大学、三江学院、苏州大学、苏州大学文正学院、苏州大学应用技术学院、苏州科技学院、苏州科技学院天平学院、宿迁学院、无锡太湖学院、西交利物浦大学、扬州大学、扬州大学广陵学院、中国传媒大学南广学院
浙江	20	公安海警学院、杭州电子科技大学、杭州电子科技大学信息工…、宁波大学、同济大学浙江学院、温州大学、浙江传媒学院、浙江大学、浙江大学城市学院、浙江大学宁波理工学院、浙江工商大学、浙江工业大学之江学院、浙江科技学院、浙江理工大学、浙江理工大学科技与艺术学院、浙江师范大学、浙江树人学院、浙江万里学院、中国计量学院、中国计量学院现代科技学院
安徽	24	安徽大学、安徽大学江淮学院、安徽工程大学、安徽工程大学机电学院、安徽工业大学、安徽建筑大学、安徽理工大学、安徽农业大学、安徽农业大学经济技术学院、安徽三联学院、安徽师范大学、安徽文达信息工程学院、安徽新华学院、安庆师范学院、滁州学院、合肥工业大学、合肥师范学院、合肥学院、河海大学文天学院、淮北师范大学信息学院、淮南师范学院、宿州学院、铜陵学院、皖西学院
福建	20	福建工程学院、福建师范大学、福建师范大学闽南科技学院、福建师范大学协和学院、福州大学、福州大学阳光学院、福州大学至诚学院、华侨大学、华侨大学厦门工学院、集美大学、集美大学诚毅学院、闽江学院、闽南理工学院、莆田学院、泉州师范学院、武夷学院、厦门大学、厦门大学嘉庚学院、厦门理工学院、仰恩大学

省市	数量	院 校
江西	19	东华理工大学、东华理工大学长江学院、赣南师范学院、华东交通大学、华东交通大学理工学院、江西财经大学、江西科技学院、江西理工大学、江西理工大学应用科学学院、江西师范大学、井冈山大学、九江学院、南昌大学、南昌大学科学技术学院、南昌工程学院、南昌航空大学、南昌航空大学科技学院、南昌理工学院、宜春学院
山东	27	滨州学院、哈尔滨工业大学(威海)、济南大学、聊城大学、临沂大学、鲁东大学、齐鲁工业大学、齐鲁理工学院、青岛大学、青岛工学院、青岛科技大学、青岛理工大学、青岛农业大学、曲阜师范大学、山东大学威海分校、山东工商学院、山东建筑大学、山东科技大学、山东理工大学、山东农业大学、山东师范大学、泰山学院、潍坊学院、烟台大学、烟台大学文经学院、中国海洋大学、中国石油大学(华东)
河南	27	安阳工学院、河南大学、河南大学民生学院、河南工程学院、河南科技大学、河南科技学院新科学院、河南理工大学、河南理工大学万方科技学院、河南师范大学、华北水利水电大学、黄河科技学院、黄淮学院、洛阳理工学院、南阳理工学院、南阳师范学院、商丘工学院、商丘学院、许昌学院、郑州成功财经学院、郑州大学、郑州工业应用技术学院、郑州航空工业管理学院、郑州科技学院、郑州轻工业学院、郑州升达经贸管理学院、中国人民解放军信息工程大学、中原工学院
湖北	35	长江大学、长江大学工程技术学院、汉口学院、湖北大学、湖北工程学院新技术学院、湖北工业大学、湖北工业大学工程技术学院、、湖北理工学院、湖北汽车工业学院科技学院、湖北商贸学院、湖北师范学院、湖北师范学院文理学院、湖北文理学院理工学院、华中科技大学、华中科技大学武昌分校、华中师范大学、江汉大学、解放军海军工程大学、三峡大学、文华学院、武昌工学院、武昌理工学院、武汉大学、武汉大学珞珈学院、武汉东湖学院、武汉工程大学、武汉工程大学邮电与信息工程技术学院、武汉工程科技学院、武汉工商学院、武汉科技大学、武汉理工大学、武汉理工大学华夏学院、武汉轻工大学、中国地质大学、中南民族大学
湖南	33	长沙理工大学、长沙理工大学城南学院、长沙学院、湖南城市学院、湖南大学、湖南第一师范学院、湖南工程学院、湖南工程学院应用技术学院、湖南工学院、湖南工业大学、湖南科技大学、湖南科技大学潇湘学院、湖南科技学院、湖南理工学院、湖南农业大学、湖南人文科技学院、湖南涉外经济学院、湖南师范大学、湖南师范大学树达学院、湖南文理学院、湖南文理学院芙蓉学院、怀化学院、吉首大学、吉首大学张家界学院、南华大学、南华大学船山学院、邵阳学院、湘南学院、湘潭大学、湘潭大学兴湘学院、中国人民解放军国防科学技术大学、中南大学、中南林业科技大学
广东	25	北京理工大学珠海学院、电子科技大学中山学院、东莞理工学院、东莞理工学院城市学院、广东白云学院、广东工业大学、广东工业大学华立学院、广东海洋大学、广东技术师范学院、广东技术师范学院天河学院、华南理工大学广州学院、华南农业大学、华南师范大学、吉林大学珠海学院、暨南大学、嘉应学院、南方科技大学、汕头大学、韶关学院、深圳大学、五邑大学、肇庆学院、中山大学、中山大学南方学院、仲恺农业工程学院
广西	16	百色学院、广西大学、广西大学行健文理学院、广西科技大学、广西民族大学、广西民族师范学院、广西师范大学、广西师范学院、桂林电子科技大学、桂林电子科技大学信息科技学院、、桂林航天工业学院、桂林理工大学、桂林理工大学博文管理学院、贺州学院、梧州学院、玉林师范学院
海南	4	海口经济学院、海南大学、海南热带海洋学院、三亚学院
重庆	5	重庆大学、重庆交通大学、重庆理工大学、重庆邮电大学、重庆邮电大学移通学院
四川	20	成都工业学院、成都理工大学、成都理工大学工程技术学院、成都信息工程大学、成都学院、电子科技大学、电子科技大学成都学院、内江师范学院、四川大学、四川大学锦城学院、四川大学锦江学院、四川工商学院、四川理工学院、四川师范大学、西昌学院、西华师范大学、西南交通大学、西南科技大学、西南民族大学、西南石油大学

省市	数量	院　　校
云南	7	大理大学、红河学院、昆明理工大学、西南林业大学、玉溪师范学院、云南大学、云南民族大学 大理大学、红河学院、昆明理工大学、西南林业大学、玉溪师范学院、云南大学、云南民族大学
贵州	5	贵阳学院、贵州大学、贵州大学科技学院、贵州大学明德学院、遵义师范学院
陕西	23	宝鸡文理学院、长安大学、解放军第二炮兵工程大学、解放军空军工程大学、陕西理工学院、西安电子科技大学、西安电子科技大学长安学院、西安工程大学、西安工业大学、西安工业大学北方信息工程学院、西安建筑科技大学、西安建筑科技大学华清学院、西安交通工程学院、西安科技大学、西安理工大学、西安欧亚学院、西安培华学院、西安石油大学、西安邮电大学、西北大学、西北工业大学、西北工业大学明德学院、延安大学
甘肃	7	兰州大学、西北民族大学、兰州理工大学、兰州交通大学、陇东学院、陇东学院、兰州交通大学博文学院
宁夏	2	北方民族大学、宁夏大学
新疆	3	新疆大学、新疆大学科学技术学院、塔里木大学
西藏	2	西藏大学、西藏民族学院
青海	1	青海民族大学

6.1.3　我国部分大学的通信工程专业排名

目前，进行专业排名的有多个榜单，各种排名的因素也有一些不同，榜单通常也不太一样，各个学校的专业每年的排名也可能有所不同。下面列出中国科学评价研究中心等单位给出的一个中国通信工程专业大学竞争力排行榜供读者参考。

根据中国科教评价网报道，2014 年 1 月 6 日，中国科学评价研究中心、中国科教评价网和中国教育质量评价中心共同完成了 2014—2015 年度中国大学及学科专业评价工作。其中参与评价的学校数量是 375。2014—2015 年中国通信工程专业大学竞争力排行榜前 20 名如表 6 - 2 所示。

表 6 - 2　2014—2015 年我国部分通信工程专业大学竞争力排行榜

排序	学　校　名　称	水平
1	北京邮电大学	5★
2	电子科技大学	5★
3	西安电子科技大学	5★
4	北京理工大学	5★
5	北京交通大学	5★
6	复旦大学	5★
7	上海交通大学	5★
8	哈尔滨工业大学	5★
9	天津大学	5★
10	北京航空航天大学	5★
11	中国科学技术大学	5★
12	南京邮电大学	5★

排序	学 校 名 称	水平
13	华中科技大学	5★
14	福州大学	5★
15	哈尔滨工程大学	5★
16	山东大学	5★
17	西南交通大学	5★
18	宁波大学	5★
19	浙江大学	4★
20	重庆大学	4★

6.2　工程教育认证

6.2.1　工程教育认证概况

21 世纪是信息社会，现代通信技术作为信息社会的支柱之一，在社会发展、经济建设方面，起着重要的核心作用。社会经济发展不仅对通信工程专业人才有十分强大的需求，同样通信工程专业的建设与发展也对社会经济发展产生重要影响。如何培养合格而具有高素质的通信技术人才，正如本科教学质量工程所提出的，是涉及如何提高"国际竞争力"的问题。

高等院校通信工程专业的现状是分布面广、学生人数多、教学水平差异大；但社会需求强劲、要求高，而且现代通信技术发展快，对人才的知识、能力、适应性有很高的要求；另一方面，尽管不同的院校在培养目标、培养要求、课程体系、实践环节等方面存在较大的差异，但因专业的特点和发展的要求，人才培养要求与目标还是有较大共性的，这为"专业标准与专业认证"提供了较好的条件。同时不同院校在专业建设方面也努力体现特色，选择自己的专业建设目标和人才培养体系。

目前，世界上有 6 项关于工程教育学历或从业资格互认的国际性协议，其中三项是关于高等工程教育学位（学历）互认的协议，即《华盛顿协议》《悉尼协议》和《都柏林协议》；另外三项是工程师专业资格互认的协议，即《工程师流动论坛协议》《亚太工程师计划》和《工程技术员流动论坛协议》。签署时间最早、缔约方最多的是《华盛顿协议》，也是世界范围知名度最高的工程教育国际认证协议。

2013 年 6 月 19 日，在韩国首尔召开的国际工程联盟大会上，《华盛顿协议》全会一致通过接纳中国为该协议签约成员，中国成为该协议组织第 21 个成员。申请加入华盛顿协议的过程，表面上是一国工程专业认证的建设过程，实质上是本国的工程教育与国际接轨，是为工程人才流动开辟道路，为本国的经济全球化扫清障碍的过程。

《华盛顿协议》是世界上最具影响力的国际本科工程学位互认协议，其宗旨是通过双边或多边认可工程教育资格及工程师执业资格，促进工程师跨国执业。该协议提出的工程专业教育标准和工程师职业能力标准，是国际工程界对工科毕业生和工程师职业能力公认的权威要求。该协议由来自美国、英国、加拿大、澳大利亚、韩国、俄罗斯、日本等正式成员和德国、印度等预备成员组成。中国加入《华盛顿协议》，在一定程度上表明中国工程教育的质量得到了国际社会的认可，是中国工程教育界多年努力的结果。

目前，中国开设工科专业的本科高校有 1 047 所，占本科高校总数的 91.5%；高校共开设工科本科专业 14 085 个，占全国本科专业点总数的 32%；高等工程教育的本科在校生 452.3 万人，研究生 60 万人，占高校本科以上在校生规模的 32%。工程教育经过多年发展已经具备良好基础，层次结构逐渐趋于合理、人才培养类型多样，工程技术人才培养体系逐步完善。

中国经济转型升级和"四化同步"发展等一系列战略部署，对工程教育提出了新要求。《国家中长期教育改革和发展规划纲要(2010—2020 年)》将"卓越工程师教育培养计划"作为改革试点项目。

2010 年 6 月，"卓越计划"正式启动，该计划主要任务是探索建立高校与行业企业联合培养人才的新机制，扩大工程教育的对外开放。计划启动实施以来，各相关部门建立了协同育人机制。国务院 20 个部门和 7 个行业协会共同参与实施"卓越计划"。

目前，已在 194 所高校中的 1 212 个专业或学科领域(824 个本科专业点，388 个研究生培养项目)进行试点。参与"卓越计划"的在校学生人数达 13 万余名。参与计划的企业达到 6 155 家，其中大型企业 3 779 家，高新技术企业 2 983 家。2012 年，教育部等 23 个部委(协会)联合批准了中国建筑工程总公司等 626 家企事业单位作为首批国家级工程实践教育中心建设单位。同时，北京、辽宁等多个省市也建设了一批省级工程实践教育中心。

"卓越计划"启动以来，在多个行业部门(协会)、地方政府、大中型企业和高校的共同努力下，取得了积极进展，工程教育质量稳步提升。形成校企合作培养人才的新模式。有效提升了学生的工程实践能力、工程设计能力、工程创新能力，毕业生也受到企业的普遍欢迎。提高了高等工程教育国际化水平。教师队伍的工程实践能力得到进一步增强。专家认为中国部分工科专业在教学条件方面已达到国际水平。

2013 年 6 月，《华盛顿协议》组织召开大会，通过了中国提交的加入协议申请，这标志着中国工程教育及其质量保障迈出了重大步伐。加入《华盛顿协议》，意味着通过工程教育专业认证的学生可以在相关的国家或地区按照职业工程师的要求，取得工程师执业资格，这将为工程类学生走向世界提供具有国际互认质量标准的通行证。加入《华盛顿协议》，将促进中国工程教育人才培养质量标准与《华盛顿协议》的标准实质等效，推动教育界与企业界的紧密联系，对尽快提升中国工程教育水平和职业工程师能力水平，实现国家新型工业化的战略目标，提升中国工程制造业总体实力和国际竞争力具有重要意义。加入《华盛顿协议》，将促使个院校采用国际化的标准，吸收先进的理念和质量保障文化，推动工程教育改革发展，加强工程教育专业建设，持续提升高等工程教育人才培养质量。

自从加入《华盛顿协议》以来，已经有部分高等院校的通信工程专业达到了工程认证的要求。

6.2.2 专业认证标准

美国 EC2000 标准经过多年发展已成为世界工程教育专业认证领域较权威的认证标准。

美国高等工程教育专业认证是由美国工程与技术认证委员会（ABET）组织实施的，ABET自 1932 年以来就在不断探索符合工程教育发展要求的认证体系，其中专业认证标准的变化尤其显著。1992 年，ABET 成立了由大学、工商界人士和专业社会团体组成的认证过程回顾委员会负责筹划和建立新的工程认证系统，之后 ABET 以该认证系统为基础进行了一系列的专业认证工作，1995 年 ABET 对认证系统的运行情况及取得的结果进行了考查，并提出了一些改进意见，这就为新的认证标准即 EC2000 的产生奠定了基础。1997 年，ABET 正式发布了 EC2000 认证标准并在美国推行，EC2000 逐渐成为了世界工程教育认证领域最具影响力的认证标准。

ABET 每年都会发布下一年度的认证标准，以下介绍的 EC2000 认证标准发布于 2011年，适用期间是 2012—2013 年度，它将认证标准分为适用于基本水平的标准，适用于较高水平的标准和适用于工程教育各个专业的具体认证标准。

1. 适用于基本水平的认证标准

基本水平的认证标准是所有申请进行认证的专业必须适用的标准，要想通过认证就必须达到基本认证标准的要求，基本标准包含 8 个下级指标，分别是学生（Students）、专业教育目标（Program Educational Objectives）、学生成果（Student Outcomes）、持续的改进（Continuous Improvement）、课程（Curriculum）、师资力量（Faculty）、教学设施（Facilities）、学校支持（Institutional Support）。

2. 适用于较高水平的认证标准

较高水平的认证标准是在满足基本认证标准的基础上更高层次的认证标准，ABET 指出这一认证标准必须更关注教育目标和学生成果并且要定期进行回顾反思，较高水平的认证标准是为了满足研究生阶段的认证要求，通过认证的工程专业研究生毕业后能够在专业领域的工作中熟练运用工程专业知识，并取得一定的成就。

3. 各专业具体的认证标准

申请认证的专业在满足基本认证标准的要求后，专业具体标准提供了更为详尽的针对各个专业具体的认证标准。但是，有些专业可能会跨越两个或者多个学科，这时该专业就必须同时符合两个或多个专业认证标准的要求。

《华盛顿协议》各签约成员制定的专业认证标准注重培养目标的确定和符合目标要求的课程体系的设置，并对质量管理体系提出了严格要求。但目标和课程体系只是教育专业实施的框架和指导方针，教育过程本身有宽松的发展空间。认证标准参照大专业领域（或称专业类）的思想，划分专业认证范围，不干涉具体专业设置。虽然有统一的最低认证要求，但只限于共性课程和师资的原则性要求，各校要结合本地区经济发展、科技进步的需求，在专业设置上有不同的侧重点和多样化的专业内容，办出各自的特色。

6.2.3 毕业生素质要求

1. 华盛顿协议的毕业生素质

华盛顿协议的毕业生素质要求如表 6-3 所示。

通信工程专业导论

表6-3 华盛顿协议的毕业生素质要求

序号	项目	说　明
1	工程知识	将数学、科学、基础性和专门性工程知识应用于解决复杂工程问题
2	问题分析	发现、明确表述(或称公式化)、研究文献、并分析复杂的工程问题,运用数学、自然科学和工程科学的基本原理得出实证性的结论
3	设计/开发解决方案	为复杂工程问题设计解决方案及与其相应的满足具体要求的系统、组成部分或程序,这些具体要求要考虑到公共健康与安全、文化、社会、环境等因素
4	调研	运用研究性知识及研究方法来对复杂问题展开调研,包括实验的设计、数据的分析和解读、信息的综合,从而得出有效的结论
5	现代工具的应用	创造、选择适当的技术、资源和现代工程及信息技术工具(包括预测和建模工具),并将其应用于复杂工程活动中,同时对其局限性有充分了解
6	工程师与社会	运用自身背景知识所赋予的理性思考(或称推理能力)来对社会、健康、安全、法律及文化等问题做出评价,以及由此导致的在专业工程实践工作中所负的责任
7	环境与可持续发展	充分理解专业性工程解决方案在社会和环境背景条件下所产生的影响,并展现出对可持续发展的了解和需求
8	道德操守	发扬道德操守准则,恪守职业道德,履行责任,严格执行工程实践标准(规范)
9	个人与团队工作	在不同的团队以及多学科交叉的背景下,有效发挥个人作用,同时也有效发挥团队成员或领导者的作用
10	沟通交流	在复杂工程活动中能够与工程界乃至整个社会进行有效的沟通交流,例如,能够领会并撰写效果良好的报告和设计文本,做出效果良好的陈述发言,以及给出和接受明确清晰的指令
11	项目管理与财务	展现出对工程及管理学原理的认识和理解,并将其应用于自身工作中,即作为团队成员和领导者,能够在多学科交叉的环境下进行项目管理
12	终身学习	认识到在技术更迭日新月异的大背景下进行宽领域自主学习和终身学习的必要性,并具备相应的积累和能力

2. 国际工程教育质量标准[毕业要求(教育质量标准)]

专业必须证明所培养的毕业生达到如下知识、能力与素质的基本要求:

(1)具有较好的人文社会科学素养、较强的社会责任感和良好的工程职业道德。

(2)具有从事工程工作所需的相关数学、自然科学知识,以及一定的经济管理知识。

(3)掌握扎实的工程基础知识和本专业的基本理论知识,了解本专业的前沿发展现状和趋势。

(4)具有综合运用所学科学理论和技术手段分析并解决工程问题的基本能力。

(5)掌握文献检索、资料查询及运用现代信息技术获取相关信息的基本方法。

(6)具有创新意识和对新产品、新工艺、新技术和新设备进行研究、开发和设计的初步能力。

(7)了解与本专业相关的职业和行业的生产、设计、研究与开发的法律、法规,熟悉环境保护和可持续发展等方面的方针、政策和法律、法规,能正确认识工程对于客观世界和社会的影响。

(8)具有一定的组织管理能力、较强的表达能力和人际交往能力，以及在团队中发挥作用的能力。

(9)具有适应发展的能力，以及对终身学习的正确认识和学习能力。

(10)具有国际视野和跨文化的交流、竞争与合作能力。

6.3　通信工程专业的工程教育认证标准

中国工程教育认证协会制定的工程教育认证标准用于普通高等学校本科工程教育认证。分为通用标准和专业补充标准，专业补充标准针对各专业的具体要求，通用标准适用于所有的工程教育认证的专业。

6.3.1　通用标准

通用标准包含的指标和内涵如表6-4所示。申请认证的专业应当提供足够的材料证明该专业符合工程教育认证标准的要求。

表6-4　通用标准包含的指标和内涵

指标	内涵
专业目标	专业设置
	毕业生能力
课程体系	课程设置
	实践环节
	毕业设计(论文)
师资队伍	师资结构
	教师发展
支持条件	教学经费
	教学设施
	信息资源
	校企结合
学生发展	招生
	就业
	学生指导
管理制度	教学制度
	过程控制与反馈
质量评价	内部评价
	社会评价
	持续改进

1. 学生发展

（1）专业应具有吸引优秀生源的制度和措施。

（2）具有完善的学生学习指导、职业规划、就业指导、心理辅导等方面的措施并能够很好地执行落实。

（3）专业必须对学生在整个学习过程中的表现进行跟踪与评估，以保证学生毕业时达到毕业要求，毕业后具有社会适应能力与就业竞争力，进而达到培养目标的要求；并通过记录进程式评价的过程和效果，证明学生能力的达成。

（4）专业必须有明确的规定和相应认定过程，认可转专业、转学学生的原有学分。

2. 培养目标

（1）专业应有公开的、符合学校定位的、适应社会经济发展需要的培养目标。

（2）培养目标应包括学生毕业时的要求，还应能反映学生毕业后5年左右在社会与专业领域预期能够取得的成就。

（3）建立必要的制度定期评价培养目标的达成度，并定期对培养目标进行修订。评价与修订过程应该有行业或企业专家参与。

3. 毕业要求

专业必须通过评价证明所培养的毕业生达到如下要求：

（1）具有人文社会科学素养、社会责任感和工程职业道德。

（2）具有从事工程工作所需的相关数学、自然科学，以及经济和管理知识。

（3）掌握工程基础知识和本专业的基本理论知识，具有系统的工程实践学习经历；了解本专业的前沿发展现状和趋势。

（4）具备设计和实施工程实验的能力，并能够对实验结果进行分析。

（5）掌握基本的创新方法，具有追求创新的态度和意识；具有综合运用理论和技术手段设计系统和过程的能力，设计过程中能够综合考虑经济、环境、法律、安全、健康、伦理等制约因素。

（6）掌握文献检索、资料查询及运用现代信息技术获取相关信息的基本方法。

（7）了解与本专业相关的职业和行业的生产、设计、研究与开发、环境保护和可持续发展等方面的方针、政策和法律、法规，能正确认识工程对于客观世界和社会的影响。

（8）具有一定的组织管理能力、表达能力和人际交往能力，以及在团队中发挥作用的能力。

（9）对终身学习有正确认识，具有不断学习和适应发展的能力。

（10）具有国际视野和跨文化的交流、竞争与合作能力。

4. 持续改进

（1）专业应建立教学过程质量监控机制。各主要教学环节有明确的质量要求，通过课程教学和评价方法促进达成培养目标；定期进行课程体系设置和教学质量的评价。

（2）专业应建立毕业生跟踪反馈机制，以及有高等教育系统以外有关各方参与的社会评价机制，对培养目标是否达成进行定期评价。

（3）专业应能证明评价的结果被用于专业的持续改进。

5. 课程体系

课程设置应能支持培养目标的达成，课程体系设计应有企业或行业专家参与。课程体系必须包括：

(1) 与本专业培养目标相适应的数学与自然科学类课程(至少占总学分的 15%)。

(2) 符合本专业培养目标的工程基础类课程、专业基础类课程与专业类课程(至少占总学分的 30%)，工程基础类课程和专业基础类课程应能体现数学和自然科学在本专业应用能力培养，专业类课程应能体现系统设计和实现能力的培养。

(3) 工程实践与毕业设计(论文)(至少占总学分的 20%)。应设置完善的实践教学体系，应与企业合作，开展实习、实训，培养学生的动手能力和创新能力。毕业设计(论文)选题要结合本专业的工程实际问题，培养学生的工程意识、协作精神以及综合应用所学知识解决实际问题的能力。对毕业设计(论文)的指导和考核应有企业或行业专家参与。

(4) 人文社会科学类通识教育课程(至少占总学分的 15%)，使学生在从事工程设计时能够考虑经济、环境、法律、伦理等各种制约因素。

6. 师资队伍

(1) 教师数量能满足教学需要，结构合理，并有企业或行业专家作为兼职教师。

(2) 教师应具有足够的教学能力、专业水平、工程经验、沟通能力、职业发展能力，并且能够开展工程实践问题研究，参与学术交流。教师的工程背景应能满足专业教学的需要。

(3) 教师应有足够时间和精力投入到本科教学和学生指导中，并积极参与教学研究与改革。

(4) 教师应为学生提供指导、咨询、服务，并对学生职业生涯规划、职业从业教育有足够的指导。

(5) 教师必须明确他们在教学质量提升过程中的责任，不断改进工作，满足培养目标要求。

7. 支持条件

(1) 教室、实验室及设备在数量和功能上满足教学需要。有良好的管理、维护和更新机制，使得学生能够方便地使用。与企业合作共建实习和实训基地，在教学过程中为学生提供参与工程实践的平台。

(2) 计算机、网络及图书资料资源能够满足学生的学习，以及教师的日常教学和科研所需。资源管理规范、共享程度高。

(3) 教学经费有保证，总量能满足教学需要。

(4) 学校能够有效地支持教师队伍建设，吸引与稳定合格的教师，并支持教师本身的专业发展，包括对青年教师的指导和培养。

(5) 学校能够提供达成培养目标所必需的基础设施，包括为学生的实践活动、创新活动提供有效支持。

(6) 学校的教学管理与服务规范，能有效地支持专业培养目标的达成。

通信工程专业导论

6.3.2 电子信息与电气工程类专业的工程认证

专业必须满足相应的专业补充标准。专业补充标准规定了相应专业在课程体系、师资队伍和支持条件方面的特殊要求。中国工程教育认证协会制定的工程教育认证标准将适用于电气工程及其自动化、电气工程与自动化、电子信息工程、电子科学与技术、通信工程、光电信息工程、自动化等专业的专业认证要求作为一个补充标准给出。

1. 课程设置

课程由学校根据培养目标与办学特色自主设置。专业补充标准只对"数学与自然科学、工程基础、专业基础、专业"四类课程，按照知识领域提出基本要求。

（1）数学与自然科学类课程

数学：微积分、常微分方程、级数、线性代数、复变函数、概率论与数理统计等知识领域的基本内容。

物理：牛顿力学、热学、电磁学、光学、近代物理等知识领域的基本内容。

（2）工程基础类课程

各专业根据自身特点，包括工程图学基础、电路与电子技术基础、电磁场、计算机技术基础、通信技术基础、信号与系统分析、系统建模与仿真技术、控制工程基础等知识领域中的至少 5 个知识领域的核心内容。

（3）专业基础类课程

电气工程及其自动化专业、电气工程与自动化专业：包括电机学、电力电子技术、电力系统基础等知识领域的核心内容。

电子信息工程专业、通信工程专业：包括电磁场与电磁波、数字信号处理、通信电路与系统、信号与信息处理、信息理论基础、信息网络等知识领域中的至少 4 个知识领域的核心内容。

电子科学与技术专业：包括电动力学、固体物理、微波与光导波技术、激光原理与技术等知识领域的核心内容。

光电信息工程专业：包括物理光学、应用光学、光电子学、光电检测技术、光通信技术等知识领域的核心内容。

自动化专业：包括现代控制工程基础、运筹学/最优化方法、信号获取与处理技术基础、电力电子技术、过程控制、运动控制等知识领域中的至少 4 个知识领域的核心内容。

（4）专业类课程

各学校根据自身的专业优势与特点，设置专业必修课程和专业选修课程。

2. 实践环节与毕业设计（论文）

（1）实践环节

具有面向工程需要的完备的实践教学体系，包括：金工实习、电子工艺实习、各类课程设计与综合实验、工程认识实习、专业实习（实践）等。

（2）毕业设计（论文）

毕业设计（论文）选题要有一定的知识覆盖面，要结合本专业类领域的工程实际问题，包括系统、产品、工艺、技术和设备等进行研究、设计和开发；同时，也要考虑诸如经济、环境、职业道德等方面的各种制约因素。毕业设计(论文)应由具有丰富教学和实践经验的教师或企业工程技术人员指导。

3. 师资队伍

(1)专业背景

从事本专业教学工作的教师，其学士、硕士或博士学位之一应属于电子信息与电气工程类专业。从事本专业教学工作的教师须具有硕士及以上学位。

(2)工程背景

具有企业或相关工程实践经验的教师应占总数20%以上。

(3)支持条件

在实验条件方面具有物理实验室、电工电子实验室、电子信息与电气工程类专业基础与各专业实验室，实验设备完好、充足，能满足各类课程教学实验和实践的需求。

6.3.3 工程认证关于通信专业课程要求

1. 数学与自然科学类课程(至少32学分)

(1)数学：微积分、常微分方程和级数，以及线性代数、复变函数、概率论与数理统计等。

(2)物理：力学、热学、电磁学、光学、近现代物理等。

2. 工程基础类课程(至少38学分)

(1)工程图学基础。

(2)电路理论：直流电路、正弦交流电路、一阶和二阶动态电路、电路的频率分析、电网络矩阵分析、分布参数电路。

(3)电路原理实验。

(4)工程电磁场：静电场、恒定电场、恒定磁场、时变电磁场、电磁波、电路参数计算、边值问题、简单数值计算方法。

(5)计算机语言与程序设计：变量基本概念、C程序基本结构、C程序的输入/输出、数据类型、关系运算、结构体、程序设计基础、函数、指针与数组、指针与函数、指针与链表、文件、程序设计与算法。

(6)电子技术基础：半导体器件、基本放大器、差分放大器、电流镜、MOS放大器、运算放大器、反馈放大器、放大器的频率特性、逻辑门电路、组合逻辑电路、时序逻辑电路、半导体存储器、可编程逻辑器件、数模与模数转换电路、EDA工具应用。

(7)电子技术基础实验。

(8)计算机原理与应用：计算机中的数制与编码、计算机的组成及微处理器、微型计算机指令系统、汇编语言程序设计、半导体存储器、数字量输入/输出、模拟量输入/输出。

(9)计算机网络与应用：计算机网络与Internet、网络通信协议、无线与移动网络、网上多媒体应用、网络安全。

(10)信号与系统分析：信号与系统的基本概念、连续系统的时/频域分析、连续时间信号的频域分析、拉普拉斯变换、傅里叶变换、Z变换、连续/离散时间系统时域/变换域分析、系统的状态变量描述法。

（11）自动控制原理（经典控制理论部分，含实验）：控制系统概念和数学模型、控制系统的时域分析、控制系统的频域分析、控制系统的根轨迹分析、控制系统的校正、非线性系统的分析、采样控制系统。

（12）现代通信原理：信息论初步、模拟线性调制、模拟角调制、脉冲编码调制、多路复用、数字信号的基带传输、数字信号的调制传输、恒定包络调制、差错控制编码、卷积码、多址传输原理。

3. 专业基础类课程（至少 16 学分）

（1）电磁场与波：矢量分析、静电场、静电场的边值问题、稳恒磁场、准静态场电感和磁场能、时变电磁场、平面电磁波、电磁波的辐射。

（2）数字信号处理：时域离散信号和系统、离散傅里叶变换（DFT）、快速傅里叶变换（FFT）、数字滤波器结构、数字滤波器设计、数字系统中的有限字长效应。

（3）信号处理实验与设计。

（4）通信电路：滤波器、放大器、非线性电路、振荡器、调制与解调、锁相环、频率合成技术。

（5）微波工程基础：传输线理论、导波与波导、微波网络、无源微波器件。

4. 专业类课程（至少 14 学分）

根据专业方向的不同，设置专业必修课程，其中核心课程不少于 4 门。

5. 实践环节（至少 15 学分，1 学分/周）

具有满足工程需要的完备的实践教学体系，本类专业的实践环节分必修环节和选修环节，其中必修环节包括：①金工实习（不少于 2 学分）；②课程设计（不少于 3 学分）；③专题或综合实验（不少于 5 学分）；④专业实习（不少于 5 学分）。

选修环节包括：①科技实践与创新（2 学分）；②社会实践（1 学分）。

6. 毕业设计或毕业论文（至少 12 学分，1 学分/周）

（1）选题：选题原则按照通用标准执行，选择的题目应来源于各级各类纵向课题、企业协作课题或具有工程背景的自选课题，如对电子信息与电气工程类的新系统、新产品、新工艺、新技术和新设备进行研究、开发和设计等。要考虑各种制约因素，如经济、环境、职业道德等方面因素，专题综述和调研报告不能作为毕业设计或论文的选题。

（2）内容：包括选题论证、文献调查、技术调查、设计或实验、结果分析、论文写作、论文答辩等，使学生各方面得到全面锻炼，培养学生的工程意识和创新意识。

（3）指导：指导教师应具有中级以上职称，每位指导教师指导的学生数不超过 6 人，毕业设计或毕业论文的相关材料（包括任务书、开题报告、指导教师评语、评阅教师评语、答辩记录等）齐全。

毕业设计或毕业论文可由具有同等水平的项目训练成果或其他课外科技活动成果经认定后代替。

6.4 信息与通信工程学科

目前，通信工程专业是本科层次的工科专业，学术学位硕士研究生和博士研究生对口的招生专业是信息与通信工程。信息与通信工程是一级学科，下设通信与信息系统、信号与信息处理两个二级学科。该专业是一个基础知识面宽、应用领域广阔的综合性专业。涉及无线通信、多媒体和图像处理、电磁场与微波、医用X线数字成像、阵列信号处理和相空间波传播、与成像，以及卫星移动视频等众多高技术领域。培养知识面非常广泛，不仅对数学、物理、电子技术、计算机、信息传输、信息采集和信息处理等基础知识有很高的要求，而且要求学生具备信号检测与估计、信号分析与处理、系统分析与设计等方面的专业知识和技能，使学生具有从事本学科领域科学研究的能力。

6.4.1 通信与信息系统

本学科所研究的主要对象是以信息获取、信息传输与交换、信息网络、信息处理及信息控制等为主体的各类通信与信息系统。它所涉及的范围很广，包括电信、广播、电视、雷达、声呐、导航、遥控与遥测、遥感、电子对抗、测量、控制等领域，以及军事和国民经济各部门的各种信息系统。

本学科与电子科学与技术、计算机科学与技术、控制理论与技术、航空航天科学与技术，以及兵器科学与技术、生物医学工程等学科有着相互交叉、相互渗透的关系，并派生出许多新的边缘学科和研究方向。

1. 研究范围

(1)通信理论与技术：包括信息论、编码理论、通信理论与通信系统、通信网络理论与技术、多媒体通信理论与技术、保密通信的理论与技术等。

(2)电子与信息系统理论与技术：包括数字信号处理、数字图像处理、模式识别、计算机视觉、电子与通信系统设计自动化等。

2. 主要研究方向

(1)网络通信技术：研究内容主要是IP网络、多媒体通信网，以及宽带接入网络技术的基础理论、技术实现及应用开发，如VOIP、IP传真及电子商务、VPN等。

(2)多媒体通信及应用：多媒体通信的基础研究包括多媒体信息的编码技术、多媒体通信中的信息安全和保密通信；应用研究包括无线宽带多媒体的接入、多媒体通信技术的应用等。

(3)通信器件：本方向涉及光纤通信中的光电子器件、无源光器件及光波分器件的基础及应用研究。声表面波器件的理论及应用研究。

(4)保密通信：研究内容主要是密码理论与应用、通信安全理论与技术等。

6.4.2 信号与信息处理

信号与信息处理是一级学科信息与通信工程下设的二级学科，是发展最快的热点学科之一，随着信号与信息处理理论与技术的发展已使世界科技形势发生了很大的变革。信息处理科学与技术已渗透到计算机、通信、交通运输、医学、物理、化学、生物学、军事、经济等各个领域。它作为当前信息技术的核心学科，为通信、计算机应用，以及各类信息处理技术提供基础理论、基本方法、实用算法和实现方案。它探索信号的基本表示、分析和合成方法，研究从信号中提取信息的基本途径及实用算法，发展各类信号和信息的编解码的新理论及技术，提高信号传输存储的有效性和可靠性。

在网络时代条件下，研究信号传输、加密、隐蔽及恢复等最新技术，均属于信号与信息处理学科的范畴。积极开辟新的研究领域，不断地吸收新理论，在科学研究中运用交叉、融合、借鉴移植的方法不断地完善和充实本学科的理论，使之逐步形成自身的理论体系也是本学科的特点。

主要研究方向有信号处理与检测；信号检测与信息处理、星载计算机及应用、数据融合；信号处理与检测；信号获取与处理、高速信息处理系统设计；自适应信号处理、智能检测、电子系统设计与仿真；现代信号处理、微弱信号检测与特性分析；智能信息处理、影像处理与分析；信号处理与检测、电子系统仿真与设计、智能天线；信号处理与检测、高速信息处理系统；高速实时信号处理；现代雷达信号处理、高速DSP 系统设计与应用；电子系统设计与仿真、弱信号检测与处理；子波理论及应用、图像处理；信号检测与处理、雷达自动目标识别；雷达成像、目标识别；雷达信号处理、阵列信号处理、高速信息处理系统设计；信号处理与检测、多速率信号处理；实时信号处理与检测、视频信号处理；高速实时信号处理与检测、DSP 应用系统设计；信号变换、多速率信号处理；雷达成像、机载雷达信号处理、实时信号处理、信号处理与检测、高速信息处理系统设计；信号处理与检测、高速实时数字信号处理系统、信号与信息处理、实时信号处理；智能信息处理、模式识别、信息隐藏、图像处理；阵列信号处理及其在雷达、通信系统中的应用；雷达信号处理、目标识别、机器学习；信号检测和估计、宽带雷达和阵列信号处理；雷达探测成像、激光成像技术及实时处理的研究。

6.4.3 信息与通信工程学科评估情况

截至 2015 年 9 月，全国一共有 209 所高校和科研院所开设 0810 信息与通信工程专业。据教育部学位中心网站介绍，信息与通信工程一级学科中，全国具有"博士一级"授权的高校共 52 所，2012 年有 42 所参评；还有部分具有"博士二级"授权和硕士授权的高校参加了评估；参评高校共计 74 所。学科整体水平得分如表 6 - 5 所示，表中相同得分按学校代码顺序排列。

表 6 - 5　2012 年信息与通信工程学科的一个排行榜

学校代码及名称	学科整体水平得分
10013　北京邮电大学	89
10614　电子科技大学	87
10701　西安电子科技大学	
10003　清华大学	85
10248　上海交通大学	
10286　东南大学	
90002　国防科学技术大学	

学校代码及名称	学科整体水平得分
10004 北京交通大学	82
10007 北京理工大学	
10006 北京航空航天大学	80
10213 哈尔滨工业大学	
90005 解放军信息工程大学	
10487 华中科技大学	79
10001 北京大学	77
10358 中国科学技术大学	
10561 华南理工大学	
10293 南京邮电大学	76
90006 解放军理工大学	
10335 浙江大学	74
10056 天津大学	73
10217 哈尔滨工程大学	
10613 西南交通大学	
10698 西安交通大学	
10699 西北工业大学	
90045 空军工程大学	
10033 中国传媒大学	71
10141 大连理工大学	
10280 上海大学	
10287 南京航空航天大学	
10290 中国矿业大学	
10422 山东大学	
10486 武汉大学	
10497 武汉理工大学	
10610 四川大学	
10611 重庆大学	
10617 重庆邮电大学	
90033 解放军装备学院	
10151 大连海事大学	69
10269 华东师范大学	
11646 宁波大学	

学校代码及名称	学科整体水平得分
10110　中北大学	68
10186　长春理工大学	
10285　苏州大学	
10294　河海大学	
10336　杭州电子科技大学	
10595　桂林电子科技大学	
10009　北方工业大学	66
10079　华北电力大学	
10300　南京信息工程大学	
10337　浙江工业大学	
10459　郑州大学	
10589　海南大学	
10732　兰州交通大学	
90034　装甲兵工程学院	
90047　空军预警学院	
10058　天津工业大学	65
10143　沈阳航空航天大学	
10144　沈阳理工大学	
10252　上海理工大学	
10353　浙江工商大学	
10356　中国计量学院	
10385　华侨大学	
10489　长江大学	
10491　中国地质大学	
10524　中南民族大学	
10704　西安科技大学	
10730　兰州大学	
10126　内蒙古大学	63
10147　辽宁工程技术大学	
10149　沈阳化工大学	
10616　成都理工大学	
10635　西南大学	
10731　兰州理工大学	
11660　重庆理工大学	

第 **6** 章　通信工程专业的发展

据中国科教评价网介绍，2014—2015 信息与通信工程研究生教育的排行榜如表 6 - 6 所示。与表 6 - 5 对比，差异还是很大的，差异的主要原因是评价指标的不同、学科发展速度快慢等等。

表 6 - 6　2014—2015 信息与通信工程研究生教育的排行榜——信息与通信工程

排　　序	学　校　名　称	得　　分	星　　级	学　校　数
1	西安电子科技大学	100.00	5★	169
2	电子科技大学	99.216	5★	169
3	北京邮电大学	94.346	5★	169
4	东南大学	76.886	5★	169
5	北京理工大学	76.146	5★	169
6	清华大学	70.367	5★	169
7	北京交通大学	68.520	5★	169
8	北京航空航天大学	62.121	5★	169
9	北京大学	60.249	4★	169
10	上海交通大学	59.300	4★	169
11	华南理工大学	59.172	4★	169
12	中国科学技术大学	58.712	4★	169
13	浙江大学	55.168	4★	169
14	哈尔滨工业大学	51.833	4★	169
15	天津大学	51.403	4★	169
16	南京邮电大学	49.383	4★	169
17	西安交通大学	46.943	4★	169
18	哈尔滨工程大学	45.419	4★	169
19	西北工业大学	45.215	4★	169
20	宁波大学	43.236	4★	169
21	武汉大学	43.039	4★	169
22	西南交通大学	41.306	4★	169
23	上海大学	41.068	4★	169
24	华中科技大学	40.950	4★	169
25	南京理工大学	40.643	4★	169
26	中山大学	40.600	4★	169
27	南京航空航天大学	39.820	4★	169
28	山东大学	39.430	4★	169
29	东北大学	38.940	4★	169
30	中北大学	38.579	4★	169

排　序	学校名称	得　分	星　级	学校数
31	重庆大学	36.991	4★	169
32	大连理工大学	36.671	4★	169
33	南京大学	36.594	4★	169

6.5　电子与通信工程领域

电子与通信工程(Electronics and Communication Engineering)是通信工程专业对口的专业学位硕士研究生招生学科，电子通信工程是电子科学与技术和信息通信技术相结合的工程领域，利用电子科学与技术和信息技术的基本理论解决电子元器件、集成电路、电子控制、仪器仪表、计算机设计与制造及与电子和通信工程相关领域的技术问题，研究电子信息的检测、传输、交换、处理和显示的理论和技术。

1. 研究领域

信息产业，包括信息交流所用的媒介(如通信、广播电视、报刊图书以及信息服务)、信息采集、传输和处理所需用的器件设备和原材料的制造和销售，以至计算机、光纤、卫星、激光、自动控制等由于其技术新、产值高、范围广而已成为或正在成为许多国家或地区的支柱产业。电子技术及微电子技术的迅猛发展给新技术革命带来根本性和普遍性的影响，电子技术水平的不断提高，既出现了超大规模集成电路和计算机，又促成了现代通信的实现。电子技术正在向光子技术演进，微电子集成正在引伸至光子集成。光子技术和电子技术的结合与发展，正在推动通信向全光化方向通信的快速发展。而通信与计算机越来越紧密的结合与发展，正在构建崭新的网络社会和数字时代，推动电子技术与通信技术的结合。

电子与通信工程领域涉及了信息与通信系统和电子科学与技术两个一级学科以及通信与信息系统、信号与信息处理、电路与系统、电磁场与微波技术、物理电子与光电子学、微电子学与固体电子学等6个二级学科。研究内容包括信息传输、信息交换、信息处理、信号检测、集成电路设计与制造、电子元器件、微波与天线、仪器仪表技术、计算机工程与应用等。

从工程技术角度来看，本领域包括：计算机通信网络及其安全技术，移动通信与个人通信，卫星通信、光通信，宽带通信与宽带通信网，多媒体通信，语音处理及人机交互，图像处理与图像通信，信号处理及其应用技术，集成电路设计与制造，电子设计自动化(EDA)技术及其应用，通信与测量系统的电路技术，微波技术及其应用，微波传输、辐射及散射，微波电路，微波元器件，微波工程，光电子学与光纤通信工程，信息光电子工程，电子束、离子束及显示工程，真空电子工程，电子与光电子器件，微电子系统设计与制备，纳米材料与技术。

其工程硕士学位授权单位培养从事信号与信息处理、通信与信息系统、电路与系统、电磁场与微波技术、电子元器件、集成电路等工程技术的高级工程技术人才。研修的主要课程有：政治理论课、外语课、矩阵论、泛函分析、数值分析、半导体光电子学导论、半导体器件物理、固体电子学、电子信息材料与技术、现代材料分析技术、电路设计自动化、电路优化设计、数字信息处理、信息检测与估值理论、导波原理与方法、导波光学、微波电路理论、高等电磁场理论、应用信息论基础、数字通信、系统通信网络理论基础、现代管理学基础等。

2. 应用领域

学生毕业后可在通信企事业单位从事通信网络的设计和维护工作，并能从事通信系统的建设、监理及通信设备的生产、营销等方面的工作。在通信与信息系统、信号与信息处理、电路与系统、电磁场与微波技术、物理电子与光电子学、微电子学与固体电子学等学科，在光纤通信、计算机与数据通信、卫星通信、移动通信、多媒体通信、信号与信息处理、通信网设计与管理，集成电路设计与制造、电子元器件、电磁场与微波技术等领域从事管理、研究、设计运营、维修和开发的高级工程技术和管理人才。

由于工程硕士是直接为企业培养的高层次工程技术和工程管理人才，以行业来看覆盖面为：通信系统与通信网及其设备，广播电视系统与设备，电子仪器仪表，集成电路与微电子系统，电子、光子及光电子元器件，电真空器件，家用电器，微波器件、设备与系统，电子材料与纳米材料等企业。

习　题

1. 工程教育认证的目的是什么？
2. 通信工程专业与信息与通信学科的关系是什么？
3. 电子与通信工程领域涉及哪些二级学科？

第❼章 通信工程专业的教学

各院校的通信工程专业本科培养方案，描述了通信工程专业本科教学的方方面面，包括培养目标、培养要求和课程设置、毕业合格标准及学分要求、学制与学位、专业核心课程、课程体系、教学进程表等，但在选课、自主学习、课外活动等方面仍然可能存在一些疑问。为此，本章对通信工程专业本科生的培养目标、培养要求、素质培养、课程设置、专业课程内容等进行分析和介绍，供选课、自主学习和开展课外活动参考。

7.1 培 养 目 标

通信工程专业的培养目标是对该专业毕业生在毕业后 5 年左右能够达到的职业和专业成就的总体描述。总体上，所有的通信工程专业本科培养目标是相同的，但各个院校、同一院校的不同日期，培养目标的叙述有所不同。有些可能是考虑学校的特色，有些可能是因为通信技术的发展。

例如，某大学通信工程专业本科培养方案 2016 版的培养目标是：以立德树人为根本，培养具有科学的人文精神、创新创业精神和职业道德精神，具备自主学习能力、批判思维能力和国际交流能力的行业精英人才。通信工程专业本科学生应掌握扎实的基础理论、专业知识及基本技能；具有成为高素质、高层次、多样化、创造性人才所具备的人文精神以及人文、社科方面的背景知识；具有国际化视野；具有提出、解决带有挑战性问题的能力；具有进行有效的交流与团队合作的能力；具有在相关领域跟踪、发展新理论、新知识、新技术的能力；具有从事通信系统、信息处理、信息传输、信息交换、信号检测技术的科学研究、技术开发、教育和管理等工作的能力。能从事通信系统与设备的开发、研制、生产和应用；通信网络安全系统的设计与开发等。本专业的就业范围包括在通信、信息和网络领域中，从事研究开发、设计、制造、运营的高级工程技术人员或高层管理人员等。

而该大学通信工程专业本科培养方案 2012 版的培养目标是：培养能适应社会主义现代化建设需要的德、智、体、美全面发展的信息与通信工程领域中的高等工程技术人才与技术管理人才。毕业生具有信息传输、交换、通信设备与信息系统的设计、研究和开发、应用、技术管理方面的能力，能较快地适应信息产业部门和其他部门对通信技术人才的需求。

7.2 培养要求与毕业合格标准

7.2.1 通信工程专业培养要求

培养要求是对学生毕业时所应该掌握的知识和能力的具体描述，包括学生通过本专业学习所掌握的技能、知识和能力。所有的通信工程专业本科培养要求基本上是相同的，但各个院校有自己的特色、不同日期经济社会的要求也有所不同，各院校的培养要求一般有所不同。

例如，某大学通信工程专业本科培养方案2016版的培养要求如下：

本专业毕业生应具备良好的政治素质、文化素质、心理素质、身体素质；较高的业务素质(具有较扎实的理论基础，具有实践能力、创新能力和良好的职业道德)。具有良好的数学、物理基础；掌握电路理论、电子技术等方面的基础知识；掌握传输、交换、网络理论基础知识；掌握计算机软、硬件基础知识。

通信工程是信息产业的重要基础和支柱之一，是信息科学技术的前沿学科。通信工程专业本科生需要掌握数字信号处理、通信技术基础、通信电路与系统、信号与信息处理、信息理论基础、信息网络的基本知识和基础理论；需要具备研究各种信息的处理、交换和传输的基本能力，在此基础上研究和发展各种电子与信息系统，需要具备专业的实践工作方法与技能，达到知识、能力、素质协调发展。

(1)知识要求：①具有扎实的自然科学基础，较好的人文、艺术和社会科学基础，具有较好的文字表达能力；②掌握一门外语，并具有一定的译、听、说和写作能力；③掌握电路基础、电子电路、电磁场与电磁波、数字逻辑、计算机程序设计等基础理论、基本知识和基本技能；④掌握信号与系统、通信原理、通信网络及数字信号处理的基本原理、基本分析方法和综合应用技能；⑤掌握光波通信、无线通信、多媒体通信、卫星通信、量子通信等现代通信技术及通信网络安全技术应用。

(2)能力要求：①掌握计算机的组成及应用，初步具备嵌入式通信网络系统的软、硬件开发能力，以及应用计算机进行系统开发、系统控制和管理的能力；②掌握通信系统、通信网及通信交换设备的基本原理、研究和设计方法，具有对典型通信系统及通信网络进行分析、设计、开发、调测和应用的基本能力；③具备综合运用经济、工程管理等知识和方法进行工程项目的组织实施和管理能力；④了解通信系统和通信网建设的基本方针、政策和法规；⑤了解通信技术的最新进展与发展动态；⑥掌握文献检索、资料查询的基本方法，具有一定的科学研究和实际工作能力。

(3)素质要求：①具有较强的自学能力、创新意识和较高的综合素质；②具备良好的交流沟通能力及团队合作能力，并具有在团队中敢于负责任、果断推动事情向前发展的领军魄力；③具备良好的职业道德，爱岗敬业、社会责任感强。

7.2.2 毕业合格标准

目前，通信工程专业本科的标准学制是4年，学习年限3~6年。必须达到学校对本科毕业生提出的德、智、体、美等方面的要求，完成培养方案规定的各教学环节的学习，修满规定学分，毕业设计（论文）答辩合格，方可准予毕业，可以获得的学位是工学学士。需要注意的是，学分要求体现了各教学环节的学分要求，如表 7-1 所示。

表 7-1　某校通信工程专业毕业学分要求

课程模块类别		必修课		选修课		合计		占总学分比例（%）
		学分	学时（周）	学分	学时（周）	学分	学时（周）	
通识教育课程	理论教学	33.5	596	8	96	41.5	724	23
	集中实践环节	3.5	5			3.5	5	2
学科教育课程	理论教学	40.5	648			40.5	648	22.5
	集中实践环节	7	96+4			7	96+4	3.9
专业教育课程	理论教学	21.5	344	32	512	53.5	856	29.7
	集中实践环节	26	26			26	26	14.4
个性培养课程	理论教学	2	32			2	32	1.1
	课外研学			6	96	6	96	3.3
总　　计		134	1 716+35	46	736	180	2 452+35	100
实践教学	课内实践	10.5	170	5	80	15.5	248	8.6
	集中实践	36.5	96+35			36.5	96+35	20.3
	课外研学			6	96	6	96	3.3
合　　计		47	266+35	11	176	58	442+35	32.2

7.3　通信工程专业的素质培养

7.3.1　大学生的基本素质

大学生应该在基本素质方面成为国民中的先锋。大学生的基本素质大体可分为三方面：基础素质、专业素质和心理素质。

1. 大学生的基础素质

大学生的基础素质包括品格、文化、体质和一般能力等四方面。

（1）品格方面

爱因斯坦说过，"大多数人都以为是才智成就了科学家，他们错了，是品格"。他们所获得的成就，是由他们的思想品格和人生境界决定的。品格方面主要有政治态度、思想观念、道德观念。政治态度是对国家、对社会制度、对宪法的态度。实际上也是对自己的国家、自己的民族热爱与否的具体体现。大学生作为民族的一个群体，必须具备热爱国家和民族的素质，要有强烈的爱国主义和民族自尊心。要拥护和遵守自己国家的制度和宪法。"杂交水稻之父"袁隆平说过，"科学研究没有国界，但科学家是有祖国的，科学家的心中必须装着祖国和人民……作为一个科学家，一个科技工作者，如果你不爱国，如果你对人类没有感情，那你就丧失了做人的基本准则，更谈不上科学道德了，不可能有大的出息。

我的目标是不仅要让全国人民吃饱，而且要让全国人民吃好。"

思想观念是思维活动的结果，属于理性认识。一般也称"观念"。人们的社会存在，决定人们的思想。一切根据和符合于客观事实的思想是正确的思想，它对客观事物的发展起促进作用；反之，则是错误的思想，它对客观事物的发展起阻碍作用。大学生要有选择科学世界观、人生观、价值观和法律意识等现代思想观念。

道德观念是人们对自身，对他人，对世界所处关系的系统认识和看法。属于社会伦理的范畴。中国传统哲学中的道德观主要是指以儒家为正统的传统道德。党的十八大提出，倡导富强、民主、文明、和谐，倡导自由、平等、公正、法治，倡导爱国、敬业、诚信、友善，积极培育和践行社会主义核心价值观。富强、民主、文明、和谐是国家层面的价值目标，自由、平等、公正、法治是社会层面的价值取向，爱国、敬业、诚信、友善是公民个人层面的价值准则，这 24 个字是社会主义核心价值观的基本内容。大学生要按照社会主义核心价值观的要求，积极参与社会公德、职业道德、家庭美德、个人品德教育，自觉践行爱国、敬业、诚信、友善等基本道德规范，要有热爱人民、勇于承担社会责任的一般道德，还要有强烈的事业心和职业道德。

道德素质是人们的道德认识和道德行为水平的综合反映，包含一个人的道德修养和道德情操，体现着一个人的道德水平和道德风貌。道德素质是十分重要的，因为人生有两件事要做，第一是学做人，第二是学做事，其中做人是更重要的。如果不会做人，即使掌握了较多的知识和技能，也未必能把事情做好。很多事例说明，如果会做事但不会做人，最终会害人害己。例如，毕业于计算机专业的张某某，四年前应聘进入登封市某大型超市，具体负责对购物卡的充值，从中掌握了一些"核心技术"。一年后，张某某因嫌弃此项工作太过单一，于是便离职而去。由于多次求职未果，烦恼之余，他突然想起此前在登封市某大型超市工作过程中，曾发现购物卡数据库系统存在漏洞，现在正好"派上用场"。于是，从 2010 年 9 月开始，张某某先是着手收集该超市的一些废购物卡，然后利用自己掌握购物卡充值的相关密码，多次非法给废旧购物卡充值共计 47 383 元，用来出售及个人消费使用。至 2012 年 3 月案发，该批购物卡的非法充值资金，已在登封市某大型超市消费24 149元。

法院经审理认为，被告人张某某以非法占有为目的，秘密窃取公私财物，数额较大，其行为已构成盗窃罪。但鉴于其归案后如实供述自己的罪行，积极退赔被害单位损失并得到谅解，确有悔罪表现，又主动接受财产处罚，故可对其依法适用缓刑。2012 年 5 月 6 日，河南省登封市法院以盗窃罪判处被告人张某某有期徒刑二年，缓刑三年，并处罚金 3 万元。利用在超市工作时掌握的"核心技术"，非法给废旧购物卡充值，从中谋取经济利益，结果聪明反被聪明误。

（2）文化方面

文化是人类不可缺少的精神食粮，是作为社会人必须具备的基础素质，大学生作为一个文化人，其文化素质尤为重要。

文化方面主要是要掌握人与人交往的工具和基础文化科学知识。人与人交往的工具包括本国语言、外语及生存所需要的数学、物理和计算机等基础知识。基础文化科学知识包括最一般的科学、文化、自然、历史、地理等基础知识。

我们与来自各国、各地、各民族的同学、专家等人员交往，要实现好相互尊重，也需要了解他们的文化习惯、历史地理等。

（3）体质方面

身体健康、大脑健全是人类生存和发展的基本要素。因此，了解卫生保健常识，掌握科学的健身方法、用脑方法，养成良好的生活习惯和行为习惯，形成健康的体魄和发达灵活的大脑。避免不良习惯对身体的损害。例如，据华声在线－三湘都市报 2013 年 10 月 16 日《长沙女大学生摸黑玩手机致散光或诱发青光眼》报道，长沙河西大学城大四女生李静（化名）说："我自己临睡前上床后的第一件事就是拿起手机，要刷下微博才会睡觉，有时候不知不觉一个多小时就过去了。"李静最近去眼镜店配镜，店员告诉她原本高度近视的她又涨了 100 度，而且左眼也出现了散光。眼科专家表示，长时间在黑暗中看手机，确实会对眼睛的黄斑部造成损害或诱发青光眼，而青光眼发展到一定程度造成视神经损坏，则可能失明。

（4）一般能力方面

能力是顺利完成某种活动所必需的，并且直接影响活动效率的个性心理特征。基本素质方面的一般能力泛指一般人所具有的最基础的生存和生活能力。即自我生活能力、一般社交能力、从事简单劳动的能力、吸收选择与生活有关信息的能力，以及应对一般生存挑战的能力。

2. 大学生的专业素质

大学生的专业素质表现在知识、能力和方法三方面。

（1）专业知识

大学生的专业知识应包括本学科专业知识、跨学科专业知识和综合交叉学科知识三大领域。

通信工程专业的大学生应具有扎实精深的信息与通信工程学科知识，其他学科知识要广博。

应以信息与通信工程学科和通信工程专业为基础，而后根据自身的价值追求或结合社会对职业的需要，有选择地学习其他学科专业知识。

（2）专业能力

大学生的专业能力可分为一般能力、运用能力和创造能力。

一般能力包括阅读和写作能力、观察和分析能力、资料查询和社会调查能力等，它是每个大学生适应工作应具备的最基本的能力。

运用能力是指大学生应能通过所学的专业知识，解决实际工作中常见的一般性问题，通信工程专业学生能够完成调查报告、工作总结、实验测试、分析报告、科研规划等。

创造能力是指运用所学的有限知识，归纳升华形成某些创新观点和创造性工作的能力，充分发挥个人的潜能。这种创新意识、创新思维和创新能力是最可贵的。

（3）方法

方法的含义较广泛，一般是指为获得某种东西或达到某种目的而采取的手段与行为方式。它在哲学，科学及生活中有着不同的解释与定义。学习方法是通过学习实践，总结出的快速掌握知识的方法。因其以学习掌握知识的效率有关，越来越受到人们的重视。方法，并没有统一的规定，因个人条件不同，选取的方法也不同。

方法既是获取知识的手段，也是创造知识的武器。方法是知识与能力之间的纽带和桥梁，通过有效的方法，可以将知识转化为能力，能力的提高又能加速方法的掌握。

所谓科学的研究方法，很明显就是科学工作者在从事某项科学发现时所采用的方法。科学研究的一般步骤如下：

（1）在进行科学研究时，应当首先认识到问题的存在。

例如，在研究物体的运动时，首先应当注意到物体为什么会像它所发生的那样进行运动，即物体为什么在某种条件下会运动得越来越快（加速运动），而在另一种条件下则会运行得越来越慢（减速运动）。

（2）要把问题的非本质方面找出来，加以剔除。例如，一个物体的味道对物体的运动是不起任何作用的。

（3）要把能够找到的、同这个问题有关的全部数据都收集起来。在古代和中世纪，这一点仅仅意味着如实地对自然现象进行敏锐观察。但是进入近代以后，情况就有所不同了，因为人们从那时起已经学会去模仿各种自然现象。也就是说，人们已经能够有意地设计出种种不同的条件来迫使物体按一定的方式运动，以便取得与该问题有关的各种数据。

例如，可以有意地让一些球从一些斜面上滚下来；这样做时，既可以用各种大小不同的球，也可以改变球的表面性质或者改变斜面的倾斜度，等等。这种有意设计出来的情况就是实验，而实验对近代科学起的作用是如此之大，以致人们常常把它称为"实验科学"，以区别于古希腊的科学。

（4）有了这些收集起来的数据，就可以做出某种初步的概括，以便尽可能简明地对它们加以说明，即用某种简明扼要的语言或者某种数学关系式来加以概括，这也就是假设或假说。

（5）有了假说以后，就可以对以前未打算进行的实验的结果做出推测。下一步，便可以着手进行这些实验，看看假说是否成立。

（6）如果实验获得了预期的结果，那么，假说便得到了强有力的事实依据，并可能成为一种理论，甚至成为一条"自然定律"。

研究方法、哲学术语，是指在研究中发现新现象、新事物，或提出新理论、新观点，揭示事物内在规律的工具和手段。这是运用智慧进行科学思维的技巧，一般包括文献调查法、观察法、思辨法、行为研究法、历史研究法、概念分析法、比较研究法等。研究方法是人们在从事科学研究过程中不断总结、提炼出来的。由于人们认识问题的角度、研究对象的复杂性等因素，而且研究方法本身处于一个在不断地相互影响、相互结合、相互转化的动态发展过程中，所以对于研究方法的分类目前很难有一个完全统一的认识。

从某种意义上说，有什么样的研究方法，就有什么样的科学研究。如果说归纳法产生经典科学，假说演绎法产生相对论，那么系统方法则产生复杂科学，恰如手工铁铲代表农业社会、蒸汽机代表资本主义社会、计算机代表信息社会一样。研究方法对于社会进步、学科建设和学术规范均有重要的作用。

下面介绍一些具体的研究方法。

（1）调查法

调查法是科学研究中最常用的方法之一。它是有目的、有计划、有系统地搜集有关研究对象现实状况或历史状况的材料的方法。调查方法是科学研究中常用的基本研究方法，它综合运用历史法、观察法等方法，以及谈话、问卷、个案研究、测验等科学方式，对教育现象进行有计划的、周密的和系统的了解，并对调查搜集到的大量资料进行分析、综合、比较、归纳，从而为人们提供规律性的知识。

调查法中最常用的是问卷调查法，它是以书面提出问题的方式搜集资料的一种研究方法，即调查者就调查项目编制成表式，分发或邮寄给有关人员，请示填写答案，然后回收整理、统计和研究。

（2）观察法

观察法是指研究者根据一定的研究目的、研究提纲或观察表，用自己的感官和辅助工具去直接观察被研究对象，从而获得资料的一种方法。科学的观察具有目的性和计划性、系统性和可重复性。在科学实验和调查研究中，观察法具有如下几方面的作用：①扩大人们的感性认识。②启发人们的思维。③导致新的发现。

（3）实验法

实验法就是按照特定的研究目的和理论假设，人为地控制或者创设一定的条件，从而验证假设、探讨现象之间因果关系的一种科研方法。其主要特点是：第一、主动变革性。观察与调查都是在不干预研究对象的前提下去认识研究对象，发现其中的问题。而实验却要求主动操纵实验条件，人为地改变对象的存在方式、变化过程，使它服从于科学认识的需要。第二、控制性。科学实验要求根据研究的需要，借助各种方法技术，减少或消除各种可能影响科学的无关因素的干扰，在简化、纯化的状态下认识研究对象。第三，因果性。实验以发现、确认事物之间的因果联系的有效工具和必要途径。实验研究法的优点：它可以根据实验设计的要求，加入特定的人工控制，使人观察到在自然条件下无法观察到的情况，比较精确地分析出现象之间的因果关系，而且可以重复验证。

（4）文献研究法（查找文献法）

文献研究法是根据一定的研究目的或课题，通过调查文献来获得资料，从而全面地、正确地了解掌握所要研究问题的一种方法。文献研究法被广泛用于各种学科研究中。其作用有：①能了解有关问题的历史和现状，帮助确定研究课题。②能形成关于研究对象的一般印象，有助于观察和访问。③能得到现实资料的比较资料。④有助于了解事物的全貌。

（5）实证研究法

实证研究法是科学实践研究的一种特殊形式。其依据现有的科学理论和实践的需要提出设计，利用科学仪器和设备，在自然条件下通过有目的有步骤地操纵，根据观察、记录、测定与此相伴随的现象的变化来确定条件与现象之间的因果关系的活动。主要目的在于说明各种自变量与某一个因变量的关系。

（6）定量分析法

在科学研究中，通过定量分析法可以使人们对研究对象的认识进一步精确化，以便更加科学地揭示规律，把握本质，理清关系，预测事物的发展趋势。

（7）定性分析法

定性分析法就是对研究对象进行"质"的方面的分析。具体地说就是运用归纳和演绎、分析与综合，以及抽象与概括等方法，对获得的各种材料进行思维加工，从而能去粗取精、去伪存真、由此及彼、由表及里，达到认识事物本质、揭示内在规律的目的。

（8）跨学科研究法

跨学科研究法是指运用多学科的理论、方法和成果从整体上对某一课题进行综合研究的方法，也称"交叉研究法"。科学发展运动的规律表明，科学在高度分化中又高度综合，形成一个统一的整体。据有关专家统计，现在世界上有 2 000 多种学科，而学科分化的趋势还在加剧，但同时各学科间的联系愈来愈紧密，在语言、方法和某些概念方面，有日益统一化的趋势。

（9）个案研究法

个案研究法是认定研究对象中的某一特定对象，加以调查分析，弄清其特点及其形成过程的一种研究方法。个案研究有 3 种基本类型：①个人调查，即对组织中的某一个人进行调查研究；②团体调查，即对某个组织或团体进行调查研究；③问题调查，即对某个现象或问题进行调查研究。

（10）功能分析法

功能分析法是社会科学用来分析社会现象的一种方法，是社会调查常用的分析方法之一。它通过说明社会现象怎样满足一个社会系统的需要（即具有怎样的功能）来解释社会现象。

（11）数量研究法

数量研究法也称"统计分析法"和"定量分析法"，指通过对研究对象的规模、速度、范围、程度等数量关系的分析研究，认识和揭示事物间的相互关系、变化规律和发展趋势，借以达到对事物的正确解释和预测的一种研究方法。

（12）模拟法（模型方法）

模拟法是先依照原型的主要特征，创设一个相似的模型，然后通过模型来间接研究原型的一种形容方法。根据模型和原型之间的相似关系，模拟法可分为物理模拟和数学模拟两种。

（13）探索性研究法

探索性研究法是高层次的科学研究活动。它是用已知的信息，探索、创造新知识，产生出新颖而独特的成果或产品。

（14）信息研究方法

信息研究方法是利用信息来研究系统功能的一种科学研究方法。美国数学、通信工程师、生理学家维纳认为，客观世界有一种普遍的联系，即信息联系。当前，正处在"信息革命"的新时代，有大量的信息资源，可以开发利用。信息方法就是根据信息论、系统论、控制论的原理，通过对信息的收集、传递、加工和整理获得知识，并应用于实践，以实现新的目标。信息方法是一种新的科研方法，它以信息来研究系统功能，揭示事物的更深一层次的规律，帮助人们提高和掌握运用规律的能力。

（15）经验总结法

经验总结法是通过对实践活动中的具体情况，进行归纳与分析，使之系统化、理论化，上升为经验的一种方法。总结推广先进经验是人类历史上长期运用的较为行之有效的领导方法之一。

（16）描述性研究法

描述性研究法是一种简单的研究方法，它将已有的现象、规律和理论通过自己的理解和验证，给予叙述并解释出来。它是对各种理论的一般叙述，更多的是解释别人的论证，但在科学研究中是必不可少的。它能定向地提出问题，揭示弊端，描述现象，介绍经验，有利于普及工作；它的实例很多，有带揭示性的多种情况的调查；有对实际问题的说明；也有对某些现状的看法等。

（17）数学方法

数学方法就是在撇开研究对象的其他一切特性的情况下，用数学工具对研究对象进行一系列量的处理，从而做出正确的说明和判断，得到以数字形式表述的成果。科学研究的对象是质和量的统一体，它们的质和量是紧密联系的，质变和量变是互相制约的。要达到真正的科学认识，不仅要研究质的规定性，还必须重视对它们的量进行考察和分析，以便更准确地认识研究对象的本质特性。数学方法主要有统计处理和模糊数学分析方法。

（18）思维方法

思维方法是人们正确进行思维和准确表达思想的重要工具，在科学研究中最常用的科学思维方法包括归纳演绎、类比推理、抽象概括、思辨想象、分析综合等，它对于一切科学研究都具有普遍的指导意义。

（19）系统科学方法

20世纪，系统论、控制论、信息论等横向科学的迅猛发展，为发展综合思维方式提供了有力的手段，使科学研究方法不断地完善。而以系统论方法、控制论方法和信息论方法为代表的系统科学方法，又为人类的科学认识提供了强有力的主观手段。它不仅突破了传统方法的局限性，而且深刻地改变了科学方法论的体系。这些新的方法，既可以作为经验方法，作为获得感性材料的方法来使用，也可以作为理论方法，作为分析感性材料上升到理性认识的方法来使用，而且作为后者的作用比前者更加明显。它们适用于科学认识的各个阶段，因此，称其为系统科学方法。

3. 大学生的心理素质

大学阶段是人生中的黄金时期，是综合素质培养和形成的最佳时期，通过有意识的大学教育，使大学生形成良好的心理素质结构。

（1）智力开发

在感知方面要培养敏锐的观察力。

在记忆力方面要养成良好的有意记忆。

在思维力方面要加强逻辑思维的形成和创造思维的培养。

在想象力方面要培养富于幻想，且把理想与现实结合起来。

（2）发展情感

大学生应有丰富的情感，特别是道德感、理智感、美感等高级社会情感。

大学生应有坚强的意识品格，意识的自觉性、果断性和坚韧性均应获得全面提高。

（3）个性心理

大学生应有良好的心理动机、高雅的气质、广泛的兴趣、稳定的性格、鲜明的个性和健全的人格。

大学生应形成现代社会所需要的良好心理素质结构。

心理素质的培养，是大学生自我发展、自我完善的最有效途径。

7.3.2 用人单位最欢迎的素质表现

先介绍一个导游文花枝的事迹。她 2003 年来湘潭新天地旅行社(现更名为湘潭花枝新天地旅行社)当导游员。2005 年 8 月 28 日,文花枝在带旅游团途中遭遇车祸,车上人员 6 人死亡,14 人重伤,8 人轻伤。当营救人员几次想把坐在车门口第一排的文花枝先抢救出去时,她没有忘记自己是一名导游员的工作职责,大声说:"我是导游,后面是我的游客,请你们先救游客",并不停地为大家鼓劲、加油。在这起重大交通事故中,文花枝是伤得最重的一个,左腿 9 处骨折,右腿大腿骨折,髋骨 3 处骨折,右胸第四、五、六、七根肋骨骨折。她在危险到来的时候,将生死置之度外,把生的希望让给别人,自己最后一个被解救。因为延误了宝贵的救治时间,医生不得不为文花枝做了左腿高位截肢手术。工作中的文花枝一直是一名用真诚和微笑对待游客的阳光女孩,她把游客当成朋友和亲人。每带一个团,她都按事先的承诺服务,每到吃饭时,她都先安排好游客自己才最后吃。游客称赞她是人品上的"导游",是职业道德的"导游"。她是第十一届全国人大代表,被评为全国道德模范、中国十大杰出青年,荣获全国五一劳动奖章、全国三八红旗手等多项荣誉称号。2009 年授予文花枝 100 位新中国成立以来感动中国人物。评选"100 位为新中国成立作出突出贡献的英雄模范人物和 100 位新中国成立以来感动中国人物"活动是经中共中央批准,中央宣传部、中央组织部、中央统战部、中央文献研究室、中央党史研究室、民政部、人力资源社会保障部、全国总工会、共青团中央、全国妇联、解放军总政治部等 11 个部门联合组织开展的。

可见,具有良好素质的员工,有利于用人单位的发展。平时良好的素质保证正常工作的圆满完成,紧急时刻良好的素质使损失减到最少。用人单位最欢迎的大学生具有哪些素质呢?北京高校毕业生就业指导中心曾经对 150 多家国有大中型企事业单位、民营及高新技术企业、三资企业的人力资源部门和部分高校进行的调查问卷显示,8 类求职大学生更容易得到用人单位的青睐。

1. 在最短时间内认同企业文化

企业文化是企业生存和发展的精神支柱,员工只有认同企业文化,才能与公司共同成长。壳牌公司人力资源部的负责人介绍说,"我们公司在招聘时,会重点考查大学生求职心态与职业定位是否与公司需求相吻合,个人的自我认识与发展空间是否与公司的企业文化与发展趋势相吻合。"

北京高校毕业生就业指导中心有关专家提示:"大学生求职前,要着重对所选择企业的企业文化有一些了解,并看自己是否认同该企业文化。如果想加入这个企业,就要使自己的价值观与企业倡导的价值观相吻合,以便进入企业后,自觉地把自己融入这个团队中,以企业文化来约束自己的行为,为企业尽职尽责。"

2. 对企业忠诚,有团队归属感

员工对企业忠诚,表现在员工对公司事业兴旺和成功的兴趣方面,不管老板在不在场,都要认认真真地工作,踏踏实实地做事。有归属感的员工,他对企业的忠诚,使他成为一个值得信赖的人,一个老板乐于雇用的人,一个可能成为老板得力助手的人,一个最能实现自己达到理想的人。

北京高校毕业生就业指导中心有关专家提示："企业在招聘员工时，除了要考查其能力水平外，个人品行是最重要的评估方面。没有品行的人不能用，也不值得培养。品行中最重要的一方面是对企业的忠诚度。那种既有能力又忠诚企业的人，才是每个企业需要的最理想的人才。"

3. 不苛求专业对口，只要综合素质好

某网络通信股份有限公司的人力资源人士表示，"我们公司不苛求名校和专业对口，即使是比较冷僻的专业，只要学生综合素质好，学习能力和适应能力强，遇到问题能及时看到问题的症结所在，并能及时调动自己的能力和所学的知识，迅速释放出自己的潜能，制定出可操作的方案，同样会受到欢迎。"

4. 有敬业精神和职业素质

现在有的年轻人职业素质比较差，曾经有一个年轻人，早晨上班迟到的理由居然是昨晚看电视节目看得太晚了。新来的大学生在工作中遇到问题或困难，不及时与同事沟通交流，等到领导过问时才汇报，耽误工作的进展，这些都是没有敬业精神和职业素质差的表现。中关村电子有限公司的人力资源人士说，"企业希望学校对学生加强社会生存观、价值观的教育，加强对学生职业素质、情商、适应能力和心理素质的培养。有了敬业精神，其他素质就相对容易培养了。"

5. 有专业技术能力

北京某科技股份公司人力资源部经理介绍说，"专业技能是我们对员工最基本的素质要求，IT 行业招人时更注重应聘者的技术能力。在招聘时应聘者如果是同等能力，也许会优先录取研究生。但是，进入公司后学历高低就不是主要的衡量标准了，会更看重实际操作技术，谁能做出来，谁就是有本事，谁就拿高工资。"

6. 沟通能力强、有亲和力

企业特别需要性格开朗、善于交流、有一个好人缘的员工。这样的人有一种亲和力，能够吸引同事跟他合作，同心同德、完成组织的使命和目的的人。

7. 有团队精神和协作能力

某汽车工业(集团)总公司的人力资源人士认为："从人才成长的角度看，一个人是属于团队的，要有团队协作精神和协作能力，只有在良好的社会关系氛围中，个人的成长才会更加顺利。"

8. 带着激情去工作

热情是一种强劲的激动情绪，一种对人、对工作和信仰的强烈情感。某公司的人力资源部人士表示"我们在对外招聘时，特别注重人才的基本素质。除了要求求职者拥有扎实的专业基础外，还要看他是否有工作激情。一个没有工作激情的人，我们是不会录用的。"

北京高校毕业生就业指导中心有关专家提示，"一个没有工作热情的员工，不可能高质量地完成自己的工作，更别说创造业绩。只有那些对自己的愿望有真正热情的人，才有可能把自己的愿望变成美好的现实。"

有些毕业生一时找不到工作，就产生抱怨。抱怨社会，抱怨学校，抱怨他人，有什

么用？有抱怨情绪的人更难找到工作。这些毕业生应该问问自己，大学那几年你都干了些什么？为什么不早点作职业规划，不去挖掘自己的天赋，不去培养自己的兴趣？现在找不到工作，只能怪自己。试想，世界上的事情你能改变多少？唯有改变自己最容易。如果不想改变自己，只是抱怨，总以为自己是受害者，那就永远难以获得成功。

7.3.3　通信工程专业大学生的素质培养

1. 素质教育提出的背景

中小学素质教育是针对"应试教育"提出的，中小学为了追求升学率（社会压力造成的），虽然也提德、智、体、美，但实际只重视智育。而在智育教育上，只重视知识教育，而不重视能力教育；在知识教育上，只重视升学考试科目的教育，而不重视非考试科目的教育。这种应试教育不利于年轻一代全面素质的提高，其结果将导致民族素质的下降，显然这是一个关系民族发展和生存的大问题。

为此，1993 年中共中央、国务院明确指出，中小学要由"应试教育"转向全面提高国民素质的轨道。人们把与"应试教育"相对应的"全面提高国民素质"简称为"素质教育"。这是"素质教育"推出的背景。

高等学校的素质教育是针对科技教育，专业教育提出的。因而侧重于人文素质教育，使科技教育与人文教育相结合，培养出高科技与高素质相结合的专门人才。

2. 素质教育方法

教学是学校实施教育的基本途径。素质教育同样要通过各门课程来进行。不论自然科学、社会科学及人文学科、语言学科，除了传授知识之外，都要结合课程教育进行素质教育，即"寓素质教育于知识教育之中"。

（1）渗透到培养目标中

在制定专业培养目标和要求时，将素质教育作为目标中的重要部分。改变过去以知识、技能、能力为主要内容的目标体系，构建以素质为核心的培养目标体系。

（2）渗透到课程设置中

在作公共基础课设置时，应以大学生的基本素质为主要培养目标。

在作学科基础课和专业课设置时，要突出大学生专业素质的培养，既要向大学生传授专业知识，更要培养大学生接受知识的能力和方法，树立以人为本，"授之以渔"的教学观念。

在作选修课和课外活动安排时，应以培养大学生的心理素质为目标，初步养成科学的心理和素养、丰富的情感和创造性的思维能力。

7.3.4　通信工程专业大学生的实践能力与创新能力的提高

通信的发展历程说明，通信技术具有很强的实践性、创新性。通信工程专业毕业生应具有较强的实践能力与创新能力。

1. 创新能力的提高

所谓创新能力，是指创新者、创新团队、创新机构乃至更大的经济或社会实体进行创新的能力。他有三层含义：一是形成或产生新的思想、观念或创意的能力；二是利用新思想、观念或创意创造出新的产品、流程或组织等各种新事物的能力；三是应用和实现新事物价值的能力。包括：专业技术人员的学习能力、分析能力、综合能力、想象能力、批判能力、创造能力、解决问题的能力、实践能力、组织协调能力，以及整合多种能力的能力。创新能力的特点：①综合性：把多种能力集中起来，充分加以利用。②独创性：凭借想象力和创造性思维构造出前所未有的东西，打破以往的模式和框架。③实践性：创新与发明创造的区别就在于它的推广应用，实现创造发明成果的价值。④坚持不懈：创新是一个复杂的过程，涉及创新者自身的能力和社会环境，要取得成功需要反复试验和探索，只有坚持不懈才可能成功。创新能力的培养环节遍布教学全程，包括创新创业导论课程，专题讲座，实验教学，理论学习，自主学习。目前主要体现创新成果的环节是自由探索项目、竞赛项目、大学生创新实验项目、论文、专利。

2. 实践能力的提高

实践教学环节目标就在于培养学生自己动手的能力，主动思考的能力。通过实践教学使学生比较完整地掌握课堂理论知识。通过实践，培养学生发现问题、解决问题的能力。

通信工程专业的实践教学环节包括课内实践、课程设计、实习、毕业设计、课外研学。实践教学是工科学生能力培养的主要环节。大部分院校的实践教学类课程不提供补考。课外研学包含的项目名称：社会实践、竞技竞赛、技能考试、科研训练、创业实践、论文成果、素质修养。

实践能力培养体系包括基本技能层次实践、专业技能实践层次实践、综合能力训练与创新性实践层次3个层次。基本技能层次实践由社会实践、课程实验、计算机应用能力、外语应用能力、沟通与交流能力等构成，目的在于提高学生基本素质。

专业技能实践层次实践是提高学生运用所学知识、通过专业技能的层次。生产实习（或专业实习）到生产第一线去，参加产品设计、制造、销售全过程。课外学生可以参加有实际应用背景的项目实训，或通过职业技能考试。

综合能力训练与创新性实践层次是培养学生实践项目中综合运用所学知识能力的层次，也是学生创新能力和综合素质培养的重要途径。该层次包括毕业设计（论文）、各类竞赛活动等实践环节。学校以立项的方式资助大学生开展大学生研究性学习和创新性实验项目。

7.4 课程设置

7.4.1 课程体系设置的原则

不同国家或同一国家的不同高校，由于历史的和现实的诸多原因，会产生形形色色的专业与课程建设指导思想，各种不同的指导思想归纳起来，都是由于对知识、社会和个人三者之间关系的不同认识而形成的，认真分析这三方面的相互关系，对于形成正确的指导思想是十分必要的。

（1）以知识为中心的指导思想认为：教育就是传递人类文化遗产，高等教育则表现为传授真理和探求真理。为此，高等学校的一切安排都应以知识为本位，大学应既独立于社会之外，不受国家的干涉，也不考虑个人的发展和要求。这种思想在教育史上两个典型代表就是中世纪英国的牛津大学和剑桥大学。直到 19 世纪英国哲学家斯宾塞提出"什么知识最有价值"的著名论题之后，才产生一些不同思想的流派。

（2）以个人为中心的指导思想认为：教育就是要使人的个性和潜能得到充分的、和谐的发展，高等学校的专业及课程设置均应以个人为本位，由个人去设计自己。这种思想反对按照知识的逻辑或社会的意图强迫个人进行学习，也反对要求个人实现"专门化"，奉行所谓的"自由大学"，要求高校专业和课程建设完全以个人需要为基础。

（3）以社会为中心的指导思想认为：教育就是要为社会谋利益，促进社会经济、政治和文化的发展。这种思想主张高校专业与课程设置以社会为本位，必须根据社会经济、政治、文化发展的需要来设置。

三者之间关系可以用三条法则叙述：

（1）就一个国家的高等教育体系而言，完全强调上述某一种思想而排斥另两种思想都是不恰当的，也不符合教育的基本规律。一种教育思想是否有较长期的生命力，要在专业和课程设置方面看它是否符合三者之间关系的三条法则。

（2）在强调知识、个人和社会三方面中某一方面时，不忽视其他两方面。

（3）当强调两个方面的结合时，必须以第三方面为中介，否则就会反过来削弱所强调的这两方面。

因此，不同社会、同一社会的不同时期，以及同一时期的不同学校，对这三方面可以有所侧重，但不能完全排斥某一方面。

（1）在强调知识、个人和社会这三方面中某一方面时，不忽视其他两方面。如果强调知识的探求，就不能不去考虑个人探索能力的培养和知识的社会价值；当强调个人的发展的时候，不可不谈知识在个人发展中的作用及人的能力、态度、个性对社会的意义；当强调社会的需要时，不可不考虑个人的全面、健康成长和哪些知识是社会最需要的。

（2）当强调两方面的结合时，必以第三方面为中介，否则就会反过来削弱所强调的这两方面。

如果强调个人和社会的结合，而忽视系统的科学文化知识在其中的中介作用，将使教育质量下降，反过来削弱了个人和社会结合的作用；如果强调个人和知识的结合，而不考虑解决社会实际问题和参与社会实践，个人的发展便难以实现，所学的知识因为不能很好地服务于社会而失去价值；在强调知识与社会时，若不考虑个人的兴趣、态度和潜在的能力，知识服务社会的作用也得不到最佳的发挥。

（3）不同社会、同一社会的不同时期，以及同一时期的不同学校，对这三方面可以有所侧重，但不能完全排斥某一方面。以基础研究为己任的综合大学，可侧重于知识的探求；以应用为宗旨的各种工科院校，可侧重于知识的应用。战争年代与和平年代，或计划经济时期与市场经济时期，专业及课程设置也是不一样的。

综上所述，上述三条法则是教育的基本规律在高等学校专业与课程设置上的反映和体现。具体体现的是通识教育课程、学科教育课程、专业教育课程，以及个性培养课程的分类；必修课和选修课之类的课程属性；理论课时与实践课时的划分。高等学校的专业与课程设置只有遵循了这三条法则，才能使高等教育沿着正确的轨道发展。

7.4.2 课程设置举例

课程设置一般按分类进行设置，常用的分类是通识教育课程、学科教育课程、专业教育课程，以及个性培养课程。通识教育课程主要培养基本素质，学科教育课程是专业教育课程的基础，专业教育课程是培养专业能力的，个性培养课程体现学习者的个性。某校设置的通识教育课程、学科教育课程、专业教育课程、个性培养课程分别如表 7-2、表 7-3、表 7-4、表 7-5 所示。

表 7-2　通识教育课程

课程类别		课　程　名　称	课程属性	学　分	总学时（其中实践学时）	开课学期
通识教育课程	思政类	思想道德修养与法律基础	必修	3	48(16)	1
		中国近现代史纲要	必修	2	32(8)	3
		大学生心理健康教育	必修	1	16	2
		形式与政策	必修	1	16	1~4
		马克思主义基本原理概论	必修	3	48(16)	4
		毛泽东思想与中国特色社会主义理论体系概论	必修	5	80(32)	5
	军体类	军训	必修	1.5	3 周	1
		军事理论课	必修	1	36(含 4 学时课外)	1
		体育（一）	必修	1	32	1
		体育（二）	必修	1	32	2
		体育（三）	必修	1	32	3
		体育（四）	必修	1	32	4
		体育课外测试（一）	必修	0.5		5
		体育课外测试（二）	必修	0.5		6
		体育课外测试（三）	必修	0.5		7
	外语类	大学英语（一）	必修	3	48	1
		大学英语（二）	必修	3	48	2
		大学英语（三）	选修	2	32	3
	信息技术类	计算机程序设计基础(I)(C、C++)	必修	3	48(16)	1
		计算机程序设计实践(I)(C、C++)	必修	1	1 周	1
		计算机程序设计基础（Ⅱ）（Java、Python）	必修	3	48(含 16)	4
		计算机程序设计实践（Ⅱ）（Java、Python）	必修	1	1 周	5
	文化素质类	选修不少于 6 学分(其中 4 学分必须修读其他学科门类课程)，具体课程见学校文化素质课选课指南				

表 7－3　学科教育课程

课程类别		课程名称	课程属性	学分	总学时（其中实践学时）	开课学期
学科教育课程	公共基础课	高等数学 A2（一）	必修	5	80	1
		高等数学 A2（二）	必修	5	80	2
		线性代数	必修	2	32	2
		概率论与数理统计	必修	3.5	56	3
		大学物理 C1（一）	必修	4	64	2
	学科基础课	电路理论 B	必修	4	64	2
		模拟电子技术 A	必修	3.5	56	3
		数字电子技术 A	必修	3.5	56	3
		新生课	必修	1	16	1
		微机原理与接口技术	必修	4	64（12）	5
		通信工程导论	必修	1	16	1
		信号与系统	必修	4	64（8）	3
	集中实践环节	微机原理与接口技术课程设计	必修	2	2 周	5
		电子技术课程设计	必修	2	2 周	5 初
		电工电子实验 A（一）	必修	0.5	16	2
		电工电子实验 A（二）	必修	1.5	32	3

表 7－4　专业教育课程

课程类别		课程名称	课程属性	学分	总学时（其中实践学时）	开课学期
专业教育课程	专业核心课	电磁场与电磁波	必修	3	48（8）	4
		通信原理	必修	3.5	56（8）	4
		通信与网络	必修	3	48（4）	6
		通信工程应用数学	必修	3	48	2
		信息论与编码（英文）	必修	3	48	5
		数字信号处理	必修	3	48（8）	4
		嵌入式通信系统	必修	2	32（6）	6
		通信网络安全	选修	2	32（4）	6
		数据结构与算法	选修	3	48（8）	2
		微波与雷达技术	选修	2	32	6
	专业课	通信电子电路	必修	3	48（8）	5
		现代通信网络技术	必修	3	48（6）	7
		数据库原理与技术	选修	3	48（8）	4
		单片机与嵌入式系统	选修	3	48（8）	6

课程类别		课程名称	课程属性	学分	总学时(其中实践学时)	开课学期
专业教育课程	专业选修课	移动通信	选修	2	32(8)	6
		卫星通信	选修	2	32(6)	6
		自动控制原理	选修	2	32	5
		天线原理	选修	2	32(6)	6
		操作系统	选修	2	32(8)	3
		多媒体通信	选修	2	32(6)	7
		数字图像处理	选修	2	32(8)	7
		数据与计算机通信	选修	2	32(4)	5
		MATLAB 高级编程与工程应用	选修	2	32(16)	3
		通信信号处理	选修	2	32(6)	7
		射频通信系统	选修	2	32(4)	6
		通信工程管理	选修	2	32	7
		网络测量	选修	2	32(6)	5
		物联网技术与应用	选修	2	32(4)	5
		列车通信网	选修	2	32(4)	7
		量子通信	选修	2	32	5
		近距离通信	选修	2	32(6)	6
		光纤通信	选修	2	32(8)	5
		现代交换原理与技术	必修	2	32(8)	6
		大规模集成电路设计	选修	2	32(8)	7
		无线传感器网技术	选修	2	32(6)	7
	集中实践环节	数字信号处理课程设计	必修	2	2 周	4
		数据结构与算法课程设计	必修	2	2 周	2
		通信原理实验	必修	1	1 周	4
		毕业实习与设计	必修	16	16 周	8
		生产实习	必修	3	3 周	6

表 7-5 个性培养课程

课程类别		课程名称	课程属性	学分	总学时(其中实践学时)	开课学期
个性培养课程	创新创业课	创新创业导论	必修	2	32	7
	课外研学	选修6学分(其中须修2学分创新创业实践,1学分实验室技术安全与环境保护知识学习培训与考核),具体要求见学校课外研学相关管理办法				

第 7 章 通信工程专业的教学

7.4.3 知识、能力与课程对应关系

1. 基础知识

从事通信工程工作需要具有工程科学技术知识以及一定的人文和社会科学知识，包括数学和相关自然科学基础知识，电子信息与通信领域的工程理论和技术基础知识；较丰富的工程经济、管理、社会学、情报交流、法律、环境等人文与社会学的知识。需要熟练掌握一门外语，可运用其进行技术相关的沟通和交流。这些都通过相应的课程或教学环节来实现。数学和相关自然科学基础知识对应的课程如表7-6所示。电子信息与通信领域的工程理论和技术基础知识及对应的课程如表7-7所示。人文和社会科学知识及对应的课程如表7-8所示。需要指出的是，目前各院校对这些课程或教学环节不是采用完全相同的名称，但基本上都是相似的名称。

表7-6 数学和相关自然科学基础知识对应的课程

知识、能力	实现（课程名称）
极限、微积分、常微分方程和级数	高等数学
矩阵、线性方程组、线性空间、特征值、二次型等	线性代数
复变函数积分、解析函数、级数、留数理论、傅里叶变换和拉普拉斯变换、集合与关系、函数、无限集合和图论知识、平稳随机过程、高斯过程、马尔可夫过程、泊松过程	通信工程应用数学/复变函数与积分变换/离散数学
随机事件及概率，数字特征、中心极限定理、参数估计、假设检验	概率论与数理统计
力学、电磁学、光学、热学、近现代物理知识	大学物理，大学物理实验

表7-7 电子信息与通信领域的工程理论和技术基础知识对应的课程

知识、能力	实现（课程名称）
电路分析基础、半导体器件、放大电路、集成运算放大器、直流电源、谐振电路、高频放大、通信调制电路、频率合成、负反馈与自动控制理论等模拟电子线路设计知识	模拟电子技术
数字组合电路和时序电路设计与综合、PLD和FPGA技术知识	数字电子技术
微处理器组成结构、指令系统、汇编语言、接口技术等	微机原理与接口/微处理器与系统设计
信号分析、线性系统分析、离散时间信号与系统、离散傅里叶变换和快速傅里叶变换、数字滤波器设计	信号与系统
静态和时变电磁场、电磁场分析方法	电磁场与电磁波
程序设计方法	计算机程序设计基础
数据结构和算法	数据结构与算法
计算机网络的分层体系结构、协议和应用技术、因特网通信、掌握网络协议体系与分层结构以及组网的基本技术	通信与网络

知识、能力	实现（课程名称）
软件过程、软件需求和定义、软件设计、软件测试和验证、软件进化、软件工具和环境	软件工程
绘制和阅读工程图样	工程图学与计算机制图

表7-8　人文和社会科学知识及对应的课程

知识、能力	实现（课程名称）
人文和社会科学知识	思想政治课程 人文素质限选课程
运用外语进行沟通与交流	大学英语读写 大学英语听力 大学英语口语 双语课程 跨国企业联合培养

2. 工程基础方面

从事通信工程工作需要具有扎实的工程实践基础，掌握本专业的基本理论知识，拥有解决工程技术问题的技能，了解本专业的发展现状和趋势，包括工程实践基础及对应的课程、专业理论与实践能力及对应的课程，分别如表7-9、表7-10所示。

表7-9　工程实践基础及对应的课程

知识、能力	实现（课程名称）
电路分析，模拟电路和通信电路设计能力	模拟电子技术课程设计
数字逻辑和数字系统设计能力	数字电子技术课程设计
微处理器系统及其接口以及汇编语言的设计应用能力	微机原理与接口技术课程设计
信号与系统特性、信号处理能力	数字信号处理课程设计

表7-10　专业理论与实践能力及对应的课程

知识、能力	实现（课程名称）
数字基带传输、数字调制、数字信号最佳接收、差错控制编码、同步理论	通信原理
通信系统的组成和工作原理，如无线通信系统、光通信系统等	光纤通信技 移动通信 微波技术与天线
了解各种通信网络的共性原理，如媒体接入、交换、路由原理与技术	现代交换技术
至少熟悉一种通信网络的相关技术，如数据网络，移动通信网络、光网络等	移动通信、光纤通信

知识、能力	实现（课程名称）
了解通信系统主要组成部分的实现方法。	现代通信网络
嵌入式系统的设计技术，嵌入式系统的软硬件设计	嵌入式通信系统
熟悉数字图像处理的基本原理与方法	数字图像处理
熟悉信号检测与估计的理论与方法	信号检测与估计
了解雷达系统的工作原理与方法	微波与雷达技术
了解电子系统的综合设计及实现方法	数字电子技术课程设计
计算机体系结构及工作原理	计算机组织与体系结构/微机原理与接口技术
数据库系统原理及应用	数据库原理与技术/数据库系统及应用
计算机操作系统的相关知识、嵌入式操作系统的相关技术	嵌入式通信系统/操作系统
网络程序设计的方法及技术	通信与网络
网络及计算机系统安全	通信网络安全
技术发展趋势	专业教育、技术讲座

3. 专业能力方面

从事通信工程工作需要具备应用适当的理论和实践方法解决工程实际问题的能力，并经历过生产运作系统的设计、运行和维护或解决实际工程问题的系统化训练。对应的课程如表 7 – 11 所示。

表 7 – 11　解决工程实际问题的能力及对应的课程

知识、能力	实现（课程名称）
了解市场、用户的需求变化以及技术发展	认识实习 生产实习
编制支持产品形成过程的策划和改进方案	生产实习/毕业设计
参与工程解决方案的设计、开发	生产实习/毕业设计
参与制订实施计划	生产实习/毕业设计
实施解决方案，完成工程任务，并参与相关评价	生产实习/毕业设计
参与改进建议的提出，并主动从结果反馈中学习	生产实习/毕业设计
具有较强的创新意识和进行产品开发和设计、技术改造与创新的初步能力	生产实习/毕业设计/工程设计/科技制作和学科竞赛

4. 有效的沟通与交流能力

从事通信工程工作需要具备有效的沟通与交流能力，对应的课程如表 7 – 12 所示。

通信工程专业导论

表 7 – 12　有效的沟通与交流能力及对应的课程

知识、能力	实现（课程名称）
能够使用技术语言，在跨文化环境下进行沟通与表达	双语课程中使用英语教学、撰写技术说明，安排小组讨论与报告；跨国企业联合培养
能够进行工程文件的编纂，如：可行性分析报告、项目任务书、投标书等，并可进行说明、阐释	生产实习/毕业设计
具备较强的人际交往能力，能够控制自我并了解、理解他人需求和意愿	生产实习/毕业设计 课外社会实践活动 生产实习/毕业设计
具备较强的适应能力，自信、灵活地处理新的和不断变化的人际环境和工作环境	生产实习/毕业设计
能够跟踪本领域最新技术发展趋势，具备收集、分析、判断、归纳和选择国内外相关技术信息的能力	专业教育 专业课程撰写课程报告 撰写课程设计报告 毕业设计
具备团队合作精神，并具备一定的协调、管理、竞争与合作的初步能力	生产实习

5. 良好的职业道德，体现对职业、社会、环境的责任感

从事通信工程工作需要具备良好的职业道德，体现对职业、社会、环境的责任感，对应的课程如表 7 – 13 所示。

表 7 – 13　职业道德，体现对职业、社会、环境的责任感及对应的课程

知识、能力	实现（课程名称）
掌握一定的职业健康安全、环境的法律法规、标准知识，以及应遵守的职业道德规范。遵守所属职业体系的职业行为准则	思想道德修养和法律基础 通信工程管理 专业教育
具有良好的质量、安全、服务和环保意识，并承担有关健康、安全、福利等事务的责任	思想道德修养和法律基础
为保持和增强其职业能力，检查自身的发展需求，制订并实施继续职业发展计划	毕业教育

7.5 主要专业课程的内容简介

通信工程专业的主干课程有信号与系统、数字信号处理、通信原理、通信与网络、电路理论、模拟电子技术、数字电子技术、通信电子电路、微机原理与接口、电磁场与电磁波、现代交换技术等。以下介绍通信工程专业的部分专业课程的内容。为了方便在目录中查找，给一门课程安排了一个小节。

7.5.1 计算机程序设计基础（Ⅰ）

英文名称：The Fundamental of Computer Programming（Ⅰ）。学时与学分：48/3（其中实验学时：16，课内上机学时：16）。参考教材：《C 程序设计（第四版）》，谭浩强主编，清华大学出版社，2010 年 6 月。

软件编程技术是实现通信设备功能的基本技术之一。本课程是理工类专业的核心课程，它既可以为其他专业课程奠定程序设计的基础，又可以作为其他专业课程程序设计的工具。本课程的主要任务是通过介绍 C 和 C++ 语言的数据类型、运算、语句结构及其程序设计的基本方法，以及面向对象的基本原理，让学生掌握计算机程序设计、调试和测试的一般方法，具有编写计算机程序解决实际问题的能力。

7.5.2 计算机程序设计基础（Ⅱ）

英文名称：The Fundamental of Computer Programming（Ⅱ）（Java、Python）。学时与学分：48/3（含实践学时：16）。先修课程要求：高等数学、计算机程序设计基础（Ⅰ）。参考教材：《Java 程序设计基础》（第 5 版）》，陈国君主编，清华大学出版社，2015 年 5 月。

软件编程技术是实现通信设备功能的基本技术之一。本课程是理工类专业的核心课程。Java 语言是面向对象技术成功应用的著名范例，集平台无关特性、分布式、健壮性、安全性、高可靠性和内嵌的网络支持于一身的特色使之成为当前编写网络程序的首选工具之一。Python 是一个高层次的结合了解释性、编译性、互动性和面向对象的脚本语言。本课程主要介绍 Java 和 Python 编程的基础知识，以及用 Java 和 Python 进行系统开发的专门知识。学生通过对本课程内容的学习和上机实验可以较好地掌握面向对象程序设计技术和培养良好的程序设计风格，为进一步学习其他专业课程和从事软件开发工作打下坚实的基础。

7.5.3 微机原理与接口技术

英文名称：Principles and Interface Technique of Microcomputer。学时与学分：64/4（其中实验学时：12）。先修课程：数字逻辑电路。教材及参考书：《微机原理与接口技术》，梁建武等编著，中国铁道出版社，2016 年 6 月。

本课程介绍了微型计算机作为信息系统的核心与外界联系的原理及方法，是一门以硬件描述为主线，较详细地阐述计算机硬件与软件结合，从而构建系统的课程。内容涉及微机的基本组成、CPU 结构、工作原理、8088/8086 指令系统、汇编语言程序设计、存储器结构工作原理和存储器与 CPU 的连接方法和 CPU 与外围连接的接口芯片（包括计数器和定时器、并行接口、串行通信、数模转换与模数转换、人机接口等)的工作原理、连接方法、初始化编程、应用程序的设计和编程。

7.5.4 通信工程专业导论

英文名称：Introduction to. Communication Engineering。学时与学分：16/1(其中实验学时：0)。参考教材：《通信工程导论》，王国才、施荣华编，中国铁道出版社，2016 年。

课程讲授通信技术的发展历程、现状与未来趋势，以及通信工程专业的人才培养计划、目标与特色。通信工程专业导论使学生能在短时间内对通信工程专业形成整体概念，形成完整的通信工程专业知识的轮廓，达到从宏观上对通信的全面认识。也可能加强对通信工程专业的浓厚兴趣。

7.5.5 电路理论

英文名称：Circuit Theory。学时与学分：64 学时；4 学分。先修课程：微积分、大学物理。参考教材：《电路理论基础(电类)》，赖旭芝主编，中南大学出版社，2007 年。

电路是通信设备的基本表现形态。"电路理论"是电气信息类各专业的一门重要技术基础课。主要内容包括：电路元件、参考方向及基尔霍夫定律；电阻电路的等效变换法、一般分析法及电路定理；正弦稳态电路的相量法、稳态分析、功率计算及串并联谐振；耦合电感电路；对称三相电路的分析计算及不对称三相电路的概念；动态电路时域和复频域分析法、非正弦周期电流电路的分析计算；二端口网络及非线性电路的分析。通过本课程的学习，使学生掌握电路的基本理论和分析电路的基本方法，为后续课程奠定扎实的基础。

7.5.6 模拟电子技术

英文名称：Analogue Electronic Technique。学时与学分：56 学时；3.5 学分。先修课程：大学物理、电路理论。参考教材：《模拟电子技术实用教程》，罗桂娥主编，华中科技大学出版社，2008 年。

模拟电子技术是实现通信设备功能的基本技术之一。"模拟电子技术"是电气电子信息类各专业的一门专业技术基础课。课程的主要内容有：半导体器件、基本放大电路、频率响应、功率放大电路、集成电路基础、放大电路中的负反馈、信号的运算及处理电路、波形发生与信号转换、直流电源等。通过该课程的学习使学生获得模拟电子技术方面的基本理论、基本知识和基本技能，培养学生的分析问题、解决问题的能力和创新思维能力。为后续课程的学习，以及从事与本专业有关的电子技术工作和科学研究工作打下一定的基础。

7.5.7 数字电子技术

英文名称：Digital　Electronic Technique。学时与学分：56 学时；3.5 学分。先修课程：大学物理、电路理论、模拟电子技术。参考教材：《数字电子技术实用教程》，覃爱娜主编，华中科技大学出版社，2008 年。

数字电子技术是实现通信设备功能的基本技术之一。"数字电子技术"是电气电子信息类各专业的一门重要的专业技术基础课。课程的主要内容有：逻辑代数基础、门电路、组合逻辑电路、触发器、时序逻辑电路、半导体存储器、数字系统的分析和设计、可编程逻辑器件、脉冲波形的产生与整形、数－模与模－数转换等。通过该课程的学习使学生获得数字电子技术方面的基本理论、基本知识和基本技能，培养学生分析问题、解决问题的能力和创新思维能力，为后续课程的学习，以及从事与本专业有关的电子技术工作和科学研究工作打一定的基础。

7.5.8 信号与系统

英文名称：Signals and Systems。学时与学分：64/4（其中实验学时：8）。先修课程要求：高等数学、线性代数、复变函数积分变换、电路理论。参考教材：《信号与线性系统分析（第4版）》，吴大正主编，高等教育出版社，2005年8月。

信息的传输，实质上是信号在传输媒体上的传输。本课程的任务是研究信号与系统理论的基本概念、理论和分析方法。初步认识如何建立系统的数学模型，采用适当的数学手段求解，并对结果从物理的角度进行解释。主要内容有：连续时间信号与系统的时域、频域、复频域、状态空间的分析；离散连续时间信号与系统的时域、复频域的分析；对通信等领域的一些实际应用进行简要分析。

7.5.9 通信原理

英文名称：Principle of Communication。学时与学分：56/3.5（其中实验学时：8）。先修课程要求：信号与系统、线性代数、概率论与数理统计，模拟电子技术、数字电子技术。参考教材：《通信原理（第七版）》，樊昌信、曹丽娜，国防工业出版社，2012年11月。

通信原理是通信工程专业的专业基础课。本课程以现代通信系统为背景，系统、深入地介绍现代通信技术的基本原理，包括模拟通信和数字通信，并以数字通信技术为主。主要内容包括：通信系统基本概念，随机信号分析，模拟调制系统，数字基带与频带传输系统，模拟信号的数字传输、复用和数字复接技术，数字信号的最佳接收，同步技术等。

7.5.10 通信与网络

英文名称：Communication and Networks。学时与学分：48/3（其中实验学时：4）。先修课程要求：通信原理、微机原理与接口技术、程序设计语言基础。参考教材：《计算机通信网络技术及应用》，施荣华，中国水利水电出版社，2012年。

本课程是通信工程专业的一门核心课程。采用由简单到复杂的方法使学生掌握通信网络的基本原理、基本技术及有关的基础理论、应用技术和创新思路。主要内容包括：通信系统的组成与实现、网络系统的组成、体系结构，数据链路层典型协议，令牌环网、以太网、高速总线网、无线局域网、DDN、帧中继、ATM网络，网络互连、路由选择、路由器、路由协议、IP、移动IP和IP组播，TCP、UDP、WWW、SIP、服务质量等。

7.5.11 通信工程应用数学

英文名称：Communication Project Application Mathematics。学时与学分：48/3（其中实验学时：0）。先修课程要求：高等数学、计算机与程序设计语言基础。参考教材：《通信工程应用数学》，王国才、董健等，中国铁道出版社，2016年。

本课程主要讲解通信工程中应用的相关的数学基础知识，涉及数论、集合论、复变函数、积分变换、图论、排队论、向量分析等方面的数学知识。本课程是通信工程专业本科生必修的专业基础课。本课程以信息传输和信号处理的应用为目的，介绍相关的数学方法，培养学生抽象概括问题的能力、逻辑推理能力和空间想象能力，为后续专业课程的学习，以及将要从事的研究打下坚实的理论基础。

7.5.12 信息论与编码

英文名称：Information Theory&Coding。学时与学分：48/3（其中课内上机学时：0）。先修课程：概率与数理统计统计、高等数学、线性代数。参考教材：《信息论与编码（英文）》，梁建武、郭迎等编著，中国铁道出版社，2015年。

信息论与编码是一门利用概率论、数理统计和随机过程等数学方法来研究信息在存储、度量、编码、传输、处理中一般规律的重要专业基础课程。该课程要求学生掌握信息熵、信道容量、信源编码、信道编码等相关知识，同时要求学生掌握信息论在现代通信技术中的基本应用以及信源编码和信道编码的基本技巧，为进一步学习和研究信息的传输，存储和处理相关的后续课打下坚实的基础。

7.5.13 数字信号处理

英文名称：Signal Processing。学分：3，总学时：48，实验学时：8。先修课程：线性代数、概率论与数理统计、信号与系统。参考教材：《数字信号处理》，丁玉美、高西全，西安电子科技大学出版社，2008年。

数字信号处理是电子信息类专业重要的专业基础课程，它系统地讨论了数字信号分析与处理的基本理论、基本方法和相关技术，介绍了现代信号处理的新技术和新方法。通过本课程的学习，使学生掌握数字信号处理的基本原理、基本计算方法；培养学生分析、解决问题的能力和实验技能，为学习后续课程，从事工程技术工作、科学研究，以及开拓新技术领域，打下坚实的基础。

7.5.14 嵌入式通信系统

英文名称：Embedded Communication System。学时与学分：32/2（含4学时实验）。先修课程要求：单片机和嵌入式系统、操作系统、通信原理。参考教材：《嵌入式通信系统》，张晓勇等主编，中国铁道出版社，2015年。

嵌入式通信系统是嵌入式系统的一种，是带有通信功能的嵌入式系统。随着Internet技术的发展，在许多领域都引起了飞跃性的变化。嵌入式系统应用领域中一个新的趋势就是开始在嵌入式设备上集成网络通信功能，比如网络监控、网络数据采集系统等，以便于通过网络与远程设备进行信息的交互和增强系统的互连性，仅仅需要一根网线就可以轻轻松松完成系统的互连。

7.5.15 通信网络安全

英文名称：Communication Network Security。学时与学分：32/2（其中课内上机学时：6）。先修课程：概率论与数理统计统计、高等数学、通信工程应用数学。参考教材：《计算机网络安全教程》，石志国编著，清华大学出版社，2004 年。

本课程从基本概念、基本方法和实际应用三方面系统、全面地介绍信息理论。具体涉及计算机网络安全理论和技术，从网络安全体系上分成四部分。第一部分：计算机网络安全基础，介绍网络安全的基本概念、实验环境配置、网络协议基础及网络安全编程基础。第二部分：网络安全攻击技术，详细介绍攻击技术"五部曲"及恶意代码的发展和原理。第三部分：网络安全防御技术，介绍安全操作系统相关原理、加密与解密技术的应用、防火墙、入侵检测技术及 IP 和 Web 安全相关理论。第四部分：网络安全综合解决方案，从工程的角度介绍网络安全基本理论技术应用。

7.5.16 数据结构与算法

英文名称：Data Structures and Algorithm。学时与学分：48/3（其中课内上机学时：8）。先修课程：计算机与程序设计语言基础。参考教材：《数据结构（C 语言版）第二版》，严蔚敏等，清华大学出版社，2007 年。

本课程介绍如何组织各种数据在计算机中的存储、传递和转换。内容包括：数组、链接表、栈和队列、递归、树与森林、图、堆与优先级队列、集合与搜索结构、排序、索引与散列结构等。课程强化数据结构基本知识和程序设计基本能力的双基训练，为后续信息类相关专业课程的学习打下坚实的基础。

7.5.17 微波与雷达技术

英文名称：Microwave and Radar。学时与学分：32/2。先修课程要求：电磁场与电磁波、通信电子电路。参考教材：《雷达微波新技术》，胡明春，电子工业出版社，2013 年。

本课程是通信工程专业的一门专业选修课。课程以场、路结合的方法系统地论述微波技术和雷达基础知识，介绍了微波新技术在雷达天线及阵列、高功率固态发射机、新型收发组件、高集成信号传输网络和雷达射频隐身等方面的应用，使学生了解典型的微波系统构成，掌握基于传输线理论的微波系统的设计和分析方法，掌握常用的微波网络分析方法，掌握微波雷达的基本构成和雷达方程的物理意义，了解基于矢量网络分析仪的微波雷达的工作原理，为从事无线通信、射频系统设计、无损探测等领域奠定基础。

7.5.18 通信电子电路

英文名称：Communications Electronic Circuits。学时与学分：48/3（其中实验学时：8）。先修课程：电路理论、模拟电子技术、数字电子技术。参考教材：《通信电子线路》，严国萍、龙占超，科学出版社，2006 年。

"通信电子电路"是通信工程专业重要的技术基础课。它的任务是研究通信电子电路单元电路的工作原理与分析方法。使学生掌握选频、调制、解调、变频、混频等单元电路的工作原理及分析方法，对信号的产生、变换、处理等方面有较深刻的认识，为后续课程和从事专业技术工作打下良好的基础。

7.5.19 现代通信网络技术

英文名称：Modern Communication Network Technology。学时与学分：48/3（其中实验学

时：6）。先修课程：数字电子技术、光纤通信、通信与网络、移动通信、现代交换原理与技术。参考教材：《现代通信网（第 3 版）》. 毛京丽、董跃武，北京邮电大学出版社，2013 年。

本课程为通信工程专业的必修课，介绍各种现代通信网技术，主要包括目前广泛应用的 SDH 传送网、B－ISDN、现代移动通信网、宽带接入网、宽带城域网、高速以太网、智能网等网络及技术；研究通信网络设计及通信网的规划设计；分析软交换和下一代网络及三网融合问题。学完本课程将对整个通信网络的体系结构、关键技术，以及典型设备有比较系统而深入的认识，为适应下一代通信网络及三网融合的快速发展打好理论基础。

7.5.20 数据库原理与技术

英文名称：Principle and Technology of Database。学时与学分：48/3（其中课内上机学时：8）。先修课程：计算机程序设计基础。参考教材：《数据库系统概论（第五版）》，王珊、萨师煊，高等教育出版社，2014 年。

"数据库原理与技术"是研究如何科学地组织和存储数据，如何高效地检索和管理数据的一门课程。数据库技术是计算机科学技术中发展最快的领域之一，也是应用最广泛的技术之一，它已成为计算机信息系统与应用系统的核心技术和重要基础，因此这门课程的特点是理论性和实践性都很强，不仅讲解数据库的基本概念、基本理论和基本技术，还讲解数据库的设计与应用开发。

7.5.21 单片机与嵌入式系统

英文名称：SCM and Embedded System。学时与学分：48/3（实验学时：8）。先修课程：微机原理与接口技术。参考教材：《单片机原理与嵌入式应用小设计》，刘连浩、冯介一，武汉大学出版社，2007 年 10 月。

本课程主要介绍单片机原理、指令系统、汇编程序设计与 C 语言程序设计、中断、定时器、显示接口、键盘接口、异步串行通信、串行外设总线 SPI、集成电路互联总线 I^2C（Inter IC Bus）、一线总线技术、嵌入式系统硬件软件构成，以及嵌入式系统的主流操作系统和软件开发技术等。

7.5.22 移动通信

英文名称：Mobile Communication。学时与学分：32/2（实验学时：6）。先修课程：模拟电子技术、数字电子技术、通信原理、扩频通信。参考教材：《移动通信（第四版）》，李建东，西安电子科技大学出版社，2006 年。

本课程系通信工程专业选修课程，主要阐述了现代移动通信的基本原理、基本技术和当前广泛应用的典型移动通信系统，以及当代数字移动通信发展的新技术，使学生了解现代移动通信方面的基本概念、基本组成、基本原理、基本技术和典型系统，为将来从事移动通信方面的工作打下基础。

7.5.23 卫星通信

英文名称：Satellite Communication。学时与学分：32/2。先修课程：模拟电子技术、通信原理、通信电子线路。参考教材：《卫星通信导论（第 3 版）》，朱立东、吴廷勇、卓永宁，电子工业出版社，2009 年。

卫星通信是在地面微波通信和空间技术的基础上，综合运用各通信领域的理论和技术发展起来的通信方式，它所形成的理论和技术又被其他通信领域所利用。本课程是通信专业的专业选修课程。在信息技术迅速发展的今天，卫星通信是培养通信工程师的一门不可或缺的课程。课程以卫星通信的理论基础和实际知识为主要内容，介绍了卫星通信的概念，通信卫星及地球站的组成结构；卫星通信的多址技术、组网技术；VSAT 卫星通信网的组成及工作原理；移动卫星通信系统的组成与原理；典型卫星通信系统的组成；卫星业务与 Internet。通过本课程的教学，使学生能够熟悉卫星通信系统的原理、关键技术、实施方案等各方面的内容，对提高专业水平和实际技能，培养严格的科学态度和工作方法有着十分重要的作用。

7.5.24　自动控制原理

英文名称：Automatic Control Theory。学时与学分：32/2。先修课程要求：高等数学、电路理论、模拟电子技术、数字电子技术、信号与系统、Matlab 高级编程与工程应用等。参考教材：《自动控制原理（第五版）》，胡寿松，科学出版社，2007 年。

"自动控制原理"是自动控制类专业的重要专业基础课，也是电子信息工程和通信工程专业的一门专业基础课程。本课程旨在将工程数学、电路理论、模拟和数字电子技术和信号系统等基础知识与控制理论有机结合起来，培养学生初步掌握自动控制系统的基本概念、基本结构、数学模型和基本分析方法，为后续的各种相关课程和工程实践中的设计打下基础。主要内容包括：自动控制的一般概念；自动控制系统的数学模型；线性系统经典的时域分析法、根轨迹分析法和频域分析法；线性系统常用校正方法。通过本课程的学习使学生掌握自动控制系统的基本概念和自动控制系统分析、设计（校正）的基本方法，初步掌握分析调试、设计系统技能，学会运用 MATLAB 进行控制系统辅助分析设计的方法，为专业课的学习和进一步深造打下必要的理论基础，掌握必要的基本技能。

7.5.25　天线原理

英文名称：Antenna Fundamentals。学时与学分：32/2（其中实验学时：6）。先修课程：电磁场与电磁波、数字信号处理。参考教材：《天线与电波传播》，宋铮、张建华、黄冶，西安电子科技大学出版社，2007 年。

本课程是通信工程专业的一门专业选修课。课程围绕天线和电波传播两部分展开，使学生了解天线在无线通信工程中的地位与作用，了解无线电波的基本传播规律，掌握天线分析和设计的基本原理，包括天线辐射特性的描述方法和各描述参数的物理意义、线天线和面天线的基本分析方法、典型形式的线天线和面天线的辐射特性等内容，掌握常用的电波传播分析方法。通过本课程学习，使学生能够深入理解无线电波的空间传播规律和天线的辐射接收原理，掌握常用形式天线的分析方法和辐射接收特性，为其在无线通信、天馈系统设计等领域的发展奠定坚实的基础。

7.5.26　操作系统

英文名称：Operating System。学时与学分：32/2（其中课内上机学时 8）。先修课程：

计算机程序设计基础、微机原理与接口技术。参考教材：Operating System Concepts（第 8 版），Abraham Silberschats 等，Wiley，2011 年 7 月。

本课程主要讨论操作系统的基本原理，包括操作系统用户界面、进程/线程管理、处理机调度管理、存储管理、文件系统与设备管理等，同时还介绍了一些主流操作系统的重要内核知识。通过课程的学习，加强学生对操作系统架构及操作系统设计的理解，是计算机科学与技术专业、信息安全专业及相关专业的重要专业基础课程。

7.5.27　数字图像处理

英文名称：Digital Image Processing。学时与学分：32/2（其中实验学时：8）。先修课程：线性代数、概率论与数理统计、数字信号处理。参考教材：《数字图像处理（第二版）》，贾永红，武汉大学出版社，2014 年。

数字图像处理是电子信息工程专业和通信工程专业的一门专业选修课，课程的主要内容包括：数字图像处理基础、图像变换、图像增强、图像复原、图像压缩、图像分割和图像描述等。通过本课程的学习，使学生在掌握数字信号处理基本知识的基础上，理解数字图像的基本概念和图像数字化原理，掌握数字图像处理的基础理论和技术方法，着重掌握图像增强、图像复原、图像压缩和图像分割的基本理论和实现方法，为将来从事相关领域工作和科学研究打下坚实的基础。

7.5.28　Matlab 高级编程与工程应用

英文名称：Matlab Advanced Programming and Project Application。学时与学分：32/2（其中课内上机学时：16）。先修课程：高等数学、线性代数。参考教材：《MATLAB 程序设计与应用》，刘卫国，高等教育出版社，2002 年。

本课程介绍用于算法开发、数据可视化、数据分析及数值计算的高级技术计算语言和交互式环境，主要应用于工程计算、控制设计、信号处理与通信、图像处理、信号检测、金融建模设计与分析等各个领域。通过本课程的学习，旨在提高学生解决实际问题的能力、软件应用能力，培养学生严谨、规范、理论联系实际的科学态度，为他们今后从事专业学习、科研活动和继续深造打下扎实的基础。

7.5.29　多媒体通信

英文名称：Multimedia Communication。学时与学分：32/2（其中实验 6 学时）。先修课程：计算机程序设计基础、通信原理、现代信号处理。参考教材：《多媒体通信技术基础（第 3 版）》，蔡安妮，电子工业出版社，2012 年。

本课程是为通信工程专业本科生开设的专业选修课程。多媒体通信技术是多媒体计算机技术与网络通信技术有机结合的产物，它是一项跨越多领域、多学科的综合技术。通过这门课程的学习，学生应比较系统地了解多媒体通信技术的相关知识，包括了解多媒体通信的系统组成、特点、应用领域与发展趋势；了解多媒体通信的数据压缩技术、网络技术、终端技术、同步技术、流媒体技术，以及基于内容检索技术的基本原理；理解多媒体信息传输过程中存在的问题及其解决办法或技术手段；了解典型的多媒体通信应用系统的结构、技术方案与工作原理；了解多媒体通信系统设计应遵循的各种标准。理解多媒体通信业务所包含的技术原理，巩固原有专业基础，且扩大知识面，从而在实际工作中增强对新技术的适应能力。

7.5.30　数据与计算机通信

英文名称：Data and Computer Communications。学时与学分：32/2。先修课程：高等数学、模拟电子技术、数字电子技术、信号与系统、通信原理。参考教材：Behrouz A. Forouzan，Data Communications and Networking，5th，McGraw – Hill，2012 年。

本课程是通信工程专业的一门专业选修课。课堂采用双语教学，使用经典的原版教材。本课程的主要任务是从数据通信、计算机网络通信的视角来理解、分析、设计分布式的通信系统，使学生了解和掌握数据通信、计算机通信区别传统电信等语音业务承载网络的原理、技术等。系统掌握数据通信所采用的技术，同时提高英语的阅读和理解能力，为与国际接轨创造条件。

7.5.31　通信信号处理

英文名称：Communication Signal Processing。学时与学分：32/2（其中实验学时：6）。先修课程：信号与系统、数字信号处理、通信原理。参考教材：《通信信号处理》，[美]傅布兹、刘祖军、田斌、易克初译，电子工业出版社，2010 年。

通信信号处理是通信工程专业的一门专业选修课。课程的主要内容包括：通信信号的表示及特征、无线信道分析与建模、调制技术、分集接收、信道均衡、自适应滤波、阵列信号处理等。通过本课程的学习，可以使学生掌握通信信号与信道、通信信号处理算法的分析与设计方法，为后续课程的学习，以及从事相关工程技术工作、科学研究打下坚实的基础。

7.5.32　射频通信系统

英文名称：RF communication system。学时与学分：32/2。先修课程：电磁场与电磁波、通信原理、通信电子电路、嵌入式通信系统。参考教材：《射频通信系统》，雷文太，中国铁道出版社，2016 年。

本课程是通信工程专业和电子信息工程专业的一门专业选修课。课程以当前通信领域的热点和前沿技术为主要内容，介绍了软件无线电技术、超宽带通信系统、人体区域无线通信系统、机器间通信系统和量子通信系统等知识，使学生掌握基于软件无线电技术的通信系统组成，掌握超宽带通信关键技术，熟悉人体区域无线通信系统构成和协议，掌握机器间通信系统构架和协议，了解量子通信系统等知识。

7.5.33　通信工程管理

英文名称：Communication Project Management。学时与学分：32/2。先修课程：通信原理、多媒体通信、移动通信、光纤通信。参考教材：《通信工程管理（第 2 版）》，于润伟编著，机械工业出版社，2012 年 6 月。

本课程是通信工程专业的专业选修课。系统地介绍了通信建设工程的项目分类、建设程序、定额、工程识图、工程量计算、费用标准、概预算文件的编制、施工规范，以及工程监理等内容及其工程实例。通过工程实例，使得学生掌握通信工程管理的内容与方法。

7.5.34 网络测量

英文名称：Measurement of Networks。学时与学分：32/2（含实验学时6）。先修课程：计算机通信网络/计算机网络。参考教材：《互联网络测量理论与应用》，杨家海等，人民邮电出版社，2009年。

本课程是通信工程专业的一门专业选修课程。通过学习本课程，提高学生的互联网基础理论知识，掌握网络测量的常用方法和有关理论，包括网络测量的基本概念和基础知识、网络测量的体系结构、网络性能测量技术、流量测量与建模方法、网络拓扑与路由测量原理与技术、面向网络应用的测量，以及网络测量技术的具体应用等网络测量与分析技术等，为以后从事数据通信相关的工作打下坚实的基础。

7.5.35 物联网技术与应用

英文名称：Technology and Application of Internet of Things。学时与学分：32/4。先修课程：通信原理、多媒体通信、移动通信、光纤通信、通信与网络。参考教材：《物联网技术与应用》，张春红、裘晓峰等，北京邮电大学出版社，2011年。

通信、电子、网络及计算机技术的迅速发展，提高了信息的采集、传输、处理的技术和速度，使得物物相连成为了可能，并且已经在社会经济中显示出重要的作用，具有广阔的应用前景，物联网技术成为工业界、学术界重要研究、开发的热点。本课程比较系统地介绍物联网的基本概念、物联网的架构，以及与之相关的技术，如 Web、传感器、云计算等关键技术。围绕物联网的集成性创新的特征，阐述各种现有的关键技术在实际工程应用中的地位和作用。本课程的具体内容包括物联网的定义、物联网体系架构，如感知层、网络层、应用层等，包括物联网的关键知识点，如传感器、RFID、宽带移动通信技术、短距离无线通信技术、传感器网络技术等。课程最后就物联网的实际应用案例进行了详细分析。课程的目标是让学生对物联网树立基本概念，了解相关的关键技术以及在工程实际中的应用，掌握物联网应用的开发方法、过程。

7.5.36 列车通信网

英文名称：Train Communication Networks. 学时与学分：32/2（讲授学时28，实践学时4）。先修课程：计算机程序设计基础、数字电子技术、通信与网络。参考教材：《高速列车网络与控制技术（第二版）》，倪文波、王雪梅，西南交通大学出版社，2010年。

本课程以计算机通信网络、现场总线技术为基础，介绍当前国内外流行的列车通信网络（包括 CANOPEN、LONWORKS、TCN、WORLDFIP、ARCNET）应用现状；分析国内 CRH 型高速列车和 HXD 型重载货车的列车通信网络应用特点、数据传输以及结点开发需求；以 LONWORKS 网络为例分析自组网式列车通信网的拓扑结构特点、硬件开发、软件编程、实际应用；以 TCN 网络为例分析应答式列车通信网的通信结点开发流程和软硬件设计方法。通过本课程学习，具备初步运用专业知识进行设计列车通信网络和开发网络通信结点的能力。

7.5.37　量子通信

英文名称：Quantum Computation and Quantum Information。学时与学分：32/2。先修课程：概率与数理统计、高等数学、线性代数、通信原理。参考教材：《量子计算和量子信息》，M. A. Nielsen and I. L. Chuang 著，清华大学出版社，2004 年。

量子通信是一门高级课程，是数学、信息科学、物理与计算机科学的交叉学科，量子信息主要包括量子密码学、量子通信、量子计算、量子计算机等几个领域，是为通信工程学科硕士研究生所开设的学位专业课，亦可作为与物理学等交叉的其他学科方向学生的选修课。本课程教学内容主要包括量子信息基本概念、量子力学和计算科学、量子线路、量子傅里叶变换和 Shor 因式分解、量子搜寻算法、量子操作、量子纠错、量子信息理论和量子计算的物理实现。通过该课程的学习，要求掌握量子信息与量子计算中的基本理论及学科发展方向。

7.5.38　近距离通信

英文名称：Short Range Communication。学时与学分：32/2（其中实验学时：6）。先修课程：通信原理、通信与网络。参考教材：《物联网与短距离无线通信技术》，董健著，电子工业出版社，2012 年。

近距离通信是通信工程、电子信息工程专业的一门专业选修课。课程的主要内容包括：蓝牙、红外、无线局域网（WLAN）、紫蜂（Zigbee）、超宽带（UWB）、近场通信（NFC）、60GHz 通信、可见光通信（VLC）等。通过本课程的学习，可以使学生掌握各种近距离通信技术的基本原理，了解其在物联网、移动互联网中的应用前景及发展趋势，为后续课程的学习，以及从事相关工程技术工作、科学研究，打下坚实的基础。

7.5.39　光纤通信

英文名称：Optical Fiber communication。学时与学分：32/8（其中实验学时：8）。先修课程：大学物理、电路理论、模拟电子技术、数字电子技术。参考教材：《光纤通信（第二版）》，刘增基等，西安电子科技大学出版社，2008 年 12 月。

本课程较为全面地介绍了光纤通信系统的基本组成；光纤的结构和类型、传输原理和特性；光源、光检测器和光无源器件；光端机的组成；数字光纤通信系统（PDH 和 SDH）；光纤通信的一些新技术，如光纤放大器、光波复用技术（包括副载波复用）、光交换技术；光纤通信网络（包括自愈环等）。

7.5.40　现代交换原理与技术

英文名称：Modern Switching Principles and Technology。学时与学分：32/2（其中实验学时：8）。先修课程：数字电子技术、微机原理与接口技术、通信与网络。参考教材：《现代交换原理》，陈建亚，北京邮电大学出版社，2006 年。

本课程为通信工程和电子信息工程专业的选修课，介绍各类交换技术的基本概念和工作原理，主要包括：程控电路交换技术、ATM 交换技术、宽带 IP 交换技术、光交换技术、软交换技术，以及相关的信令或通信协议。学完本课程将对现代交换技术有比较系统而深入的认识，对整个通信网有一个完整的概念，为适应通信网络的飞速发展打好理论基础。

7.5.41 无线传感器网络技术

英文名称：Wireless Sensor Network Technology。学时/学分：32/2(其中实验学时：6)。先修课程：计算机程序设计基础、通信原理、计算机网络。参考教材：《物联网与无线传感器网络》，刘伟荣、何云，电子工业出版社，2013 年 1 月。

无线传感器网络技术建立在无线通信技术、嵌入式系统、传感与检测技术和计算机网络等技术的交叉融合上并具有自身的特点，其应用范围非常广泛。"无线传感器网络技术"课程内容涵盖无线传感器网络的网络支撑技术(物理层、MAC、路由协议，协议标准)、服务支撑技术(时间同步，结点定位，容错技术、安全设计、服务质量保证)及应用支撑技术(网络管理、操作系统及开发环境)等方面，主要介绍无线传感器网络各种核心技术的相关原理。

习　题

1. 大学生的基本素质可分为哪三方面？
2. 大学生的基础素质指的是哪四方面？
3. 大学生的专业素质指的是哪三方面？
4. 大学生的心理素质指的是哪三方面？
5. 你认为通信工程专业有哪些重要课程？

附录 Ⓐ 部分专业的培养目标和课程设置

通信工程专业与电气工程、电子信息工程、电子科学与技术、光电信息工程、自动化专业等同属电子信息与电气工程类专业。在一项大型的通信工程建设或研究工作中，通常会与这些专业的技术人员进行合作，有时还会与计算机科学与技术、网络工程、软件工程等专业的技术人员进行技术合作。这里列出了工程认证的要求中的这些专业的培养目标和课程设置。

A.1　电子信息与电气工程类专业

A.1.1　培养目标与要求

1. 培养目标

电子信息与电气工程类各专业通过各种教育教学活动培养学生个性，使学生具有健全的人格；具有高素质、高层次、多样化、创造性人才所具备的人文精神，以及人文、社科方面的背景知识；具有提出和解决实际问题的能力；具有进行有效的交流与团队合作的能力；在电子信息与电气工程领域掌握扎实的基础理论、相关专业领域的基础理论和专门知识及基本技能；具有在相关专业领域跟踪、发展新理论、新知识、新技术的能力；能从事相关专业领域的科学研究、技术开发、教育和管理等工作。

电气工程专业：本专业培养能够在电气工程相关的系统运行、自动控制、工业过程控制、电力电子技术、检测与自动化仪表、电子与计算机应用等领域，从事工程设计、系统分析、信息处理、试验分析、研制开发、经济管理等工作的宽口径、复合型高级工程技术人才。

电子信息工程专业、通信工程专业：电子信息专业、通信工程专业的本科生运用所掌握的理论知识和技能，从事信号获取、处理和应用，通信及系统和网络，模拟及数字集成电路设计和应用，微波及电磁技术理论和应用等方面的科研、技术开发与管理工作。

电子科学与技术专业：电子科学与技术专业的本科生运用所掌握的理论知识和技能，从事信号与信息处理的新型电子、光电子和光子材料及其元器件，以及集成电路、集成电子系统和光电子系统，包括信息光电子技术和光子器件、微纳电子器件、微光机电系统、大规模集成电路和电子信息系统芯片的理论、应用及设计和制造等方面的科研、技术开发、教育和管理等工作。

光电信息工程专业：光电信息工程专业的本科生运用所掌握的理论知识和技能，从事光电信息的采集、传输、处理、存储和显示，包括光源与光谱技术、光电传感器、光学材料、光学成像、光学仪器、光电检测、光通信、光存储、光显示、光学信息处理、微纳光学、集成光电子器件的理论和应用方面的科学研究、技术开发、教育和管理等工作。

自动化专业：自动化专业的本科生运用所掌握的理论知识和技能，从事国民经济、国防和科研各部门的运动控制、过程控制、机器人智能控制、导航制导与控制，现代集成制造系统、模式识别与智能系统、人工智能与神经网络、系统工程理论与实践、新型传感器、电子与自动检测系统、复杂网络与计算机应用系统等领域的科学研究、技术开发、教育和管理等工作。

2. 培养要求

（1）知识要求：掌握电子信息与电气工程类专业必要的基本理论、基本知识，掌握必要的工程基础知识，包括：工程制图、电路理论、电磁场、电子技术基础、计算机技术基础、网络与通信技术、信号分析与处理、自动控制原理等专业基础，要求掌握其基本知识和实验技能。

（2）能力要求：掌握与电子信息与电气工程类专业相关的系统与设备的分析、实验、科技开发与工程设计的基本方法；具有对电子信息与电气工程类专业相关系统与设备进行分析、研究、开发和设计的初步能力。

（3）工程要求：受到电路技术、电子技术、计算机技术与网络的应用、科学研究与工程设计方法的基本训练；了解国家对于电子信息与电气工程类专业相关领域生产、设计、研究与开发、环境保护等方面的方针、政策和法规。

A.1.2 课程体系

1. 课程设置

课程设置由学校根据自身的办学特色自主设置，本专业补充标准只对数学与自然科学、工程基础、专业基础、专业课程四类课程的内容提出基本要求。各校可在该基本要求之上增设课程内容。

（1）数学与自然科学类课程（至少32学分）

数学：微积分、常微分方程和级数，以及线性代数、复变函数、概率论与数理统计等。

物理：力学、热学、电磁学、光学、近现代物理等。

（2）工程基础类课程（至少38学分）

①工程图学基础：

电路理论：直流电路、正弦交流电路、一阶和二阶动态电路、电路的频率分析、电网络矩阵分析、分布参数电路。

②电路原理实验：

工程电磁场：静电场、恒定电场、恒定磁场、时变电磁场、电磁波、电路参数计算、边值问题、简单数值计算方法。

计算机语言与程序设计：变量基本概念、C程序基本结构、C程序的输入/输出、数据类型、关系运算、结构体、程序设计基础、函数、指针与数组、指针与函数、指针与链表、文件、程序设计与算法。

电子技术基础：半导体器件、基本放大器、差分放大器、电流镜、MOS放大器、运算放大器、反馈放大器、放大器的频率特性、逻辑门电路、组合逻辑电路、时序逻辑电路、半导体存储器、可编程逻辑器件、数模与模数转换电路、EDA工具应用。

③电子技术基础实验：

计算机原理与应用：计算机中的数制与编码、计算机的组成及微处理器、微型计算机指令系统、汇编语言程序设计、半导体存储器、数字量输入/输出、模拟量输入/输出。

计算机网络与应用：计算机网络与Internet、网络通信协议、无线与移动网络、网上多媒体应用、网络安全。

信号与系统分析：信号与系统的基本概念、连续系统的时/频域分析、连续时间信号的频域分析、拉普拉斯变换、傅里叶变换、Z变换、连续/离散时间系统时域/变换域分析、系统的状态变量描述法。

自动控制原理(经典控制理论部分，含实验)：控制系统概念和数学模型、控制系统的时域分析、控制系统的频域分析、控制系统的根轨迹分析、控制系统的校正、非线性系统的分析、采样控制系统。

现代通信原理：信息论初步、模拟线性调制、模拟角调制、脉冲编码调制、多路复用、数字信号的基带传输、数字信号的调制传输、恒定包络调制、差错控制编码、卷积码、多址传输原理。

(3)专业基础类课程(至少16学分)

①电气工程专业的专业基础类课程及其知识点：

电机学：变压器、直流电机、同步电机、感应电机、电机学实验。

电力电子技术：电力电子器件、各种基本变流电路、脉宽调制技术。

电机设计：旋转电机和变压器设计的基本理论和计算方法，包括电磁计算、通风发热计算、机械计算以及噪声和振动计算等，计算机在电机设计计算中的应用。

电力系统分析：电力系统概述、电力系统稳态模型、电力系统潮流分析、电力系统稳态运行和控制、电力系统暂态模型、电力系统暂态分析、电力系统稳定性分析与控制的基本方法、电力系统继电保护基本原理。

高电压工程：与高电压有关介质的放电过程、绝缘特性及电场结构、大气条件等影响放电的因素；高电压下的绝缘特性、绝缘方法以及沿面放电；交直流高电压与冲击高电压的产生方法、原理、基本装置以及对交直流高电压与冲击高电压的测量；雷电冲击过电压与操作冲击过电压的产生与防护(本课程设立项目训练，配合有关实验)。

②电子信息工程专业、通信工程专业的专业基础类课程及其知识点：

电磁场与波：矢量分析、静电场、静电场的边值问题、稳恒磁场、准静态场电感和磁场能、时变电磁场、平面电磁波、电磁波的辐射。

数字信号处理：时域离散信号和系统、离散傅里叶变换(DFT)、快速傅里叶变换(FFT)、数字滤波器结构、数字滤波器设计、数字系统中的有限字长效应。

③信号处理实验与设计：

通信电路：滤波器、放大器、非线性电路、振荡器、调制与解调、锁相环、频率合成技术。

微波工程基础：传输线理论、导波与波导、微波网络、无源微波器件。

④电子科学与技术专业的专业基础类课程及其知识点：

固体物理：晶体结构、固体中的原子结合与运动、晶格振动与晶体热学性质、能带理论、晶体中电子在电场和磁场中的运动、金属与合金、半导体物理基础、固体的光学性质。

微波与光导波技术：均匀传输线的电磁场问题、均匀传输线、金属波导管、微波电路、谐振腔、光波导理论的一般问题、平面及条形光波导、耦合波理论、导波光束的调制、阶跃折射率光纤中的场解、渐变折射率光纤中的场解、光波导中的损耗、信号沿光波导传输时的畸变。

电动力学：电磁现象的基本定律、静电场、恒定磁场、时变电磁场与电磁波的传播、电磁波的辐射。

激光原理：激光的基本原理、开放式光腔与高斯光束、电磁场与物质的相互作用、激光振荡特性、激光放大特性、激光器特性的控制与改善、典型激光器。

⑤光电信息工程专业的专业基础类课程及其知识点：

应用光学：几何光学基本定律、球面与球面系统、平面与平面系统、理想光学系统、光学系统的光束限制、光能及其传播计算、典型光学系统、像差理论、光学系统像质评价、光学系统设计。

物理光学：光的基本电磁理论、光的干涉和干涉系统、光的衍射及器件、光的偏振和晶体光学基础、信息光学基础。

光电子学：谐振腔理论、光放大、激光与激光器、半导体激光器、电光效应、声光效应、非线性光学基础、光波导、光调制、光显示。

光电检测技术：光度学基础、光源与调制、光电探测器、图像传感器、光电检测原理、典型光电检测系统。

光通信技术：光纤光学、单模光纤、光纤制造和成缆、光纤连接和测试、光发射机、光接收机、光通信器件、光通信网络。

⑥自动化专业的专业基础类课程及其知识点：

自动控制原理(现代控制理论部分，含实验)：控制系统的状态空间表达式、线性系统状态方程的解、状态变量的可控性和可观性、线性定常系统的综合、状态观测器、解耦控制、李雅普诺夫稳定性、最优控制(作为可选内容)。

运筹学(含实验)：线性规划、整数规划、目标规划、非线性规划、动态规划、图与网络分析、存储论、决策论、对策论、排队论。

检测原理(含实验)：误差分析及测量不确定性、检测方法与技术、机械量测量方法、温度测量方法、压力测量方法、物位测量方法、流量测量方法。

电力电子技术(含实验)：半导体电力电子器件、各种基本变流电路、脉宽调制技术。

过程控制(含实验)：第一部分化学工程基础，包括基础知识、流体的流动与传输、传热过程与传热设备、精馏；第二部分过程控制概论，过程的动态特性、比例、积分、微分控制器及其调节过程、简单控制系统的整定、调节阀的选择与设计、串级控制系统、利用补偿原理提高控制系统品质、解耦控制系统、推理控制系统、预测控制系统、精馏塔的动态模型与控制。

电力拖动与运动控制(含实验):机电能量变换的基础、直流电机原理和工作特性、直流电机调速系统、交流电机原理、交流调速系统的特点和基于电机稳态模型的恒压频比控制、具有转矩闭环的交流电机速度控制系统。

注:各校自动化专业可根据不同的专业背景选择上述 6 门课程中的至少 4 门课程(含相应的实验内容)。

(4)专业类课程(至少 14 学分)

根据专业方向的不同,设置专业必修课程,其中核心课程不少于 4 门。

2. 实践环节(至少 15 学分,1 学分/周)

具有满足工程需要的完备的实践教学体系,本类专业的实践环节分必修环节和选修环节。其中,必修环节包括:金工实习(不少于 2 学分)、课程设计(不少于 3 学分)、专题或综合实验(不少于 5 学分)、专业实习(不少于 5 学分)。

选修环节包括:科技实践与创新(2 学分)、社会实践(1 学分)。

3. 毕业设计或毕业论文(至少 12 学分,1 学分/周)

(1)选题:选题原则按照通用标准执行,选择的题目应来源于各级各类纵向课题、企业协作课题或具有工程背景的自选课题,如对电子信息与电气工程类的新系统、新产品、新工艺、新技术和新设备进行研究、开发和设计等。要考虑各种制约因素,如经济、环境、职业道德等方面因素,专题综述和调研报告不能作为毕业设计或论文的选题。

(2)内容:包括选题论证、文献调查、技术调查、设计或实验、结果分析、论文写作、论文答辩等,使学生各方面得到全面锻炼,培养学生的工程意识和创新意识。

(3)指导:指导教师应具有中级以上职称,每位指导教师指导的学生数不超过 6 人,毕业设计或毕业论文的相关材料(包括任务书、开题报告、指导教师评语、评阅教师评语、答辩记录等)齐全。

毕业设计或毕业论文可由具有同等水平的项目训练成果或其他课外科技活动成果经认定后代替。

A.2　计算机科学与技术类专业

A.2.1　培养要求

计算机专业可以选择按照研究型、工程型、应用型 3 种培养模式中的一个或若干个申请认证。按照任意一种培养模式通过认证,即被认定为计算机本科专业教育达到相应合格等级。

计算机科学与技术专业,包括按照分类培养原则建设可以分为计算机科学、计算机工程、软件工程、信息技术等专业方向。

1. 研究型

较好地掌握工科公共基础知识

初步了解整个学科的知识组织结构、学科形态、典型方法、核心概念和学科基本工作流程方式。

较为系统地掌握计算机专业核心知识，具有较为扎实的基础理论知识。

受到良好的科学思维和科学实践的基本训练。

初步了解学科当前发展现状和未来发展趋势。

能够理论联系实际，具有运用所学专业知识解决简单专业技术问题的能力。

具有较好的科学素养和文化修养。

具有较高的综合竞争实力。

2. 工程型

较好地掌握工科公共基础知识。

初步了解整个学科的知识组织结构、学科形态、典型方法、核心概念和学科基本工作流程方式。

较为系统地掌握计算机专业核心知识，具有较为扎实的基础理论知识。

掌握工程知识与技能，具备工程师从事工程实践所需的专业能力。

具备需求分析和建模的能力、设计和实现的能力、系统评审与测试的能力、项目管理的能力，以及使用工具的能力。

在研发、工程设计和实践等方面具有一定的创新意识和能力。

3. 应用型

较好地掌握工科公共基础知识。

初步了解整个学科的知识组织结构、学科形态、典型方法、核心概念和学科基本工作流程方式。

较系统地掌握计算机专业核心知识，具有较为扎实的基础理论知识。

具备较强的综合能力：对某些行业的业务、组织结构、现状及发展前景有较好的理解和掌握；从系统的高度为客户提供适应需求的应用模式，提出具体技术解决方案和实施方案；全面掌握不同计算机生产厂商提供的产品和技术，并具备应用系统软件的开发能力；能较好地完成项目管理和工程质量管理。

A.2.2　计算机科学与技术专业目标

本专业学生毕业时其专业能力与素质应能满足下列要求之一：

（1）掌握计算机科学的基本思维方法和基本研究方法；具备求实创新意识和严谨的科学素养；具有一定的工程意识和效益意识。具有系统级的认知能力和实践能力，掌握自底向上和自顶向下的问题分析方法，并具备基础知识与科学方法用于系统开发的初步能力。（侧重于计算机科学、计算机工程的培养目标）

（2）具备良好的工程素养，并具有需求分析和建模的能力、软件设计和实现的能力、软件评审与测试的能力、软件过程改进与项目管理的能力、设计人机交互界面的能力、使用软件开发工具的能力等。（侧重于软件工程的培养目标）

（3）能鉴别和评价当前流行的和新兴的技术，根据用户需求评估其适用性。能理解信息系统成功的经验和标准，并具备根据用户需求设计高效实用的信息技术解决方案，以及将该解决方案和用户环境整合的初步能力。（侧重于信息技术的培养目标）

A.2.3 课程体系

本专业教学内容必须覆盖以下的核心知识体系：离散结构、程序设计基础、算法、计算机体系结构与组织、操作系统、网络及其计算、程序设计语言、信息管理。

其中：程序设计不少于 48 学时，离散结构不少于 72 学时；数据结构不少于 48 学时；计算机组成不少于 56 学时，计算机网络不少于 48 学时，操作系统不少于 40 学时，数据库系统不少于 40 学时。配合上述课程安排的学生实验学时应不少于上述学时的三分之一。

其他课程的安排应能够体现出毕业生要求：

培养目标侧重计算机科学方向的除上述公共核心知识体系外还应覆盖：算法与复杂度、人机交互、社会与职业问题、软件工程、图形学与可视化计算。

培养目标侧重计算机工程方向的除上述公共核心知识体系外还应覆盖：算法与复杂度、计算机系统工程、电路与信号、数字逻辑、数字信号处理、电子学、嵌入式系统、人机交互、社会和职业问题、软件工程、大规模集成电路设计与制造。

培养目标侧重软件工程方向的除上述公共核心知识体系外还应覆盖：软件建模与分析、软件设计、软件验证与确认、软件进化、软件过程、软件质量、软件管理、职业实践。

培养目标侧重信息技术方向的除上述公共核心知识体系外还应覆盖：人机交互、信息安全保障、集成程序设计与技术、平台技术、系统管理与维护、系统集成与体系结构、信息技术与社会环境、Web 系统与技术。

1. 课程设置

（1）数学与自然科学类课程

数学包括高等工程数学、概率与数理统计、离散结构的基本内容。

物理包括力学、电磁学与现代物理基本内容。

（2）工程基础和专业基础类课程

教学内容必须覆盖以下知识领域的核心内容：模拟和数字电路、程序设计、数据结构与算法、计算机组织与系统结构、操作系统、计算机网络、软件工程、信息管理，包括核心概念、基本原理，以及相关的基本技术和方法，并培养学生解决实际问题的能力。

（3）专业类课程

进一步体现毕业要求的针对性，包括进一步扩充工程基础和专业基础类课程相关知识领域的内容，适当考虑跨学科、跨专业元素等，进一步促进创新意识和创新能力的培养。

①侧重计算机科学教育的，强调培养学生探索计算机及其应用的技术和方法，以及软件系统开发方面的能力。

②侧重计算机工程教育的，强调培养学生计算机系统及其应用系统的设计、制造、开发应用方面的能力。

③侧重软件工程教育的，强调培养学生从事各类软件系统的开发，特别强调以工程规范进行大型复杂软件系统的开发、生产与维护方面的能力。

④侧重信息技术教育的强调培养学生实现给定条件和要求下进行信息系统建设和运维相关的选择、创建、应用、集成和管理等方面的能力。

2. 实践环节

具有满足教学需要的完备实践教学体系，主要包括实验课程、课程设计、现场实习。积极开展科技创新、社会实践等多种形式实践活动，到各类工程单位实习或工作，取得工程经验，基本了解本行业状况。

实验课程：包括硬件与软件两类。

课程设计：至少完成两个有一定规模的模拟系统。

现场实习：建立相对稳定的实习基地，密切产学研合作，使学生认识和参与生产实践。

3. 毕业设计(论文)(至少8%)

学校需制定与毕业要求相适应的标准和检查保障机制，对选题、内容、学生指导、答辩等提出明确要求，保证课题的工作量和难度，并给学生有效指导。

选题需有明确的应用背景，一般要求有系统实现。

A.3 电气工程及其自动化类专业

A.3.1 培养目标与要求

1. 培养目标

本专业培养能够在与电气工程有关的系统运行、自动控制、工业过程控制、电力电子技术、检测与自动化仪表、电子与计算机应用等领域从事工程设计、系统分析、信息处理、试验分析、研制开发、经济管理等工作的宽口径、复合型高级工程技术人才。

2. 培养要求

(1)知识要求：掌握电路、工程电磁场、电子技术、自动控制、信号分析处理、计算机软硬件技术等必要的工程基础知识，电机学、电力电子技术、电机控制、电力系统等专业基本理论与基本知识。

(2)能力要求：受到电机电器、电力电子、电力拖动、计算机应用技术等专业实验技能和课程设计、实习、毕业设计等方面的基本工程实践训练。掌握与电气工程相关的系统与设备的分析、实验、科技开发与工程设计的基本方法；具有对电气工程相关系统与设备进行分析、研究、开发和设计的初步能力。

(3)工程要求：熟悉国家对于电气工程相关领域生产、设计、研究与开发、环境保护等方面的方针、政策和法规。

A.3.2 课程

1. 课程设置

本专业教学计划中应包括人文社会科学课程、数学与自然科学课程、外语和信息技术基础课程、工程基础课程、专业课程等。

（1）数学与自然科学课程（至少 400 学时）

数学：高等数学包括微积分、无穷级数、常微分方程等；工程数学包括线性代数、复变函数、概率论与数理统计等。

物理：力学、热学、电磁学、光学、近现代物理简介等；大学物理实验。

（2）工程基础课程（至少 500 学时）

电路理论：直流电路、正弦交流电路、一阶和二阶动态电路、电网络矩阵分析、分布参数电路。

工程电磁场：静电场、恒定电场、恒定磁场、时变电磁场、电磁波、电路参数模型与计算、电磁场的边值问题、简单数值计算方法。

电子技术基础：半导体器件、运算放大器电路、门电路、逻辑电路、半导体存储器、可编程控制器、数模与模数转换电路。

信号分析与处理：傅里叶变换，离散傅里叶变换、快速傅里叶变换、Z 变换、数字滤波、系统函数。

自动控制原理：控制系统概念和数学模型、传递函数、信号流图、系统的稳定性分析。

信息与计算机技术：计算机原理、语言与程序设计、仿真与 CAD 技术、网络与通信技术。

（3）学科专业基础课程（至少 130 学时）

电机学：变压器、直流电机、同步电机、感应电机。

电力电子技术：电力电子器件、各种基本变流电路、脉宽调制技术。

（4）专业方向与选修课程（至少 200 学时）

各校可根据自身优势和特点，调整选修课设置与内容，办出特色。

2. 实践环节（至少 24 周）

具有满足工程需要的完备的实践教学体系，本类专业的实践环节分必修环节和选修环节。其中，必修环节包括：金工实习（2 周）、课程设计（2 周）、综合实验（2 周）、专业实习（2 周）、毕业设计（12 周）、军事训练（2 周）。选修环节包括：科技实践与创新（2 周），社会实践（1 周）。实践环节的教学效果能较有效地培养学生的工程实践能力和创新精神。

3. 毕业设计或毕业论文

（1）选题：毕业设计或毕业论文题目要以所学知识为基础，结合电气工程实际，考虑各种制约因素，如经济、环境、职业道德等方面因素，专题综述和调研报告不能作为毕业设计或论文的选题。

（2）内容：包括选题论证、文献调查、技术调查、设计或实验、结果分析、绘图与写作、论文答辩等，使学生各方面得到全面锻炼，并培养学生的工程意识和创新意识。

（3）指导：要求每位指导教师指导的学生数不超过 6 人；毕业设计或毕业论文的相关材料（包括任务书、开题报告、指导教师评语、评阅教师评语、答辩记录等）完整、齐全。

习　题

1. 通信工程专业与电子信息工程专业比较，有哪些共同点？
2. 通信工程专业与软件工程专业比较，有哪些不同点？
3. 通信工程专业与自动化专业比较，有哪些不同点？

参 考 文 献

[1] 施荣华，郑德沈，等．一种基于 CTI 和 WSN 技术的智能电话报警系统 微型机与应用[J].2014(18)：53－55.

[2] 刘广生．中国古代邮驿史［M］.北京：人民邮电出版社，1986.

[3] 黄风，马可尼．用无线电报的发明人[J]．知识就是力量，1998（1）：60－60.

[4] 张煦．记光纤通信发明家：高锟博士[J]．光通信研究，1995(03).

[5] 陈金鹰．通信导论[M]．北京：机械工业出版社，2013.

[6] 吴大正．信号与线性系统分析［M］.4版．北京：高教出版社，2005.

[7] 樊昌信，曹丽娜．通信原理［M］.7版．北京：国防工业出版社，2012.

[8] 丁玉美，高西全．数字信号处理)［M］.西安：西安电子科技大学出版社，2008.

[9] 施荣华，王国才．计算机网络技术与应用[M]．北京：中国铁道出版社，2009.

[10] 毛京丽，董跃武．现代通信网［M］.3版．北京：北京邮电大学出版社，2013.

[11] 孙云山，刘婷，张立毅．我国通信工程专业的发展与现状[J]．太原理工大学学报（社会科学版），2006(24)86－87.

[12] 中华人民共和国教育部高等教育司．普通高等教育本科专业目录和专业介绍(1998年颁布)［M］.北京：高等教育出版社，1998.

[13] 朱永东，叶玉嘉．美国工程教育专业认证标准研究[J]．现代大学教育，2009(3)：46－50.

[14] 中国工程教育认证协会．通用标准［E/OL］.http：//ceeaa.heec.edu.cn/column.php?cid＝17.

[15] 中国工程教育认证协会．补充标准［E/OL］.http：//ceeaa.heec.edu.cn/column.php?cid＝18&ccid＝32.